“十三五”江苏省重点图书出版规划项目
江苏省文物局科研课题（2018SK12）：基于构件 3D 扫描技术的石质文物建造技术研究
国家自然科学基金面上项目（51778119）：基于构件法建筑设计的装配式建筑建造与再利用碳排放定量方法研究
安徽省高峰学科培育课题“装配式建筑维护更新的信息化技术研究”（2021-131）
安徽建筑大学引进人才及博士启动基金项目“工业化住宅建筑更新改造的技术方法与应用研究”（2019QDZ50）
新型低碳装配式建筑智能化建造与设计丛书
张宏　主编

# 工业化住宅建筑可维护更新技术与应用

干申启　著

东南大学出版社
南京

## 内容提要

本书提出工业化住宅产品可维护更新这一命题，并从推进我国城市化的客观需求、技术优势、产业优势等方面进行了工业化住宅维护更新的全面论证，进而建立工业化住宅设计、制造、装配、维护更新全生命周期和产业链方面的前瞻性理念。

本书详细分析了大量优秀SI住宅案例的可维护更新性质及其技术设计思路，归纳性提出现阶段我国工业化住宅可维护更新的应用设计方法。本书还将BIM技术应用于工业化住宅维护更新领域，将协同设计、计算机编码技术及构件信息跟踪反馈技术统一于BIM信息化模型框架，对所建立的可用于工业化住宅维护更新的信息化技术应用系统进行了系统性阐述。目前以该技术应用系统为依托建立的信息化监督管理平台已初步投入使用，并受到广泛关注与好评。希望本书的研究内容与成果在我国工业化住宅可维护更新方面能够起到前瞻性启发与技术引领作用。

**图书在版编目(CIP)数据**

工业化住宅建筑可维护更新技术与应用/干申启著
.—南京：东南大学出版社，2021.12
（新型低碳装配式建筑智能化建造与设计丛书/张宏主编）
ISBN 978-7-5641-9671-4

Ⅰ.①工… Ⅱ.①干… Ⅲ.①工业建筑-建筑设计-研究 Ⅳ.①TU27

中国版本图书馆CIP数据核字（2021）第186998号

**工业化住宅建筑可维护更新技术与应用**
Gongyehua Zhuzhai Jianzhu Ke Weihu Gengxin Jishu Yu Yingyong

著　　者：干申启
责任编辑：戴　丽　贺玮玮
责任校对：张万莹
封面设计：张军军
责任印制：周荣虎
出版发行：东南大学出版社
社　　址：南京市四牌楼2号　　邮编：210096
网　　址：http://www.seupress.com
电子邮件：press@ seupress.com
经　　销：全国各地新华书店
印　　刷：南京玉河印刷厂
开　　本：889 mm×1194 mm　1/16
印　　张：15.75
字　　数：320千
版　　次：2021年12月第1版
印　　次：2021年12月第1次印刷
书　　号：ISBN 978-7-5641-9671-4
定　　价：68.00元
发行热线：025-83790519　83791830

# 序一

2013年秋天，我在参加江苏省科技论坛“建筑工业化与城乡可持续发展论坛”上提出：建筑工业化是建筑学进一步发展的重要抓手，也是建筑行业转型升级的重要推动力量。会上我深感建筑工业化对中国城乡建设的可持续发展将起到重要促进作用。2016年3月5日，第十二届全国人民代表大会第四次会议政府工作报告中指出，我国应积极推广绿色建筑，大力发展装配式建筑，提高建筑技术水平和工程质量。可见，中国的建筑行业正面临着由粗放型向可持续型发展的重大转变。新型建筑工业化是促进这一转变的重要保证，建筑院校要引领建筑工业化领域的发展方向，及时地为建设行业培养新型建筑学人才。

张宏教授是我的学生，曾在东南大学建筑研究所工作近20年。在到东南大学建筑学院后，张宏教授带领团队潜心钻研建筑工业化技术研发与应用十多年，参加了多项建筑工业化方向的国家级和省级科研项目，并取得了丰硕的成果，新型低碳装配式建筑智能化建造与设计丛书是阶段性成果，后续还会有系列图书出版发行。

我和张宏经常讨论建筑工业化的相关问题，从技术、科研到教学、新型建筑学人才培养等，见证了他和他的团队一路走来的艰辛与努力。作为老师，为他能取得今天的成果而高兴。

此丛书只是记录了一个开始，希望张宏教授带领团队在未来做得更好，培养更多的新型建筑工业化人才，推进新型建筑学的发展，为城乡建设可持续发展做出贡献。

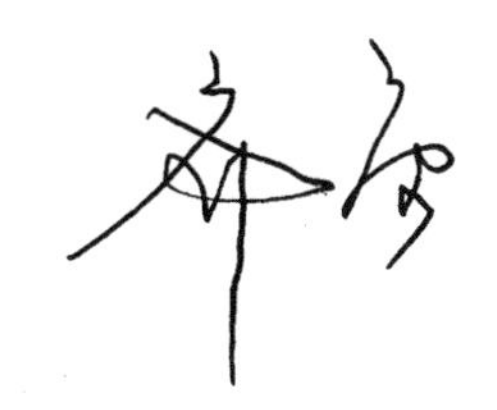

# 序二

在不到二百年的时间里，城市已经成为世界上大多数人的工作场所和生活家园。在全球化和信息化的时代背景下，城市空间形态与内涵正在发生日新月异的变化。建筑作为城市文明的标志，随着现代城市的发展，对建筑的要求也越来越高。

近年来在城市建设的过程中，CIM 通过 BIM、三维 GIS、大数据、云计算、物联网 (IoT)、智能化等先进数字技术，同步形成与实体城市“孪生”的数字城市，实现城市从规划、建设到管理的全过程、全要素、全方位的数字化、在线化和智能化，有利于提升城市面貌和重塑城市基础设施。

张宏团队的新型低碳装配式建筑智能化建造与设计丛书，在建筑工业化领域为数字城市做出了最基础的贡献。一栋建筑可谓是城市的一个细胞，细胞里面还有大量的数据和信息，是一个城市运维不可或缺的。从 BIM 到 CIM，作为一种新型信息化手段，势必成为未来城市建设发展的重要手段与引擎力量。

可持续智慧城市是未来城市的发展目标，数字化和信息化是实现它的基础手段。希望张宏团队在建筑工业化的领域，为数字城市的实现提供更多的基础研究，助力建设智慧城市！

# 序三

中国的建筑创作可以划分为三大阶段：第一个阶段出现在中国改革开放初期，是中国建筑师效仿西方建筑设计理念的“仿学阶段”；第二个是“探索阶段”，仿学期结束以后，建筑师开始反思和探索自我；最后一个是经过第二阶段对自我的寻找，逐步走向自主的“原创阶段”。

建筑设计与建设行业发展如何回归“本原”？这需要通过全方位的思考、全专业的协同、全链条的技术进步来实现，装配式建筑为工业化建造提供了很好的载体，工期短、品质好、绿色环保，而且具有强劲的产业带动性。

自2016年国务院办公厅印发《关于大力发展装配式建筑的指导意见》以来，以装配式建筑为代表的新型建筑工业化快速推进，建造水平和建筑品质明显提高。但是，距离实现真正的绿色建筑和可持续发展还有较大的距离，产品化和信息化是其中亟须提高的两个方面。

张宏团队的新型低碳装配式建筑智能化建造与设计丛书，立足于新型建筑工业化，依托于产学研，在产品化和信息化方向上取得了实质性的进展，为工程实践提供一套有效方法和路径，具有系统性实施的可操作性。

建筑工业化任重而道远，但正是有了很多张宏团队这样的细致而踏实的研究，使得我们离目标越来越近。希望他和他的团队在建筑工业化的领域深耕，推动祖国的产业化进程，为实现可持续发展再接再厉！

# 序四

建筑构件的制作、生产、装配，建造成各种类型建筑的方法、模式和过程，不仅涉及过程中获取和消耗自然资源和能源的量以及产生的温室气体排放量（碳排放控制），而且通过产业链与经济发展模式高度关联，更与在建筑建造、营销、运营、维护等建筑全生命周期各环节中的社会个体和社会群体的权利、利益和责任相关联。所以，以基于建筑产业现代化的绿色建材工业化生产—建筑构件、设备和装备的工业化制造—建筑构件机械化装配建成建筑—建筑的智能化运营、维护—最后安全拆除建筑构件、材料再利用的新知识体系，不仅是建筑工业化发展战略目标的重要组成部分，而且构成了新型建筑学（Next Generation Architecture）的内容。换言之，经典建筑学（Classic Architecture）知识体系长期以来主要局限在为“建筑施工”而设计的形式、空间与功能层面，需要进一步扩展，才能培养出支撑城乡建设在社会、环境、经济三个方面可持续发展的新型建筑学人才，实现我国建筑产业现代化转型升级，从而推动新型城镇化的进程，进而通过“一带一路”倡议影响世界的可持续发展。

建筑工业化发展战略目标是将经典建筑学的知识体系扩展为新型建筑学的知识体系，在如下五个方面拓展研究：

（1）开展基于构件分类组合的标准化建筑设计理论与应用研究。

（2）开展建造、性能、人文与设计的新型建筑学知识体系拓展理论与人才培养方法研究。

（3）开展装配式建造技术及其建造设计理论与应用研究。

（4）开展开放的 BIM（Building Information Modeling，建筑信息模型）技术应用和理论研究。

（5）开展从 BIM 到 CIM（City Information Modeling，城市信息模型）技术扩展应用和理论研究。

本系列丛书作为国家“十二五”科技支撑计划项目“保障性住房工业化设计建造关键技术研究与示范”（2012BAJ16B00），以及课题“水网密集地区村镇宜居社区与工业化小康住宅建设关键技术与集成示范”（2013BAJ10B13）的研究成果，凝聚了以中国建设科技集团有限公司为首的科研项目大团队的智慧和力量，得到了科技部、住房和城乡建设部有关部门的关心、支持和帮助。江苏省住房和城乡建设厅、南京市住房和城乡建设委员会以及常州武进区江苏省绿色建筑博览园，在示范工程的建设和科研成果的转化、推广方面给予了大力支持。“保障性住房新型工业化建造施工关键技术研究与示范”课题（2012BAJ16B03）参与单位南京建工集团有限公司、常州市建筑科学研究院有限公司及课题合作单位南京长江都市建筑设计股份有限公司、深圳市建筑设计研究总院有限公司、南京市兴华建筑设计研究院股份有限公司、江苏省邮电规划设计院有限责任公司、北京中外建建筑设计有限公司江苏分公司、江苏圣乐建设工程有限公司、江苏建设集团有限公司、中国建材（江苏）产业研究院有限公司、江苏生态屋住工股份有限公司、南京大地建设集团有限责任公司、南京思丹鼎建筑科技有限公司、江苏大才建设集团有限公司、南京筑道智能科技有限公司、苏州科逸住宅设备股份有限公司、浙江正合建筑网模有限公司、南京嘉翼建筑科技有限公司、南京翼合华建筑数字化科技有限公司、江苏金砼预制装配建筑发展有限公司、无锡泛亚环保科技有限公司，给予了课题研究在设计、研发和建造方面的全力配合。东南大学各相关管理部门以及由建筑学院、土木工程学院、材料学院、能源与环境学院、交通学院、机械学院、计算机学院组成的课题高校研究团队紧密协同配合，高水平地完成了国家支撑计划课题研究。最终，整个团队的协同创新科研成果：“基于构件法的刚性钢筋笼免拆模混凝土保障性住房新型工业化设计建造技术系统”，参加了“十二五”国家科技创新成就展，得到了社会各界的高度关注和好评。

最后感谢我的导师齐康院士为本丛书写序，并高屋建瓴地提出了新型建筑学的概念和目标。感谢王建国院士与孟建民院士为本丛书写序。感谢东南大学出版社及戴丽老师在本书出版上的大力支持，并共同策划了这套新型低碳装配式建筑智能化建造与设计系列丛书，同时感谢贺玮玮老师在出版工作中所付出的努力，相信通过系统的出版工作，必将推动新型建筑学的发展，培养支撑城乡建设可持续发展的新型建筑学人才。

东南大学建筑学院建筑技术与科学研究所

东南大学工业化住宅与建筑工业研究所

东南大学 BIM-CIM 技术研究中心

东南大学建筑设计研究院有限公司建筑工业化工程设计研究院

# 前　　言

建筑工业化诞生至今，发展重点已由预制装配化、设计标准化、部品化建造等基础建设性方面扩大至绿色建筑及建筑长寿化、信息化管理、产业化发展等方面。由此，工业化住宅建筑的维护更新对于实现上述发展目标已越发凸显其重要意义，其不仅应成为工业化住宅建筑的重要组成部分，也一定会成为建筑业绿色发展理念的较高层面追求。

本书简单介绍了国内外住宅建筑维护更新领域的发展概况，对西方早期工业化住宅的一些优秀更新案例进行了系统性阐述。在对我国居住区更新改造的“有机更新”理论进行案例研究的同时，对现阶段我国居住类建筑包括早期采用工业化手法建造的板式住宅的更新改造提出一些适应我国国情发展的理念性建议。

书中通过对《百年住宅建筑设计与评价标准》的深入研究，适时提出工业化住宅产品可维护更新这一命题，并从推进我国城市化的客观需求、技术优势、产业优势等方面进行了工业化住宅维护更新的必要性与可行性论证，进而提出建立工业化住宅设计、制造、装配、维护更新全生命周期和产业链方面的前瞻性理念。

本书详细分析了大量优秀 SI 住宅案例的可维护更新性质及其技术设计思路，归纳性提出现阶段我国工业化住宅可维护更新的应用设计方法。本书根据笔者博士阶段所在工作室先后建造的三个实际案例，着重研究其构件连接构造技术和集成化装配技术。案例项目分别采用自主研发的构件法协同设计以及新型工法装备系统，对全部构件进行集约化管理，实现了可逆的构件连接和集成化装配。本书在工作室负责人张宏教授悉心指导下，在工作室成员共同努力下，建立了针对工业化住宅既有建筑构件易维护更新的关键技术系统，为工业化住宅产品日后维护更新的产业化运作开拓了广阔的市场前景。

本书所呈现的又一工作室成果是将 BIM 技术应用于工业化住宅维护更新领域，将协同设计、计算机编码技术及构件信息跟踪反馈技术统一于 BIM 信息化模型框架内，建立了一套可用于工业化住宅维护更新的信息化技术应用系统。目前以该技术应用系统为依托建立的信息化监督管理平台已初步投入使用，并受到广泛关注与好评。希望上述研究内容与成果在我国工业化住宅可维护更新方面能够起到前瞻性启发与技术引领作用。

在本书付梓印刷之际，首先感谢我的博士导师张宏教授，导师学术精湛，总能够以广阔的视野在相关领域中博采众长，并给我们以深入浅出、循循善诱的悉心指导，我们因此而受益匪浅。正是在导师严谨为学、勤勉为业的人格魅力熏陶中，我不仅对博士研学期间的辛勤历练有所感悟，也进一步深切体会到该以怎样的态度、方法、勇气和胸怀去更好地实现人生理想。我还要感谢张宏教授工作室研究团队的全体同学，这是一个有活力、有思想的学术群体，正是与你们的朝夕相处使我每每都能感受到前行的力量和智慧。数年的同窗岁月，也赋予我就学和研究生涯最难忘美好的一段时光。最后我还要感谢我的妻子李学敏女士和我的父母，正是你们的关爱和支持，才使我能够较好地处理就学、就职及诸多家庭事务，并完成本书的撰稿。谢谢大家。

# 目 录

# 第1章 绪论

## 1.1 研究背景

自20世纪中叶以来，世界各国均经历了建筑技术体系的整体转型和革新，特别是以住宅建设为主要代表的建筑工程经历了从注重数量到注重质量的转变。我国人口众多，目前正处在城市化加速发展的历史性阶段，城镇住宅的建设量在世界上名列前茅。与此同时，由传统住宅建造方式或不当装修等所造成的住宅品质等问题已日渐引起社会各界关切。我国住宅建设资源消耗高，整体建造技术水平仍然偏低，由于频繁拆建，房屋寿命较短等问题尚未得到根本性改观。由于传统住宅建筑一般不具备可改造性，这就需要我们认真反思过去的“大拆大建”发展模式及其建造方式，在住宅建设及其建造方面寻求一种适应我国国情的可持续发展的建设模式。

建筑工业化正是一种以建筑设计标准化、部品及构配件生产工厂化、施工机械化和组织管理信息化为特征，以大工业预制化生产、装配式施工为生产方式并具有可持续发展特征的新型建筑生产方式[①]。它使建筑业从分散、落后的手工业生产逐步过渡到以现代科技、现代建造、现代施工为基础的大工业生产，是建筑业生产方式的划时代变革[②]。

建筑工业化的发展使得住宅的建造方式发生了重大转变。工业化住宅建筑可为用户提供灵活可变的住宅使用空间，并可以有效提升用户在使用过程中维护更新的便利性，这对提高住宅的使用寿命以及提升居住品质等方面意义重大。从可持续发展角度来看，工业化住宅的上述优势尤为重要。传统建筑业由于长期以来的粗放式生产，以致我国住宅产业化和劳动生产率均处于低端发展水平，与中央提出的节能减排降耗，构建资源节约型、环境友好型社会的要求还有很大差距。因此，建设具有“长寿命、性能优良、绿色低碳”等优点的百年住宅，不仅是行业转型升级、提升质量的迫切需要，也是我国解决房地产业面临的资源环境压力的必由之路。

百年住宅是指基于可持续建设发展理念，统筹住宅建筑全寿命期内的策划设计、生产施工和使用维护全过程的集成设计与建造，具有建筑长寿性能、

① 王笑梦，马涛. SI住宅设计：打造百年住宅[M]. 北京：中国建筑工业出版社，2016

② 纪颖波. 建筑工业化发展研究[M]. 北京：中国建筑工业出版社，2011

品质优良性能、绿色持续性能，全面保障居住长久品质与资产价值的住宅建筑。发展百年住宅是转变住宅建设模式、实施住宅产业现代化、推进新型建筑工业化的重要内容；发展百年住宅是全面提高建筑工程质量、效率效益、品质性能及长久价值的必然趋势；发展百年住宅是实现绿色建筑、资源节约型、环境友好型社会建设的重要途径①。

绿色发展理念作为“十三五”乃至更长时期我国经济社会发展的一个基本理念，是我国建筑业发展的主题。要实现建筑业的绿色发展，我们认为：首先应大力发展绿色建筑产业，对此，建筑工业化发展应当仁不让。其次，减缓当前的“拆建”之风亦成为当务之急，增加住宅产品的使用功能和延长其使用寿命，便成为建筑业绿色发展的又一重要内容。由此，在百年住宅的基础上研究住宅产品的长效使用及其日后运营过程中的维护更新，自然成为建筑工业化发展进程中一个非常有意义的课题。

住宅建筑维护更新属于实用性建筑科学，也是当代建筑学科中一门不可或缺的研究门类。从唯物论观点来看，几千年来所形成的维护更新方式方法一般都是建立在现实需要之上，最多也只是考虑吸收了先前实例的成败经验，很少有这方面的系统研究。直至近代，随着经济发展需求增加，建筑维护更新方面的研究才开始兴起，并有望得到不断发展。研究住宅建筑的维护更新，目的是延长住宅的使用寿命、提高住宅的使用价值和功能利用，并传承建筑物所承载的社会历史文化，以期达到人与自然的和谐协调，人类优秀文化的传承发扬，并在经济实用性方面取得最优效率。

随着社会发展和建筑科学的进步，工业化住宅也大量出现在人们的生活中②。与工业化建筑设计建造技术日臻成熟相对应的是，工业化住宅的维护更新问题却很少有人研究，更谈不上其应用技术方面了，这就成为我们亟待解决的问题。

一段时期以来，国内关于工业化住宅建设的研究主要还是围绕预制装配化、模块化、标准化设计、信息化管理等方面，根据绿色发展理念，现在则应进一步扩大至工业化住宅产品的长效使用及产能效益，工业化住宅产品的可维护更新，以及住宅产业化发展等方面了。着眼于国家绿色发展理念，工业化住宅产品的维护更新已不仅成为建筑工业化发展的迫切需求，也一定是对建筑业绿色发展理念的发展目标追求。但直至目前，我国在工业化住宅产品维护更新方面的研究仍接近空白，也没有这方面的实际工程案例。这对于本书在技术应用方面的进一步介绍，虽然陡增了不少困难，但也正说明本书的课题在应用研究方面非常有必要。希望本书在这一领域能起到填补空白的作用，并能够有助于我国建筑业的绿色发展。

① 中国建筑标准设计研究院有限公司.百年住宅建筑设计与评价标准：T/CECS-CREA 513-2018[S]. 北京：中国计划出版社，2018

② 黄斌，吕斌，胡垚. 文化创意产业对旧城空间生产的作用机制研究：以北京市南锣鼓巷旧城再生为例[J]. 城市发展研究，2012（6）：86-90

## 1.2 研究目的与意义

“住宅建筑维护更新”是一个既古老而又崭新的课题。对于普通住宅，包括具有规模的居住类建筑，其修缮扩建包括拆除重建，都是自古就有的建设行为。而对于工业化背景下住宅建筑的维护更新，由于其建筑构件大都是部品化工厂生产，现场装配化施工建造，这一建设行为在技术和功能方面也就具有新的内涵，故这又是一个新的课题。本书提出工业化住宅建筑可维护更新这一命题，由于我国工业化住宅建筑本身就起步晚，规模小，对这一命题，不仅没有可供研究的实际案例，也没有可因循沿袭的研究方案，可以说是处于空白状态。工业化住宅产品的可维护更新研究，对于促进我国住宅产业化全面发展，可谓意义重大[①]。

建筑工业化是实现我国建筑业绿色发展的主要途径，这已日渐成为共识。我国建筑业发展历久弥新，从古代手工人力操作到近代的粗放式发展，建筑工业化和绿色发展理念所承载的历史遗产丰富而厚重。可以说，我国现代建筑业的每一步发展，工业化建筑包括工业化住宅的每一次跨越都来之不易。我们甚至可以说，对于工业化住宅可维护更新这一崭新课题，无论理论研究还是技术实践，在很多方面我们都还处于初级阶段。故我们的研究也只可能从这个阶段起步。

“工业化住宅可维护更新”一词是将可维护更新行为限定于工业化住宅范畴，即对工业化住宅可采用现代工程技术予以修复更新。抛开体系框架而单就其狭义的物质层面而言，“住宅维护更新”泛指一系列的住宅管理和整治行为，包括维修、修复、改造、改建、扩建、重建等。若对其做进一步的延伸，住宅可维护更新的目的不仅在于延长住宅产品的使用寿命，通过工业化住宅的可维护更新，还应达到提升或扩展工业化住宅产品的质量和性能保障，以进一步适应更广泛的社会需求。我们认为，后者对促进建筑工业化发展甚至会起到更大的作用。

我们希望通过对住宅产品可维护更新方面的全面梳理和研究，能够提出有利于我国住宅更新发展的理念性建议，并通过对工业化住宅产品可维护更新方面的理论和技术研究，能够在技术方法方面填补空白。此外，我们还希望通过对新科技新方法的应用研究能够取得创新性成果，为我国未来工业化住宅产品维护更新的产业化运作提供技术支撑。这就是本书所述内容对于我国工业化住宅建设与发展方面所具有的重要意义。

① 于申启, 张宏. “微排未来屋”的现代建造技术及其发展[J]. 建筑技术, 2014(10): 933-936

## 1.3 研究现状

### 1.3.1 国外研究现状

#### 1.3.1.1 西方建筑更新及其学术领域的发展现状

西方建筑更新领域的萌芽时期可上溯至18世纪的英国工业革命时代，大工业生产必然涉及大批民居及老旧建筑，于是便出现拆建、保护、更新等各种建筑行为，并交织于产业革命的发展过程中。伴随产业革命的蓬勃发展，19世纪初就已出现很多有关建筑保护、建筑更新改造方面的思想交流和学术研讨，建筑更新方面的学术理论也随着实践经验的不断积累而不断丰富。这一时期，建筑更新的代表性理论是建筑修复理论，包括风格性修复理论和修缮性更新理论。

风格性修复理论的代表人物为法国建筑理论家勒·杜克（Viollet-le-Duc），他在《11-16世纪法兰西建筑类典》（*Dictionnairé raisonne de l'architecture franç aise du XIe au XVIe siècle*）[①]和《从加洛林王朝到文艺复兴的法兰西家具及饰物类典》（*Dictionnairé raisonne du mobilier français de l'époque Carolingienne à la Rénnaissance*）[②]两本书中论述了风格性修复理论的基本思想：新加建筑元素尽可能与想象中的原建筑保持一致，尽量将历史建筑或古迹修复至"可能的原貌"状态。时至今日，这一理论对欧洲甚至全世界的历史建筑修复活动仍有重要的影响作用。

此后，位于欧洲南部的意大利又逐渐衍生出修缮性更新理论，该理论的代表人物是波依托（Camillo Boito）和贝尔特拉米（Luca Beltrami）。波依托在《建筑师和工程师大会3号决议》（*Risoluzione del III Congresso degli Lngegneri ed Arhitectti*）[③]中提出了文献性修复理论，其后他的学生贝尔特拉米又提出了历史修复理论，二者共同构成了意大利修缮性更新理论的主要精髓。该理论中和了风格性修复理论和"反修复"运动这两种理论流派，主张既尊重历史，又努力体现新时代精神，对后来欧洲的建筑修复性更新理论有着重要影响。

直至19世纪下半叶，现代建筑科学的学术体系才开始在西方各国基本成型。现代建筑科学的发展会同欧洲文艺复兴所带来的文化繁荣，终于在19世纪末迎来了西方国家修缮性建筑更新理论研究的第一个黄金期[④]。这一时期建筑更新领域的发展充斥着新兴工业的崛起对传统建筑更新的需求与建筑保护主义传统文化价值观之间的争执，其争论的焦点可简单概括为一句话：修复性建筑更新中的"保护"性要求究竟要严格到什么程度？从今天的视角来看，19世纪关于历史建筑修复理论的探讨虽然普遍具有保守主义倾向，但正是这

① Robertson K A. Pedestrianization strategies for downtown planners: skywalks versus pedestrian malls [J]. Journal of the American Planning Association, 2003, 59(3): 361-370

② Gotham K F. Redevelopment for whom and for what purpose? A research agenda for urban redevelopment in the twenty first century[J]. Critical Perspectives on Urban Redevelopment, 2001(9): 429-452

③ Robertson K A. Pedestrianization strategies for downtown planners: skywalks versus pedestrian malls [J]. Journal of the American Planning Association, 2003, 59(3): 361-370

④ 张宏，张莹莹，王玉，等. 绿色节能技术协同应用模式实践探索：以东南大学"梦想居"未来屋示范项目为例[J]. 建筑学报，2016（5）：81-85

样的讨论才达成“基于保护的更新”这一历史共识，这对于建筑更新修复领域的发展具有重要意义。此后近百余年的时间里，西方各国的建筑更新思想一般都是以这种“基于保护的更新”为前提，直至 20 世纪 70 年代末对于现代城市规划发展具有公约性的《马丘比丘宪章》(*Charter of Machu Picchu*) 问世，建筑更新领域终于在 20 世纪 80 年代迎来了全新发展时代[①]。

《马丘比丘宪章》对于建筑更新的意义在于，该宪章首次在观念上将“保护”与“更新”划到了统一战线上。从此，人们不再因“保护”而忌惮“更新”，侧重更新还是侧重保护这一问题的本质也就是人们对上述两种社会文化背景下不同建筑理念的认同孰轻孰重而已。正因为“当前”与“过去”在文化上还是追求一脉相承，那么“更新”与“保护”当然也可以做到相得益彰。

时至 20 世纪下半叶，在西方城市建设和经济发展浪潮的席卷下，大量历史建筑和产业类建筑通过更新改造而“焕然一新”，所带来的经济利益巨大。特别是《马丘比丘宪章》中的价值观念，使得建筑功能更新是否具有经济价值成为我们考虑取舍的关键因素。当经济建设成为国家发展的主导因素时，建筑更新当然会融入这一“发展主流”而得以蓬勃发展。也正是这样的价值观念和建筑更新所带来的巨大经济效益，迎来了建筑更新领域发展的又一黄金期。这一时期的特点是，建筑更新在四大主流建筑思想，即现代主义（后演变成新现代主义）、后现代主义、解构主义及高技术风格的影响下，形成了不同的风格流派。这种不同风格所表达的文化张力，使得当代建筑更新在这一辉煌时期更加五彩斑斓。

现代主义建筑思想从开始形成之际便一直潜移默化地影响建筑更新领域，也正是这长期的实践积累，不仅对建筑更新领域的理论研究起到积极的促进作用，还由此产生了“科学性修复”理念。“科学性修复”理念源自意大利的修缮性更新理论，是由该国建筑学者乔万诺尼（Gustavo Giovannoni）在其著作《古建筑修复标准》(*Normeperil Restauro dei Monumenti*)[②]中提出的。直至今日，“科学性修复”理念一直广泛运用于建筑更新改造工程，也促进了当代建筑更新领域的辉煌发展。

在上述四大主流建筑思想影响下，建筑更新形成了相应的风格流派，其建筑表达语言丰富，异彩纷呈，大多都有较好的实用价值和社会反响。这些更新流派有一个共同特征，就是以自己的理解、自己的语言形式反映、传承旧建筑所承载的文化内涵，传达时代特征、新旧对比和文化创意，其区别在于不同的世界观、历史观所表现的文化张力定会导致不同的社会接受程度而已。四大主流建筑思想影响下的建筑更新会同科学性修复理念促使近 40 年间欧美出现了大批的优秀更新案例，其中不乏经典之作，如诺曼·福斯特的德国国会

① 干申启, 冯四清. 论当代生态建筑及其美学特征[J]. 建筑与文化, 2012(12): 100-102
② Gotham K F. Redevelopment for whom and for what purpose? A research agenda for urban redevelopment in the twenty first century[J]. Critical Perspectives on Urban Redevelopment, 2001(9): 429-452
③ Robertson K A. Pedestrianization strategies for downtown planners: skywalks versus pedestrian malls [J]. Journal of the American Planning Association, 2003, 59(3): 361-370
④ 张宏, 张莹莹, 王玉, 等. 绿色节能技术协同应用模式实践探索: 以东南大学“梦想居”未来屋示范项目为例[J]. 建筑学报, 2016(5): 81-85

大厦改造（图 1–1）、贝聿铭的卢浮宫改扩建（图 1–2）、伯纳德·屈米的弗雷斯诺国立当代艺术学校改造（图 1–3）、伦佐·皮亚诺的林果多中心改造工程（图 1–4）等等。我们在书中将对这些当代建筑更新的杰出案例及其社会、学术方面的评价分别进行研究，目的是希望通过这些案例的成功经验对现今我国的建筑更新研究与实践有所裨益。

党的十八大以来，在五大发展理念指引下，我国正处于快速发展年代，我们将应对各类建筑物的更新改造要求，并应具备相应的理念意识和能力。我们认为，西方这些具有现代建筑思想的更新理念对我国当今建筑更新具有借鉴意义，特别是现代主义融合高技术风格的建筑更新理念，既能够彰显新时代风采，又能够传承历史文化，还考虑到经济适用性，较为适合当前我国国情，一定会起到很好的借鉴作用。

**图1–1　改造后的德国国会大厦远景**

图片来源：陆地.建筑的生与死：历史性建筑再利用研究[M].南京：东南大学出版社，2004

**图1–2　改扩建后的法国卢浮宫广场**

图片来源：https://dp.pconline.com.cn

**图1–3　改造后的弗雷斯诺国立当代艺术学校**

图片来源：陆地. 建筑的生与死：历史性建筑再利用研究[M]. 南京：东南大学出版社，2004

**图1–4　改造后的林果多中心**

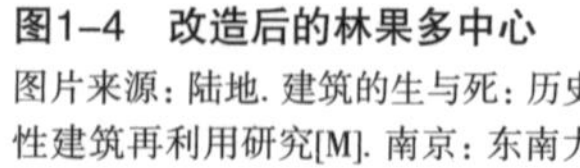

图片来源：陆地. 建筑的生与死：历史性建筑再利用研究[M]. 南京：东南大学出版社，2004

1.3.1.2　**工业化住宅建筑及其发展**

建筑工业化的思想最早由德国建筑师瓦尔特·格罗皮乌斯（Walter Gropius）于 20 世纪初期提出。1910 年，格罗皮乌斯总结了对预制装配式混凝土建筑设计和生产的认识，形成了一份系统性的关于建筑工业化生产的备忘录。这份备忘录集中体现了格罗皮乌斯对工业化住宅建造的基本原则的认识，他对建筑构件标准化设计以及构件工厂化批量生产的观点形成了建筑工业化的基本雏形①。

格罗皮乌斯开创性的观点揭开了“第一代建筑工业化”发展的序幕，二战后，境外建筑工业化迎来发展高潮。英国、法国等欧洲一些国家为了解决二

① 罗玲玲，陆伟. POE研究的国际趋势与引入中国的现实思考[J]. 建筑学报，2004(8)：82–83

战之后的住房问题，加快住房建设，从20世纪50年代开始了构件的工业化生产，此后美国、日本等国家便开始大力发展开放体系，建筑工业化进入了依靠提高生产效率，加快建设进程的工业化的第一阶段。这个时期的工业化住宅在定位上标准较低，主要是以工业化的建造速度和数量来满足战后住房需求。

发展至20世纪80年代初，建筑工业化开始由量的扩张向质的提升过渡，行业重点转移到住宅的性能和质量上，理论界通常称之为第二代建筑工业化。这一阶段的建筑工业化的发展特色是，世界大部分国家和地区均选择了大规模预制装配化的发展方式，在人口密集地区，主要是通过高层住宅发展建筑工业化。

20世纪80年代后，建筑企业向高度的机械化、自动化方向发展，这样就进入了以进一步提高劳动生产率，加快建设速度，降低建设成本，改善施工质量为主要追求目标的第三代建筑工业化。进入21世纪后，第三代建筑工业化开始向大规模通用体系转变，以专业化、社会化生产及住宅商品化供应形成现代化模式，其重点已转向建筑产品的长效使用、节能环保、加强资源循环利用等方面。很明显，这一阶段的工业化已初步具有可持续发展方面的概念[①]。

工业化住宅建筑的长效使用，是实现建筑工业化可持续发展的重要课题。日本研发了SI(Skeleton Infill)住宅，希望以此实现住宅的长效使用。但SI住宅的核心思想却来源于荷兰学者哈布拉肯（N. John Habraken）教授在他的著作《骨架——大量性住宅的选择》（*Support: An Alternative to Mass Housing*）中提出的SAR支撑体（Support）理论以及在此基础上发展而来的OB（Open Building）开放建筑理论[②]。SAR支撑体理论主张以工业化的建造方式解决多样化居住需求，即将住宅的主体结构发展为支撑体部分，将非承重部分发展为填充体部分，后者可进一步细分为部品构件，进行工厂化预制生产，然后由现场组装完成建造。SAR支撑体住宅理论并不是简单地在设计方法层面做这样的划分，而是依照这种划分分别进行设计建造，从而形成一种新型建筑工业化的设计建造体系。SAR支撑体住宅的主要特点是适应现代工业化发展，将现代工业制造技术引入建筑建造。由于日本地震多发，人们在SI住宅研发建造时特别关注结构的抗震强度，因而用Skeleton(骨架)一词取代了Support(支撑体）并沿用至今[③]。

从广义上说，OB开放建筑理论实际上是一种共享理念，这里不仅是设计单位、建造单位的设计理念与建造技术共享，实际上这种共享还涵括了广大用户对住宅使用方面的需求。OB开放建筑理论最重要的特性在于提出将工业化建造和住户参与进行融合，将住宅建设过程向居住者开放，让他们参与进来并听取他们的意见，进而更多地满足用户需求，以达到更好的效果。也可以说，

① 徐亮. 试论住宅产业化对国民经济发展的作用[J]. 住宅科技, 2002(10): 43–45
② 张守仪. SAR住宅和居住环境的设计方法[J]. 世界建筑, 1980(2): 10–16
③ 鲍家声. 支撑体住宅规划与设计[J]. 建筑学报, 1985(2):43–49

开放建筑理论促进了工业化住宅建设由营建系统向室内填充系统的转变，促进了填充体的多样化、系统化设计建造。正是该理论体系的发展，特别是填充体的多样化设计和居室布局可方便变更等特点，形成当代SI住宅体系建设理念的基础。

SI住宅也可以称为支撑体住宅或可变住宅，是指支撑体S与填充体I完全分离建造然后组装的住宅形式[①]。这种住宅的设计思想是通过将住宅骨架（支撑体S）与住户的内装和设备（填充体I）等明确分离，分别进行设计建造。通过I的标准化设计部品化建造，进一步提高劳动生产率，减少建筑污染。SI住宅还有一重要特点，就是填充体部品构件主要通过由干式连接所形成的居室空间，不仅具有空间布局方面的可变性，还支持内装部品构件的多次更新改造从而延长住宅建筑的使用寿命。SI住宅的主要特色就是支撑体与填充体的分开建造与填充体I的可变性。

由于SI住宅体系具有耐久时间长、灵活多变及绿色低碳等众多优点，世界上很多国家开始广泛采用SI住宅体系。SI住宅目前已成为工业化住宅建设发展的主要方向[②]。西方国家工业化建筑包括SI住宅的建设和长效性使用方面，确实已先行迈出一大步，并取得了很多良好的发展经验。

#### 1.3.1.3 工业化住宅建筑维护更新的研究现状

第二次世界大战后，欧洲国家为满足大规模住房需求，兴建了大量采用工业化建造技术（组装建造法）建造的板式住宅建筑。自20世纪80年代以来，国外虽然对这批住宅进行过更新改造，但这种板式住宅（俗称大板楼）早已被淘汰，其更新改造基本上均属于修补加建。对于现代以工业化住宅建筑部品构件为单元的维护更新，目前在国内外文献检索中还没有查到相关资料，我们对这一领域的研究属于开创性研究，研究方法及研究思路皆无章可循。为此，我们将从一些优秀SI住宅案例出发，对其建造特色和产品优势进行深入研究，重点分析阐述其所具有的一些可维护更新性质。再以此为基础，采用分析归纳方法对这些性质及其技术设计思路进行研究综合，主要从可维护更新的角度研究其技术设计思路及特点，并对存在的一些问题分别进行了阐述。

各国SI住宅体系的发展各有千秋，发达国家以荷兰和日本为代表。但就工业化住宅产品可维护更新的研究情况来看，目前一般都还是根据住宅的使用情况被动地维护或进行部品构件的更换，缺乏前期的主动性专门研究。本书将根据SI住宅建设发达国家如荷兰、日本的发展状况，针对其具有代表性的工程案例，对SI住宅的可维护更新进行研究探讨，重点分析阐述其所具有的一些可维护更新性质，并对这些各别性质及其技术设计方法进行了归纳综合。

荷兰在工业化住宅的设计方面，主要特色有两个：一是建立SAR支撑体

① 黄南翼. “SI” 住宅的研究[J]. 建筑创作, 2004(1)：124–125

② 徐亮. 试论住宅产业化对国民经济发展的作用[J]. 住宅科技, 2002(10):43–45

理论，实现支撑体与填充体分离建造。SAR 支撑体住宅理论最主要的特点是突破传统的设计建造方法，利用现代工业制造技术并逐渐形成一种新的工业化住宅建造理念。荷兰工业化住宅的另一特色是充分运用 OB 开放建筑理论。OB 开放建筑理论的重要特性是将居住问题纳入一个广阔的系统中，技术资料开放共享，不同生产企业在技术上可以相互交流，且产品具有互换性，从而构成开放建筑的核心要素，这就是开放建筑理论的基本要义。开放建筑理论还提出将工业化建造和住户参与进行融合，进而可满足更多的用户需求。

通过对日本 KSI 住宅体系的案例研究可知，其主要特点是强调了住宅的耐久性设计，在长寿化设计方面颇有独到之处；另一方面通过将设备管线与主体结构充分分离，避免因检测维修或更换而造成对结构体的破坏，这是 KSI 住宅体系对可维护更新方面的贡献；同时日本在加强填充体的可变性以及部品生产的模块化方面也有所探索和发展，能够较好地适应工业化建造和产业化发展要求，并方便日后进行维护更新。这虽然只是日本在 KSI 住宅可维护更新方面迈出的一小步，却为下一步 SI 住宅的维护更新在适应产业化发展方面提供了重要的研究基础。

西方建筑更新领域得以较快发展的基础条件是工业化社会大生产，以及近代产业革命取代建立在农耕经济基础上的封建体制，如此才会产生更多的社会需求，更先进的文化、科学技术及相应的学术体系，才会产生现代意义上的建筑更新。而在我国，当西方产业革命开展得如火如荼之时，我们仍沉湎于衣食温饱的小农经济；当以坚船利炮为代表的蒸汽机时代来临时，我们依旧满足于天朝的泱泱自大而闭关锁国；当西方各国已开始进行产业类建筑的更新改造时，我们还在往孔庙上涂漆抹粉以壮其辉煌。我国真正的产业革命直到 20 世纪初才发生，其时已落后西方国家二三百年了。

西方国家在工业化住宅方面的发展虽具有较大优势，但对于现代工业化住宅的维护更新方面却缺乏专门的深入研究，相应的成果与专著、论文也不多见。对于战后为解决住房问题采用工业化建造技术（组装建造法）兴建的板式住宅建筑，西方国家倒有不少成功改造的案例，这种以修补粉刷或加建为主的更新改建，也解决了很多实际问题。如欧洲可持续住宅更新项目和德国柏林黑勒斯多夫住区更新改造项目等。这些改造，一般是在外立面上修补更新，包括加建阳台、楼梯或是并户等，也有少数是将内装全部拆除的改建。其更新改造的特点：一是大都采用了开放式建筑理念，进行了很好的调研评价，体现了集思广益的优势；二是尽可能保留历史风貌，并尽可能利用旧有结构部件，起到了很好的资源利用与文化传承作用；三是这些更新改造基本上都能够发挥具有现代主义风格建筑更新理念的特色和优势，特别是现代主义融合高技术风格的建筑更新理念，既彰显新时代风采，又传承历史文化，并兼顾经济适用性，对我国现阶段建筑更新改造具有重要借鉴意义。

#### 1.3.1.4 工业化住宅建筑维护更新研究的不足与反思

西方自20世纪80年代后，进入第三代建筑工业化，建筑企业向高度的机械化、自动化方向发展，以进一步提高劳动生产率，加快建设速度，降低建设成本，改善施工质量为主要追求目标。进入21世纪后，第三代建筑工业化开始向大规模通用体系转变，以专业化、社会化生产及住宅商品化供应形成现代化模式，形成产业化发展规模[①]。

近40年来，虽然西方在工业化建筑领域取得了长足的发展，但仍存在一些不足之处，即便如工业化建筑发达国家日本，在住宅工业化生产方面也面临诸多问题：①各大企业的自行研究导致部品构件的设计建造与装配施工等环节出现脱节；② PC（混凝土预制件）结构有时会与日本现行法律相抵触，故需要另外经过结构评定或评估，不仅导致投入增加，效率低下，有时甚至还会节外生枝；③在20世纪70—80年代泡沫经济崩溃之后，工业化建筑的性价比问题较为突出；等等。这些问题直接导致建筑业一直将主要精力放在建造方面，对于工业化住宅产品的维护更新，并没有引起特别注意，除了在建造设计时考虑到一些方便维修更换部件的措施外，对其在住宅产业化运作方面的重要性缺乏认识，也没有这方面的专门研究，一般都是根据住宅的使用情况被动地进行维护更新，缺乏前期的主动性设计研究。

又如欧美等工业化住宅发达国家，这方面情况基本与日本类似，在工业化住宅可维护更新方面尚需开展进一步工作，不仅缺乏公认的工业范例，这方面理论研究也显得薄弱。迄今为止，西方在工业化住宅维护更新领域并没有形成相关的专业理论，对于工业化住宅产品的维护更新，也没有产生如先前在传统建筑更新方面所创造的辉煌。我们管窥其原因，一是在当代杰出建筑师中并未发现他们在这一领域有过杰出作品；二是在从事当代建筑更新实践的西方建筑师中也没有形成该领域的专业领军人物。从现有的一些实践案例来看，只有少数建筑设计师对这一领域情有独钟，其中大多也只是建筑师“身兼二职”的“客串”而已。我们认为，正是由于对工业化住宅维护更新这一领域缺乏应有的重视，加之缺乏这方面的专门研究，以致西方在工业化住宅维护更新领域所取得的工程业绩和学术研究已经落后于他们先前在建筑工业化建设方面所取得的成果和人们对住宅建筑可维护更新这一领域的期望。

① 高祥. 日本住宅产业化政策对我国住宅产业化发展的启示[J]. 住宅产业, 2007 (6):89–90

### 1.3.2 国内研究现状

#### 1.3.2.1 我国建筑工业化的发展沿革

中华民族历史悠久，文化灿烂，在建筑以及建筑文化、建筑艺术、建筑技术上的造诣在世界民族之林中也都堪称一流。纵观我国发展历史，一直多灾多难并饱受各种战乱，很多优秀历史建筑焚毁于战火内乱之中。直至全国解放，我国经济包括建筑业才得到真正发展，我国的建筑工业化才得以提出，并经历了艰难曲折的发展过程。这一发展过程波澜起伏，可大致分为以下六个发展阶段：

从新中国成立至 1957 年，这时期国家颁布了《国务院关于加强和发展建筑工业的决定》[①]，这是我国最早有关建筑工业化方面的文件，表明对建筑业进行工业化生产方式的改造，在我国已开始兴起；1958—1965 年，我国处于“大跃进”和国民经济调整时期，我国建筑工业化总体上在曲折徘徊中向前发展；1966—1976 年，我国经历着“文化大革命”运动，建筑工业化呈现停滞不前的状态；1977—1984 年，国家明确指示发展建筑工业化要抓住“三化一改”的重点，我国的建筑机械行业迅速缩小了与国外先进水平的差距，建筑工业化实现了蓬勃发展；1985—1993 年，鉴于工业化住宅产品还不能满足人们不断提高的住宅质量要求，我国建筑工业化处于短暂停滞阶段；1994 年至今，随着房地产市场的兴盛，“住宅产业化”成为大力发展的方向，我国建筑工业化取得了令人瞩目的成绩。

“十二五”以来，在绿色发展理念推动下，我国大力推广预制混凝土装配式建筑，2015 年，我国装配式建筑面积约为 4500 万平方米，占新建建筑的比例不到 2%，与世界工业化建筑先进国家之间仍存在明显差距。在国家和各地方政府的大力推动下，我国装配式建筑占新建建筑的比例每年以 3% 左右的速度增长，快速缩小与发达国家之间的差距。2017 年底，我国装配式建筑面积接近 3 亿平方米，占新建建筑的比例已超过 6%（见后文表 3–2）。我国工业化建筑的快速发展，为实现小康社会的建设目标做出了重大贡献[②]。

“十二五”期间，住建部提出 3600 万套保障房建设目标，截至“十二五”结束，实际已完成逾 4000 万套。鉴于建筑工期上的优越性，工业化建筑在保障房建设方面取得巨大成果，这也是推进建筑工业化的重要突破口。在这期间，各地进行工业化住宅的保障房项目均取得良好进展，如深圳万科龙华保障房、合肥滨湖沁园产业化住宅、南京大地汇杰新城保障房、上海城建浦江鲁汇基地保障房等，尤其是上海城建集团开发的浦江鲁汇基地房，其中保障性住房的预制化率达到 70% 以上，代表了当时我国住宅产业化的最高水平。

① 国务院. 国务院关于加强和发展建筑工业的决定[J]. 中华人民共和国国务院公报，1956(25)

② 张宏，丛勐，张睿哲，等. 一种预组装房屋系统的设计研发、改进与应用：建筑产品模式与新型建筑学构建[J]. 新建筑，2017(2):19–23

#### 1.3.2.2 我国早期住宅建筑的维护更新

在住宅建筑维护更新方面，古代中国和西方一样，主要体现为工匠的技术活动，属于在农耕经济下的一种自然更新调节模式。在经济条件的制约下，其主要目的是延长建筑使用寿命。我国古代曾有过大量的修缮性建筑更新案例，按今天的学术性称谓来说，其更新手法可以总结为“整旧如新”①。这种“整旧如新”的修缮原则自有史料记载以来千年未变，其背后的主导思想可归结为我国传统文化理念。

“文革”期间，在严重左倾思想的影响下，我国建筑维护与更新保护事业全面倒退。由于长期的人为破坏，“文革”后的建筑维护与更新工作面临更严峻的挑战。首先在法律保护方面，国家从1976年《中华人民共和国刑法》就开始立法，从法律法规方面对历史文物类建筑进行保护。从此，我国建筑保护与更新领域得到了快速良好的发展。这一阶段建筑更新最时髦的用语便是“整旧如旧”，但由于受到经济、技术和文化认知上的限制，很少有实际工程案例能真正达到这种境界。

十年动乱结束之后，建筑学术界开始复苏，有关建筑历史层面的学术工作也开始起步。因长时间研究的断代，20世纪80年代初建筑史学者的首要工作便是梳理历史学术成果，以期实现新旧研究的接续。这一时期，学者们开始对“文革”中去世的老一代建筑师的研究成果进行梳理出版，如1982年整理出版的《梁思成文集》与《刘敦桢文集》等。同时，我国的建筑学者也开始辛勤编写著述我国的建筑发展史并翻译西方建筑史著作，如童寯先生的《新建筑与流派》和《苏联建筑——兼述东欧现代建筑》两本著作分别于1980年和1982年问世，这是东南大学童寯先生对西方现代建筑的多年研究成果。另外童先生也曾在《建筑师》杂志上撰文介绍西方建筑技术的发展经验，对改革开放初期的年轻建筑学师生们具有重要的指导作用。此外还有清华大学陈志华先生的著作《外国建筑史》（1979年），东南大学与华南工学院（现为华南理工大学）、哈尔滨建筑工程学院（现为哈尔滨建筑大学）等3所高校编写的《中国建筑史》（1979年），以及同济大学与东南大学、天津大学、清华大学等4所高校编写的《外国近现代建筑史》（1983年）等。这些著作的出版问世极大地改善了我国在中外建筑史教学中长期缺少教科书的局面。

20世纪80年代我国的整体国民经济实力仍处于较低水平。这一时期我国也涌现了不少建筑更新改造项目，大多数改建目标仍然与50年代以来相同，即以节约造价，以低成本实现新功能为改造建设的出发点，虽然在外立面处理上已具有新的立意，但原有建筑形式已荡然无存。

由于受当时经济水平制约，直至改革开放前，我国住宅建设基本仍是以

① 程勇. 探索开放住宅理论在我国住宅设计的应用发展[D]. 大连：大连理工大学, 2008

"秦砖汉瓦"式的传统建设方式为主，在维护更新方面也多是民间工匠"缝缝补补"式修缮，工业技术层面可谓乏善可陈。这一时期我国住宅建筑更新改造一般仍摆脱不了"修修补补"式的窘态。其次，受"拆建"之风影响，这一时期的更新改造项目大都忽视了对旧建筑的保护，旧有的建筑立面，要么被拆建，要么重建，其建筑改造前的形式或空间几乎不被认真了解，更不用说所涉及的历史文化了。

1.3.2.3 **新时期我国建筑维护与更新事业的发展**

直到 20 世纪 90 年代中期，"保护性开发"理念才从环保界被引入到建筑领域。保护性开发的重要意义在于，在开发和改建过程中要兼顾"保护"，"开发"是目的，"保护"是前提。保护性开发有效地抵制了"拆建"之风，建筑保护意识也被更多的人理解。

这一时期以来，我国建筑更新改造领域中"保护意识"日渐强烈，这主要得益于党和国家所提倡的"可持续发展"理念，以及社会文明价值观念的日渐普及。特别是自 2004—2005 年开始，建筑界开始加大对产业类建筑的更新改造关注力度，进一步助推了我国建筑更新的发展。与此同时，学术界也相继开始关于建筑更新和建筑保护方面的研究工作，并出现了一些学术专著及专业论文，学术专著有东南大学王建国院士 2008 年撰写的《后工业时代产业建筑遗产保护更新》①、华北水利水电大学高长征教授 2015 年编著的《保护・传承・共融——历史城区内建筑更新设计方法研究》②等等；学术专业论文有王建国院士等在《城市规划》2008 年 2 期发表的论文《唐山焦化厂产业地段及建筑的改造再利用》③、刘抚英等在《现代城市》2018 年 2 期发表的论文《旧工业建筑更新的自然通风优化方法探析——以"杭州丝联 166"园区为例》④、满欣等在《城市住宅》2017 年 9 期发表的论文《既有建筑更新改造初探：以石景山区青橄榄创业园为例》⑤、徐娴雅等在《建筑学报》2016 年 9 期发表的论文《"垂直森林"在建筑保护更新中的运用——上海九江路 501 号改造项目》⑥、徐宗武等在《建筑学报》2015 年 S1 期发表的论文《"有机更新"与"动态保护"——近代历史建筑保护与修复理念研究》⑦等等。这些学术专著和专业论文对我国建筑保护与建筑更新方面的理论与实践，均起到了很大的推动作用。

"保护性开发"理念与西方流行的"适宜性再利用"理念的思想核心其实是一致的，说明我国建筑更新的思潮已逐步与世界接轨。这个时期我国出现了一大批"更新"与"保护"兼顾的优秀改造项目，这些项目案例有一个共同特点，就是在更新改造的理念与手法上，注重采用、融合当代建筑思想、建筑理念来表达建筑意境和建筑文化，并力求新功能与历史文化传承相得益彰，

① 王建国. 后工业时代产业建筑遗产保护更新[M]. 北京：中国建筑工业出版社，2008
② 高长征. 保护·传承·共融：历史城区内建筑更新设计方法研究[M]. 北京：中国水利水电出版社，2015
③ 王建国，张愚，沈瑾. 唐山焦化厂产业地段及建筑的改造再利用[J]. 城市规划，2008(2)：88-92
④ 刘抚英，贾骁恒，杨玉兰. 旧工业建筑更新的自然通风优化方法探析：以"杭州丝联166"园区为例[J]. 现代城市，2018(2)：5-10
⑤ 满欣，郭睿，郝军. 既有建筑更新改造初探：以石景山区青橄榄创业园为例[J]. 城市住宅，2017(9)：37-41
⑥ 徐娴雅，斯坦法诺·博埃里. "垂直森林"在建筑保护更新中的运用：上海九江路501号改造项目[J]. 建筑学报，2016(9)：114-118
⑦ 徐宗武，杨昌鸣，王锦辉. "有机更新"与"动态保护"：近代历史建筑保护与修复理念研究[J]. 建筑学报，2015(S1)：248-250

**图1–5　改造后的菊儿胡同**
图片来源：中国文化报

在形式表达和经济适用方面均取得了很好的效果[①]。在梳理研究这些优秀案例的基础上，针对现阶段我国建筑更新改造，笔者提出理念性建议：对于重大历史建筑，应在追求“功能性”与“经济性”基础上，力求“更新”与“保护”兼顾，西方现代主义融合高技术风格的建筑更新理念，较为适合我国现阶段发展国情，具有重要借鉴意义。

可惜的是，对于我国20世纪七八十年代采用工业化建造技术（组装建造法）兴建的大量板式住宅，时至今日，大多数板式住宅已年久失修，且居住质量较差，特别是部分老旧破损较为严重的板式住宅，在汹涌的城市化浪潮中已作为危楼被整体拆除。我们认为，由于这些板式住宅结构尚且完好，仍有一定的使用寿命，我们对此不能一拆了之，应切实依据绿色发展理念进行认真论证，切实在“资源节约型”和“环境友好型”方面狠下功夫，在论证基础上，对其予以合理的更新改建，以继续发挥其实用价值。

关于住宅类建筑更新，吴良镛院士的“有机更新”理论被广泛认为是我国目前关于旧居住区可持续性更新改造的指导性理论[②]，北京菊儿胡同就是吴先生运用该理论进行更新改造的成功案例（图1–5）。通过对“有机更新”理论的进一步研究，笔者对住宅类建筑更新也提出了相应的理念性建议，对于数量众多的住宅类建筑更新改造项目来说，当前我国主要以解决居民实际问题为目的，对于规模较小，不涉及文物保护概念，一般也就不必刻意追求某种建筑意境，更新扩建应满足经济适用性要求，并应适当注重文化传承，顺

① 赵冠谦. 国外住宅建筑发展趋势[J]. 世界建筑, 1986(1): 8–13
② 吴良镛. 人居环境科学导论[M]. 北京：中国建筑工业出版社, 2003

应居住区的自然发展。我们认为，对于日后工业化住宅建筑的维护更新，这样的理念与出发点仍不失其重要参考价值。

#### 1.3.2.4　我国工业化住宅可维护更新的理论与技术应用研究

目前国内对于工业化住宅的研究多局限于预制装配化、模数化、模块化、建造流程等方面，对于工业化住宅的维护更新方面还没有专门研究。本书在笔者博士论文研究基础上，郑重提出工业化住宅产品可维护更新这一命题。由于我国建筑工业化本身就起步晚，规模小，故对这一领域的理论研究和技术实践，不仅没有可供研究的实际案例，也没有可因循沿袭的研究方案。通过工业化住宅可维护更新的必要性研究我们认为，我国工业化住宅产品的市场认知度不够，严重制约了我国住宅工业化建设的发展。特别是工业化住宅日后的可维护更新性质没有得到很好的开发，其部品构件可维护更新对住宅产品功能的保持、提升作用甚至还不为大多数人了解。对此，我们进一步研究认为，若能够促进工业化住宅的维护更新并形成产业化运作规模，最终建立我国工业化住宅设计、制造、装配、维护更新全生命周期质量和性能保障的产业链，将对我国住宅产业化的进一步发展意义更为重大。这正是本书在我国工业化住宅发展理念方面的创新性思维，也阐明了本研究的社会意义和经济价值。

我们从推进城市化的客观需求、工业化住宅可维护更新的产业优势、技术优势、生产优势等方面进行了工业化住宅维护更新的可行性论证，认为目前我国一些大中型城市已初步具备工业化住宅维护更新规模化发展的实施条件。随着我国工业化住宅的比例日趋提高，需要进行维护更新的工程项目日渐增多，工业化住宅若能够在可维护更新方面进行产业化配套，则可根据住宅维护更新的运作特点并在施工周期统筹安排的基础上，实现住宅更新工程分阶段建设投资，进而形成具有新型持续性投资模式的经济特性。这一持续性的投资模式，正是住宅维护更新适应产业化发展的潜在优势。本书还从近年来我国工业化住宅支撑体和填充体的分离建造技术以及构件独立设计与生产技术，住宅内装构件的部品化生产以及工业化建筑装配率得到大幅提升等方面进行论证，充分说明我国工业化住宅维护更新的产业化运作具备可行性。

书中对具有中国特色的 CSI 住宅体系的一些优秀案例及其建造技术与发展优势进行了详细介绍，阐述其对于日后可维护更新方面的一些建造优势与主要特色。该体系首次提出支撑体 S 与填充体 I 的标准化设计建造概念，并以此为基础推动支撑体的耐久性设计、填充体的部品化设计建造，以及综合性模块化集成技术在施工组装中的运用等，最终发展形成具有中国特色的 CSI 建造技术。CSI 的这些建造技术对日后工业化住宅产品的可维护更新意义重大。

工业化住宅可维护更新方面的设计方法研究，目前依然呈空白状态，研究思路也无章可循。本书从可维护更新的角度对国内外优秀SI住宅案例的设计方法和技术特点进行了研究，首先将住宅产品的部品构件分为可维护更新部分、只能维护维修部分和不可更新更换部分，采用分析归纳方法对其可维护更新的设计技术和设计方法进行研究，归纳性提出工业化住宅可维护更新的设计研究目标，即以建筑的耐久性为目标研究其维护，以建筑的功能性及用户需求为目标研究其更新。

在相关规范基础上，归纳大量案例的研究成果，提出并阐述了可维护更新支撑体S的耐久性设计方法，再从结构选型、分项设计及结构连接等方面阐述连接方法及其连接设计方法，进而研究支撑体S的维护及其质量保证等相关问题。研究认为，建筑的功能性及用户需求主要体现在填充体I的适应性方面，填充体I直接应对用户的需求变化和个性化要求。本书还从SI住宅填充体的模数协调体系、SI住宅的标准化设计与多样化设计、填充体部品的安装定位，以及填充体与支撑体的连接设计等方面对填充体部品构件的可更新性进行了具体研究，阐述了可维护更新填充体I的适应性设计方法。在此基础上，重点通过笔者所在工作室的实际案例，对工业化住宅产品的构件维护更新便利性进行了深入研究。

本书着重研究了东南大学建筑学院"正"工作室自主研发建造的三个工业化住宅项目。这三个项目分别采用自主研发的分层级表系统、协同设计与协同建造技术、构件法协同设计以及新型工法装备系统，并对全部构件进行集成化管理，形成了功能性的构件组大构件单元，实现了房屋部品构件的集成化装配。这三个项目均采用螺栓连接，实现了可逆的连接技术，并且在每个项目阶段均有技术突破和创新，对于不同的工业化住宅类型均实现了集成化装配及连接的高效性与便利性。在此基础上，我们建立了可逆的构件连接构造技术系统，获取了针对既有建筑构件易维护更新的关键技术，切实提高了工业化住宅维护更新的工程可行性与便利性，为工业化住宅产品日后维护更新的产业化运作开拓了广阔的市场前景。

BIM信息化管理系统对工业化住宅产品的维护更新有着重要的意义。本书提出将BIM信息化技术应用于工业化住宅的可维护更新，具体体现在三个方面：一是协同设计；二是计算机编码技术；三是构件信息跟踪反馈技术。协同设计模式对我国住宅产业化发展而言意义重大，是工业化住宅可维护更新的重要设计方法，起到基础性作用。将计算机编码技术应用于工业化住宅的可维护更新，具有创新性。计算机编码技术极大地提高了工业化住宅产品维护更新的准确性和高效性，是工业化住宅维护更新最重要的技术手段。构件信息跟踪反馈技术可对编码物料建立跟踪反馈系统，实现实时监控与及时反馈。

本书介绍了以 BIM 技术在 SI 住宅可维护更新中的应用为目的，以基于 BIM 技术的协同设计为主要设计手法，以计算机编码技术为主要技术手段，以构件信息跟踪反馈技术为技术辅助，通过技术合成将协同设计、计算机编码技术及构件信息跟踪反馈技术统一于 BIM 信息化模型框架这一过程，最终建立了一套基于 BIM 的既可用于工业化住宅建设，又可用于工业化住宅维护更新的技术应用体系。笔者所在工作室以该技术应用体系为依托建立起来的监督管理平台现已初步投入使用，这使得工业化住宅的维护更新真正实现了从理论研究到关键技术实践的研发应用，这一技术成果对我国工业化住宅维护更新与住宅产业化进一步发展而言意义重大，对我国实现住宅建筑长寿化，推动我国建筑业绿色发展等也具有重要意义。

## 1.4　本书主要内容与研究目标

### 1.4.1　主要内容

本书主要有以下四方面内容：

（1）对国内外住宅建筑维护更新的发展历程进行深入研究，并对我国住宅建筑维护更新的发展现状进行梳理总结，肯定成绩，找出差距并分析其原因，希望能对我国工业化住宅产品的维护更新起到理论指导及参考借鉴作用。

（2）对建筑工业化、住宅产业化、“百年住宅”体系进行研究，分析工业化住宅产品维护更新的可行性及必要性，探讨如何促进其形成产业化运作规模，并最终建立我国工业化住宅设计、制造、装配、维护更新全生命周期质量和性能保障的产业链框架，这对我国住宅设计及产业化发展具有重要意义。通过对国内外优秀的 SI 住宅案例进行深入研究，分析其建造所具有的技术优势，探讨了 SI 住宅在可维护更新方面所应具备的条件。

（3）本书对工业化住宅产品进行分类，将住宅产品的部品构件分为只能维护维修部分和可维护更新的部分，分别阐述研究其可维护更新的设计方法。在此基础上，笔者根据所在工作室的实际案例，着重研究其构件集成系统和集成化装配技术，从集成装配的高效性与便利性方面，研究构件的集成技术和连接技术，以及对维护更新工程可行性与便利性的作用，建立针对既有建筑构件易维护更新的相关技术系统。

（4）BIM 信息化管理系统对工业化住宅产品的维护更新有着重要的意义。

本书将深入研究BIM信息化技术在住宅产品可维护更新中的应用，分别从协同设计模式、计算机编码技术以及构件信息跟踪反馈技术等三个方面探讨如何结合BIM信息化技术，建立工业化住宅产品可维护更新的技术应用系统，并力图依据研究成果建立其应用形式。

### 1.4.2 研究目标

（1）住宅建筑维护更新对我国经济建设和文化传承的重要意义，及未来发展建议

对国外建筑更新的发展历程和相关学术流派进行研究，阐明其对我国经济建设和文化传承的重要意义。通过对国内住宅建筑维护更新发展现状的梳理研究，找出差距。并希望通过案例分析和对比，对国内住宅建筑维护更新的发展提出若干理念性建议。

（2）工业化住宅产品可维护更新对住宅产业化进一步发展的重要意义，及其必要性与可行性论证

对建筑工业化、住宅产业化、“百年住宅”体系进行研究，提出工业化住宅可维护更新这一命题，并进行其必要性和可行性方面的论证。通过论证阐述工业化住宅产品可维护更新对我国住宅产业化进一步发展的重要意义，提出正是通过发挥工业化住宅可维护更新提升住宅产品质量和性能保障的巨大优势，使得工业化住宅产品维护更新达到产业化运作规模，从而建立一种新型工业化住宅建设完整产业链理论，由此阐述其对我国住宅产业化进一步发展的重要意义。

（3）工业化住宅产品可维护更新的设计方法及针对既有建筑构件易维护更新的相关技术

将工业化住宅产品的部品构件加以分类，通过对各类工业化住宅产品的优秀案例分析，归纳性提出工业化住宅产品可维护更新的应用技术与设计方法。在此基础上，结合笔者所在工作室的实际案例，重点研究构件集成系统和集成化装配技术，从工业化住宅集成化装配的高效性方面进行具体研究，建立一套针对既有建筑构件易维护更新的相关技术系统。

（4）工业化住宅产品可维护更新的最新技术应用

通过对BIM信息化管理系统、协同设计模式、计算机编码技术以及构件信息跟踪反馈技术的深入研究，将以上这四项内容与工业化住宅的可维护更新相结合，建立可实用的工业化住宅维护更新技术应用系统。这些最新技术的应用，使得工业化住宅产品的维护更新工作更加迅捷、系统化、智能化、有序化，可大大提高工业化住宅产品维护更新工作的成效。

## 1.5　内容架构

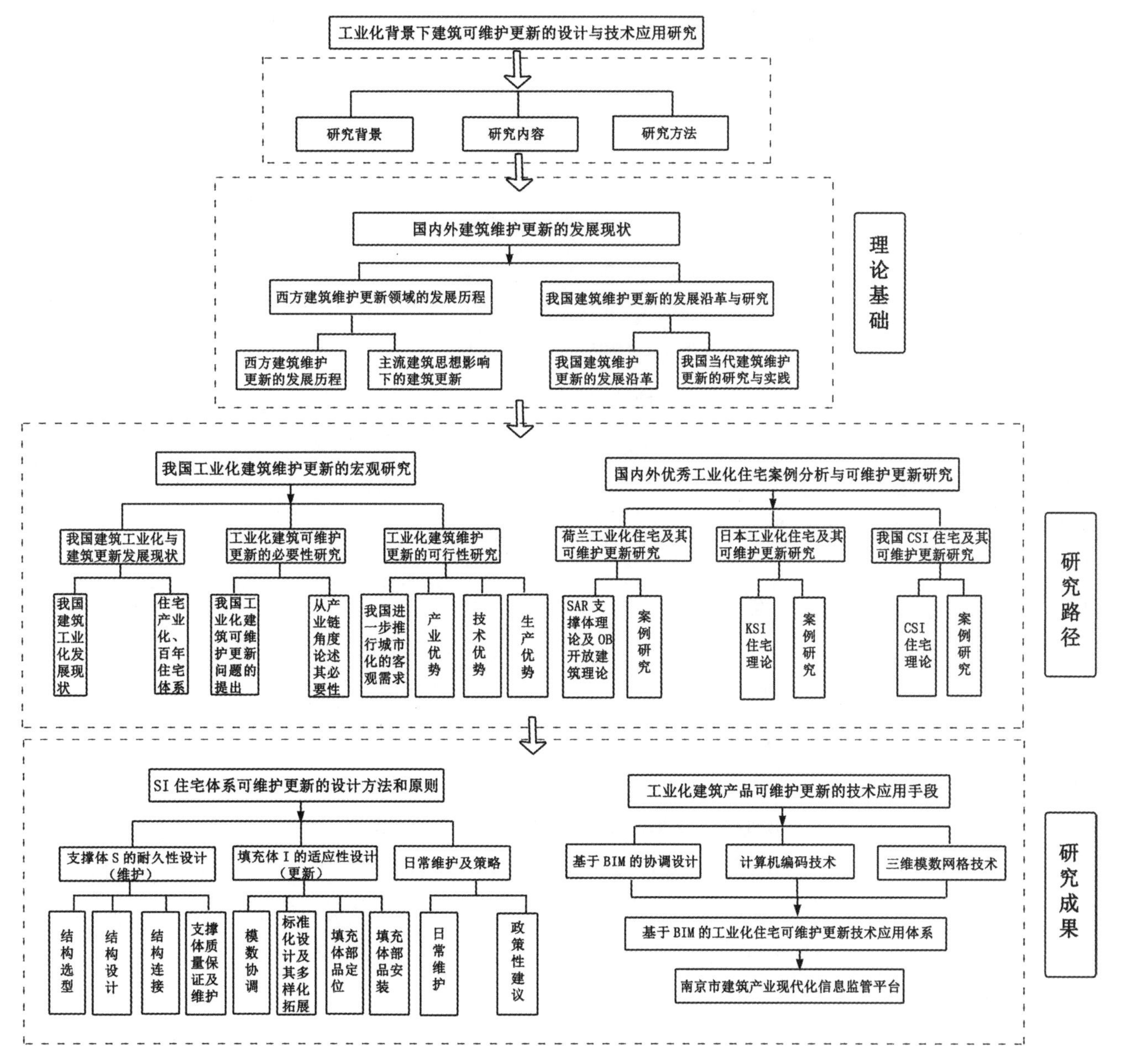


**图1-6　内容架构**

图片来源：作者自绘

# 第 2 章　住宅建筑维护更新的发展现状分析

相比较而言，住宅建筑维护的概念一般易于理解，而住宅建筑更新的范畴相对则要广泛得多。本章详细介绍国内外住宅建筑维护更新的发展沿革，通过大量实际案例分析研究主流建筑思想影响下建筑更新所取得的成就和影响，以及二战后西方国家在住宅建筑维护更新领域的发展现状，特别是对于早期通过工业化组装技术兴建的板式住宅的更新改建案例及其改建理念进行了详细研究，从中所得到的一些有益启示，将有助于我国工业化住宅建设及其维护更新。在梳理研究这些优秀案例的基础上，笔者针对现阶段我国工业化住宅建筑的更新改造提出了适应我国国情发展的理念性建议。

## 2.1　住宅建筑维护更新的有关概念

在建筑手法上，“住宅建筑维护”与“住宅建筑更新”其实只是对建筑物的维修、改造程度有所不同而已，二者是并列关系，皆属于“建筑性能管理”的范畴。住宅建筑维护一般包括以下几个方面内容：

（1）维修：这是维持建筑现有质量并稍加改进的一种最基本方式；修复房屋的破损部分，对一些老化的建筑构件及设备进行更换。

（2）维护：强调管理与保养，运用技术手段使其不再恶化或保持良好状况。

（3）修复：修补少量残缺的部分，恢复损坏的部分，将现有状态修复到早期良好的状态。

（4）修缮：强调管理与保养，运用某些手段使其恢复良好状况。

住宅建筑维护的概念易于理解，而住宅建筑更新的范畴则要相对广泛得多，一般来说，其主要包含以下内容[①]：

（1）改造：为适应当前需要对原建筑进行调整。

（2）局部改建：保留原有建筑一部分并对其他部分进行改造的活动；保留的部分大都质量较好或者有其他值得保留的原因，一般仍可继续利用。

（3）扩建：一般指在原有建筑基础上或在其临近的空间范围内，对原有建筑功能进行补充和扩展，形成新的建筑整体的一种建造方式。

① 贺耀萱. 建筑更新领域学术研究发展历程及其前景探析[D]. 天津：天津大学，2011

（4）内部改造：利用现有结构，对内部空间进行重新分隔改建。

（5）保护：在维持其特点及规模不改变的前提下，对其进行维护、修复，保持原有功能及样貌。

（6）再利用：对旧建筑根据不同规模进行再开发，以进一步使用。

由此可见，维护、更新其实只是对建筑物的改造程度有所不同而已，它们都是改变和提高建筑功能的不同手段，二者是并列关系，皆属于“建筑性能管理”的范畴。

## 2.2　建筑维护更新的发展沿革与现状分析

### 2.2.1　二战前西方国家的建筑更新发展概况

19 世纪是欧洲社会迈入科学时代的一个世纪[①]。西方产业革命的蓬勃兴起带动了生产力的巨大飞跃，各国城市化速度加快，正是在这种空前的城市建设需求下，不仅建筑业得到蓬勃发展，对建筑学及其相关工程技术的研究也呈现一派欣欣向荣的发展态势。正是由于产业革命的推动，历经了 17、18 世纪的漫长酝酿，直至 19 世纪建筑学及建筑科学才在西方社会发展中崭露头角，成为一个专门的学科领域。自此以后西方建筑领域开始了学术化道路，建筑学,包括建筑保护、建筑更新等方面的建筑技术科学也由此翻开新的一页。

也正是由此推动，现代建筑科学的发展会同欧洲文艺复兴所带来的文化繁荣，终于在 19 世纪末迎来了西方国家修缮性建筑更新包括住宅建筑维护更新的实践及其技术发展的第一个黄金期。总体来看，这一黄金期的形成主要有两个主导因素。一方面是 19 世纪下半叶欧洲开始的大规模无组织的工业化城市建设使大量的历史建筑遭到破坏，很多重要的传统建筑因为要让位于新兴工业的崛起而被无情地推倒，这种非理性的行为终究使人们意识到“保护”的重要意义。另一方面则是因为当时西方社会各个阶层还没完全从传统文化的价值观中脱离出来，所以当时建筑学术界的主流思想多是以传统的古典主义倾向为主，加上欧洲各国对历史建筑与文化一直有着较高的保护热情，在这两个因素的影响下，19 世纪末 20 世纪初欧洲建筑保护运动的迅速兴起便是顺理成章之举。这对于建筑更新行为（无论是实践还是学术研究）的影响是巨大的，我们甚至可以说，正是在建筑保护的光环下，建筑更新才能得以更好地发展。

随着建筑科学体系的逐渐发展成型，19 世纪末建筑更新学术领域也初显雏形[②]。这是欧洲建筑修复理论快速兴起的一个世纪，也是欧洲建筑学界充满

① 赵冠谦. 国外住宅建筑发展趋势[J]. 世界建筑, 1986(1): 8-13
② 贺耀萱. 建筑更新领域学术研究发展历程及其前景探析[D]. 天津: 天津大学, 2011

理论博弈与哲学思辨的一段时期。这一时期建筑更新修复理论与保护主义维护手法争论的焦点可简单概括为一句话：修复性建筑更新中的“保护”性要求究竟要严格到什么程度？从今天的视角来看，19世纪关于历史建筑修复理论的探讨虽然普遍具有保守主义倾向，但正是这样的讨论才达成“基于保护的更新”这一历史共识，这对于建筑更新修复领域的发展具有重要意义。“基于保护的更新”这一理论至今仍对建筑更新领域——无论是学术研究还是项目实践——都起到重要的推进作用。

1933年出台的《雅典宪章》提出：“城市发展的过程中应该保留名胜古迹以及历史建筑。[①]”这可以看成是对历史文物、历史建筑的一种“极端保护”。此后近百年的时间里，西方各国的建筑更新思想一般都是以这种“基于保护的更新”为前提，并在第二次世界大战后达到发展高峰。随着二战后的人居条件和环境保护等逐渐得到进一步重视，特别是对于现代城市规划发展具有公约性的《马丘比丘宪章》出台，最终在20世纪80年代初迎来了建筑更新领域的第二个黄金期。如今各类建筑更新实践随着现代城市发展而不断涌现，建筑更新理念在各式主流建筑思潮影响下百花齐放，其相关的学术研究也在建筑科学范畴内占据了一定地位。

总体来说，直至二战前，西方建筑更新领域开始萌芽并逐渐发展。对于住宅建筑，这一阶段的住宅建设还是以传统民居为主，其维护更新也多是民间工匠自发的修缮行为。随着战后大规模的住宅重建行为和大量居住区的出现，住宅建筑的维护更新迎来了新的发展时期。

### 2.2.2 当代建筑更新领域的发展

从时间上看，当代建筑更新领域的蓬勃发展始于20世纪80年代初期，这主要有两个方面的原因。一是得益于20世纪70年代《马丘比丘宪章》的出台，该宪章首次在国际范围内提出更新与保护具有同等价值，这直接导致了当代建筑更新领域的迅速崛起。二是在20世纪中叶，历经长达百年使用的产业类建筑因落后淘汰而被大量废弃，对其更新再利用带来了巨大的经济效益。

（1）《马丘比丘宪章》

在现代城市迅速崛起的背景下，重更新还是重保护？重新时代风貌还是重历史传统？重理性至上还是重人文精神？这种社会价值观的纷争一直与社会发展如影随形。虽然“基于保护的更新”基本解决了修复更新的目标要领，但这些争论仍一直伴随着城市的发展。正是在这样激烈的学术纷争中，1977年迎来了《马丘比丘宪章》的问世。《马丘比丘宪章》是在1977年12月国际建筑协会利马会议上提出并通过的，得到与会各国乃至世界大多数国家建筑

① 国际现代建筑协会（CIAM）.《雅典宪章》. 1933

师、规划师的一致赞同，是继《雅典宪章》之后关于城市规划和历史建筑保护方面的纲领性文件[①]。《马丘比丘宪章》从新形势下人类社会的发展特征角度，强调了应设法将城市建设中的“保护”与“更新”二者相结合，达到协调发展。

《马丘比丘宪章》提出：“城市的独特性取决于城市的形体结构和社会特征。因此不仅应保存和维护城市的历史遗址和文物古迹，还要继承一般性的文化传统。一切有价值的、能够说明其社会和民族特性的文物都应须保护起来。保护、修复和重新使用现有历史遗址和古建筑，其应同城市建设过程结合起来，以保证这些文物具备经济意义并能够继续拥有生命力。在历史地区的再生和更新过程中，应把一些优秀设计质量的当代建筑物也包括在保护范围内。[②]”这意味着，《雅典宪章》中对历史文物、历史建筑的“极端保护”已不适应新时期城市发展的需求，而应对其“保护、修复和重新使用”，达到“再生和更新”。这是首次有纲领性文件在国际范围内提出“更新改造”与“保护”具有同等价值，这一点也受到了各国建筑师、城市规划师的广泛认同。

《马丘比丘宪章》也是历史上第一个明确提出现代优秀建筑同样具有保护价值的规范性章程。现代建筑的发展虽然不过短短半个世纪左右，但它代表了一个时代，一个过去几千年从未有过的繁荣时代。而现代建筑也终将成为历史。事实上，随着信息化、工业化的发展，时代变迁不断加快，当代建筑也不断面临新的“现代建筑”。由此可见，《马丘比丘宪章》十分具有前瞻性。

（2）产业类建筑的更新实践

自 18 世纪中叶起，欧洲国家在工业革命的推动下进入了机械化大生产时代，工业厂房及其相关的产业类建筑开始大量出现[③]。时至 19 世纪，西方的产业类建筑已遍布城市各个角落。由于没有完善的城市规划体系对传统工业用地加以分区和控制，传统产业建筑布局基本只能以社会权力分据和经济效益最大化为依据，呈现无规划割据状态，且大都位居城市中心区附近。这一“工业洪流”一直到 20 世纪上半叶才逐渐开始衰退。第二次世界大战结束以后，西方国家进入了全面的经济大发展时期，城市化进程进一步加快，因工业化无序发展带来了前所未有的城市化问题。西方各国相继出台关于城市空间功能划分的具体规划方案对此加以整治，早期工业厂区污染地带的整治便成为当时政府的第一要务。到了 20 世纪下半叶，发达国家城市逐渐步入后工业时代，这些被废弃的传统工业建筑则显得越发碍眼[④]。

从当时西方社会对历史建筑的认识来看，产业类建筑遗产不同于重要历史建筑遗产。一方面产业类建筑数量庞大，普遍历史寿命有限，与那些动辄几百年历史的教堂、宅邸等稀有“遗产”相比，价值逊色许多。另一方面，产业类建筑的形式及空间布局是以功能性生产为前提，虽然其中也不乏很多精

① 程勇. 探索开放住宅理论在我国住宅设计的应用发展[D]. 大连：大连理工大学, 2008
② 国际现代建筑协会（CIAM）.《马丘比丘宪章》. 1977
③ 深尾精一，耿欣欣. 日本走向开放式建筑的发展史[J]. 新建筑, 2011(6):14-17
④ 赵倩. CSI住宅建筑体系设计初探[D]. 济南：山东建筑大学, 2011

**图2-1　吉拉德里广场(左)**
图片来源：维基百科

**图2-2　纽约苏荷区更新改造后(右)**
图片来源：作者根据资料整理

品，但大多还是给人以较为简陋的直观印象，尤其是历经废弃后，形象更为衰败。特别是大量被废弃的产业类建筑，对其更新改造既"有利可图"，也为建筑师们提供了一个大显身手的平台。如 20 世纪 60—70 年代美国旧金山的吉拉德里（Ghirardelli）广场（图 2-1）以及著名的纽约苏荷（SOHO）区工业遗产更新改造（图 2-2）就是很好的例子。

《马丘比丘宪章》中关于保护、修复和重新使用现有历史遗址和古建筑的这一理念对产业类建筑更新也产生了重要影响。这主要体现在两方面：一是"更新改造"借此在城市建设中堂皇登入大雅之堂；二是即便对于产业类建筑更新而言，保护性意识也得到提高，这比前述"基于保护的更新"已再上一个层次了。当然，产业类建筑更新本质的作用还是它所形成的实用性与经济价值，这一点不言而喻。

（3）西方当代建筑更新浪潮兴起的根本动因——经济利益

综上所述，西方建筑更新之所以得到蓬勃发展的首要因素是旧建筑有经济实用价值，以及在此基础上所兼顾的文化保护。以提升经济实用价值为目的的建筑更新有两种方式，第一种是改变建筑功能，即通过对既有建筑的更新改变实现历史建筑的经济效益最大化，这是短期内提升建筑经济价值的最有力手段；第二种是保持建筑物及其功能性质不变，但通过功能改善的方式提升其经济竞争力。对历史街区及历史建筑来说，往往第一种方式较为有效，这是因为 20 世纪以来，生产力迅猛发展，产业结构转型频繁，一般情况下城市的产业结构已发生根本性改变，对于诞生在产业形态落后时期的历史街区及建筑物而言，唯有通过功能变更的方式来提升其经济竞争力。这方面的实例不胜枚举，如前文介绍的纽约 SOHO 区以及我国 798 创意产业园区（后文介绍）等，这些都是通过对既有建筑的更新改造实现了经济效益最大化，并得以实现其文化保护价值。

但对于住宅建筑而言，只有以通过功能改善的方式适应大众的居住需求，才能得以提升旧建筑的使用价值。此外，以这种方式提升其经济价值，无论是历史建筑还是历史街区，一般情况下原有建筑元素都会因功能的变化而发生较大改动。对于这样的变动，我们更新改造的设计初衷应偏于保护还是偏于更新？《马丘比丘宪章》的价值观念，使我们在面临这一古老问题时不再徘徊，建筑功能更新是否具有经济实用价值当然成为我们考虑取舍的关键因素。当“基于保护的更新”可以赋予其新的使用价值并能够通过其历史文化传承而拥有新的生命力时，经济与适用性方面的考虑显然在很大程度上决定了天平的走向。

## 2.3　主流建筑思想影响下的建筑更新

前文已述，不同的当代建筑更新风格流派都有各自的形成原因。当今建筑更新领域主要受到了四大主流建筑思潮的影响，即现代主义（后演变成新现代主义）、后现代主义、解构主义及高技术风格，其中以现代主义建筑思想影响最大。因此现代主义建筑思想影响下的更新改造工程实践也较为多见，对其研究也较为普遍。

### 2.3.1　现代主义建筑思想影响下的建筑更新

早在 20 世纪 20—30 年代，现代主义（Modernism）建筑理论便已成为一个完整的思想体系。现代主义建筑思想认为：现代主义建筑应符合时代发展要求，应远离传统建筑形式的束缚，应与当时的工业化步伐相适应，建筑师要致力于建筑的实际功能并注重经济适用问题；应该大胆创新，创造新的时代建筑，着力改变地球上人类城市的一切旧形象，因此现代主义建筑思潮具有鲜明的理性主义和激进主义色彩①。现代主义建筑独特的美学原则是：表现手法和构造手法有机结合；建筑立面和适用功能协调一致；建筑设计形式灵活且要有逻辑；应采纳明快的设计手法和纯净的外形；等等。现代主义建筑及规划理念在二战后迅速风靡欧美国家，并被大量应用于战后城市复兴当中。

现代主义建筑思想从开始形成之际便一直潜移默化地影响建筑更新领域，经过长期的实践积累，不仅对建筑更新领域的理论研究起到积极的促进作用，还由此产生了“科学性修复”理念。直至今日，“科学性修复”理念一直广泛运用于西方各类建筑更新改造工程，并促进了当代建筑更新领域形成至今近 40 年的辉煌发展期。

“科学性修复”理念促使这一时期欧美国家产生了大批优秀建筑更新改造案例。最早体现现代主义建筑风格的巴黎老公寓改造（1928—1932），这

① 程勇. 探索开放住宅理论在我国住宅设计的应用发展[D]. 大连：大连理工大学, 2008

**图2-3 玻璃屋入口(左)**
图片来源：陆地.建筑的生与死：历史性建筑再利用研究[M].南京:东南大学出版社,2004

**图2-4 玻璃屋室内(右)**
图片来源：陆地.建筑的生与死：历史性建筑再利用研究[M].南京:东南大学出版社,2004

**图2-5 卡斯泰维奇奥城堡博物馆(左)**
图片来源：陆地.建筑的生与死：历史性建筑再利用研究[M].南京:东南大学出版社,2004

**图2-6 奎瑞尼艺术馆内景(右)**
图片来源：有方网

是现代主义建筑更新改造的第一个成功案例。改造后的建筑被人们习惯性称为“玻璃屋”(图 2-3)，案例中现代式的更新设计大都集中于室内（图 2-4），其经济适用性和现代设计风格获得了当时社会较高程度的认同。

体现现代主义建筑风格的一位“改造”大师是意大利建筑师卡洛·斯卡帕（Carlo Scarpa）。斯卡帕闻名于世的项目是 1956—1964 年的维罗那的卡斯泰维奇奥城堡博物馆改造工程（图 2-5）和 1961—1963 年的奎瑞尼艺术馆改造工程（图 2-6）。

斯卡帕的更新改造理念已经不再是传统的以保护性修复为主的更新观，而把注意力转向了新元素设计，其设计特点更侧重于以功能适用为出发点的更新层面。这一特征也反映了建筑更新领域对现代主义建筑理念从认同到实践这一来之不易的转化。

纵观斯卡帕现代主义建筑思想的改造作品，他还特别注重建筑细部的添加处理，因而改造后的建筑依然古典主义韵味十足。这让西方社会大众既感受到其经济适用性，也第一次领略古典与现代“合体”的建筑魅力。具有现代主义建筑理念的更新实践所取得最有意义的成就就是开创并建立了具有社会价值观层面的认同基础，具有划时代的意义。

### 2.3.2　新现代主义建筑思想影响下的当代建筑更新

时至 20 世纪 80 年代，西方现代主义建筑的精神理念虽已不再兴盛，但其建筑形式却仍然被广泛传承，其中关系最为直接的便是新现代主义建筑风格（Neo-Modernism）。

无论是早期的现代主义建筑思想，还是 20 世纪 50 年代后盛行的国际主义建筑思想，乃至 70 年代后开始盛行的新现代主义建筑思想，从建筑形式的角度看，其建筑语言都有一致的特征。新现代主义建筑师的作品以个性表达为前提，通过各自不同的形式来诠释自己对现代主义建筑的理解，这便是新现代主义与传统现代主义的最大区分。正是这一思想理念对建筑更新的影响，才形成了新现代主义建筑思想影响下的建筑更新流派。这一流派最大的特点便是，在其更新设计中可以强烈地感受到现代主义建筑风格倾向，同时也呈现了极其强烈的个人主义特征。

贝聿铭先生是著名的新现代主义建筑大师，在他的建筑师生涯中创作了大量的建筑作品，建筑融合自然的空间观念主导着贝氏一生的作品，在建筑更新设计上也同样如此。他注重抽象形式的运用，进而创造出自己的独特风格。这一点在他的建筑更新改造作品中也有所体现。贝聿铭先生一生有三项举世瞩目的建筑更新作品：一是华盛顿国家美术馆东馆，该馆是西馆（原国家美术馆）的扩建（图 2–7）；二是 1986—1989 年贝聿铭先生主持的卢浮宫改建（图 2–8）；三是 1989—1993 年卢浮宫改建的二期工程，即黎塞留侧翼的建造（图 2–9）。

其中最具影响力的当属卢浮宫改建，这是现代主义建筑风格影响下当代著名的建筑更新实践。贝聿铭先生对这座充满历史沧桑感的建筑物更新改造，最出人意料的是通过现代技术手段，在拿破仑广场中央加建了一座高 21 米，

**图2–7　华盛顿国家美术馆东馆（下左）**
图片来源：维基百科

**图2–8 改造后的卢浮宫（下右）**
图片来源：https://graph.baidu.com/

**图2-9　黎塞留侧翼(左)**
图片来源：360个人图书馆

**图2-10　卢浮宫金字塔(右)**
图片来源：百程网

**图2-11　卡尔斯鲁厄艺术与媒体中心(左)**
图片来源：陆地.建筑的生与死——历史性建筑再利用研究.南京:东南大学出版社,2004

**图2-12　新宝马总部大厦(右)**
图片来源：凤凰网

底宽30米的玻璃金字塔，塔身玻璃净重105吨，而金属支架净重达95吨（图2-10）。这座玻璃金字塔的建造是当时建筑技术的创新，其简洁纯粹的形式几何特征明显，细部构思令人耳目一新，既体现了现代主义建筑更新的纯净形式风格，也以它独特的形式传承古代文明，给人们以极大的心灵震撼。

另一位在该领域有着杰出贡献的新现代主义建筑师是彼得·施威格尔（Peter Schweger）。施威格尔的建筑设计作品大多体现了技术理性原则，力求通过建筑构造及建造技术的理性表达来映衬其作品的现代主义美学特征。施威格尔的建筑更新实践相当广泛，如德国的卡尔斯鲁厄艺术与媒体中心以及奥波保姆城办公塔楼便是其两个著名的更新改造作品。前者由老兵工厂改建而来，设计者在老建筑上嵌入“蓝箱”（图2-11），蓝色的玻璃盒子与老建筑形成的对比效果几乎不逊色于贝氏的卢浮宫玻璃金字塔，设计者将一个大型玻璃盒置于原有建筑之上，充满了现代主义和个人主义韵味。为实现这样极富个性的现代设计，建筑师在建筑结构与建造技术上可谓大费周折。

1999年，施威格尔承接了德国慕尼黑的新宝马集团总部大厦的改建翻新任务。他力求保留并进一步突出建筑物外观的现代主义风格，并着眼于绿色节能的设计宗旨。新的宝马总部大厦充满未来科技的理念，很多项建筑技术都是全新的攻关实践（图2-12）。这几个建筑更新实例的特点都是将现代主

**图2-13 沃尔伯格住宅更新**
图片来源：苗青，周静敏，陈静雯. 开放建筑理念下的欧洲住宅建筑设计与建造特点[J]. 住宅产业,2016(4):18-25

义建筑风格与全新高技术风格完美结合，堪称建筑更新领域的一个里程碑，应值得我国在大型历史建筑更新时学习借鉴。

延续现代主义建筑思想，加建项目较多，特别是融合高技术建筑风格，这三方面的特点构成了以新现代主义建筑思想为支撑的建筑更新主要特点。因为新现代主义本身就是现代主义建筑思想的延续，特别是现代主义建筑思想所追求的在经济和功能上的适用性，使得其更新行为将涵盖更广阔的内容。如在居住区更新改造方面，以新现代主义建筑思想为理论支撑的建筑更新案例往往都是出奇制胜。下面介绍荷兰沃尔伯格住宅区更新改造项目和日本琴芝县营住宅更新改造项目，以做案例分析。

沃尔伯格住宅区建于荷兰鹿特丹附近，为二战后建成的现代主义住宅，多为五层板式布局，立面平直没有装饰，内部也已经很陈旧（图 2-13）。1990 年，住宅区开始方案改造。改造内容不仅涉及内部布局的变更，也包括加建楼梯和阳台外立面更新等。

项目设计团队对改造方案进行了认真研究，最后决定清除所有填充体，保留原有架构。为此，运用了当时的最新技术，将原住宅的填充体全部移除，仅保留支撑体；同时采用钢构架技术进行加固，并在结构墙体上开设必要的门窗洞口（图 2-13）。项目运用开放建筑理论，贯彻住户参与理念，以探讨内装设计的多种可能性。最后，设计团队在内部填充体中大胆应用了马士拉填充体系（Matura Infill Systems）①。项目在较短的工期和复杂的现实条件限制下完成了旧建筑的更新。这是一个仅利用原有架构，所有内部构件全部拆除重建的典型案例。

对于这样拆除重建性质的建筑更新案例，日本宇部市的琴芝县营住宅更新改造项目可谓是更胜一筹。

琴芝县营住宅位于日本大正时代（1912— 1926 年）兴建的宇部市纺织厂原址，于 2003 年进行住宅改造。在改建过程中，仅保留原纺织厂旧有砖

① 刘东卫，等. SI住宅与住房建设模式：体系·技术·图解[M]. 北京：中国建筑工业出版社，2016

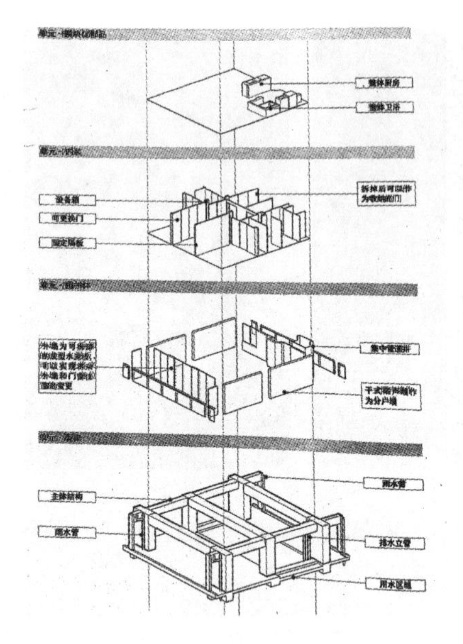

**图2–14　可变填充体系统（左）**
图片来源：刘东卫，等. SI住宅与住房建设模式：理论·方法·案例[M]. 北京：中国建筑工业出版社，2016

**图2–15　琴芝县营住宅改造（右）**
图片来源：刘东卫，等. SI住宅与住房建设模式：理论·方法·案例[M]. 北京：中国建筑工业出版社，2016

墙，目的是既能作为建筑物的一部分外墙使用，又可延续当地的历史文脉（图2–15）。

该项目最大胆之处是仅保留并加固旧住宅结构，内装在全部拆除的基础上还应用了现代“可变填充体系统”（图 2–14）。该项目另一独特之处是通过集约化设置剪力墙，以确保结构的承载和内部空间的完整性，并考虑到住户的布局重组。同时，在住宅北侧的套外公共空间设置公用排水立管，在有限的层高内确保居室的净高和用水空间的必要高度。

琴芝县营住宅更新改造项目是一个集新现代主义建设理念、历史建筑文脉、经济适用性以及功能合理性为一体又融合高技术风格的建筑更新改建项目。它的宜居特性受到人们称赞，它所突出的旧有斑驳砖墙与一旁改造一新的高楼相映（图 2–15），使人顿感历史的厚重、世事的沧桑，并感悟到更新之后建筑的生命力量。

随着建筑技术和建筑材料的发展，当代建筑更新越来越受到现代主义建筑风格影响，特别是现代主义融合高技术风格的建筑更新理念，既彰显新时代风采，又传承历史文化，并兼顾经济适用性，对我国现阶段建筑更新改造具有重要借鉴意义。

### 2.3.3　后现代主义建筑思潮影响下的当代建筑更新

后现代主义（Post Modernism）建筑思想诞生于 20 世纪 60 年代，它是在批判和反思西方文化、哲学、科技、理性过程中形成的一股文化力量[①]。时至今日，后现代主义思想仍然是西方学术界议论的焦点。

现代主义建筑思想影响下的建筑更新强调新旧对比，其本质目的是凸显

① 陈志华. 外国建筑史[M]. 北京：中国建筑工业出版社，2006

**图2–16　贝尔福市立剧院**
图片来源：陆地，建筑的生与死：历史性建筑再利用研究[M]。南京：东南大学出版社，2004

**图2–17　里昂歌剧院**
图片来源：陆地，建筑的生与死：历史性建筑再利用研究[M]。南京：东南大学出版社，2004

新时代的精神理念。然而，后现代主义理论对此发出质疑：将历史建筑所特有的传统文化魅力同现代建筑风格的对比行为本身到底有多大意义？这种对比如导致对历史文物和传统文化的离弃就是今天的进步？后现代主义理论认为，历史建筑作为前人留给今人的物质及精神财富，其价值不是当今经济主导型社会的价值观所能定义的①。后现代主义在建筑形式及设计手法上迎合了这些批判观点。在建筑更新领域，后现代主义主张更新元素在形式上应服从于历史建筑的古典风格，这正好与当时建筑学术界的历史价值观相一致，因而当时也就时有出现后现代主义思潮影响下的建筑更新作品，具有古典历史建筑风格也就自然成为其主要特征。

让·努维尔（Jean Nouvel）是法国当代最著名的后现代主义建筑师之一。他在 1980—1984 年主持的法国贝尔福市立剧院改造项目和 1986—1993 年主持的里昂歌剧院改建项目是两个著名的后现代主义风格建筑更新作品。努维尔常把自己的设计思想定义为“文脉主义”，他擅长用钢材、玻璃以及光照来创造新颖的、符合建筑基地环境、文脉要求的建筑形象。在贝尔福市立剧院改造项目中，努维尔将原建筑按照退让红线位置一刀横向切割，然后运用现代建筑技术加以修补，最终将建筑剖面变为建筑的立面，原味的古典与崭新的现代交相辉映，整个方案充满了戏剧性和“反喻”韵味（图 2–16）。再如，里昂歌剧院改建设计则显得宏伟大气，努维尔在老歌剧院上部安置一座 6 层高的大顶（图 2–17），其形式上虽然有着浓郁的古典主义韵味，但其比例失

① 罗小未. 外国近代建筑史[M]. 北京：中国建筑工业出版社，2004

调的“大帽子”还是略显可笑。他的这两个更新改造作品虽有好评，但也有些许另类评价。建筑作为社会文明的最有力物质化体现，其形式和社会价值也必然会跟随时代的脚步而发生变化。后现代主义建筑的形式设计手法热衷于“就虚避实”“折中主义”和“手法主义”，却往往只是流于表面和形式。当其理论上没有建树时，其作品也就难免流于平庸。后现代主义建筑师迄今为止拿出的实际作品，终究还是难以做到令学术界信服。

正因后现代主义建筑体系本身存在问题，致使后现代主义的建筑更新也就难免耽于平庸。仅就时代性而言，后现代主义这种只注重装饰和象征的更新改造做法的确让人难以恭维，很多这方面的案例都难免给人一种草率与媚俗的意味。

虽然后现代主义建筑思想对我国“保护性开发”的建筑更新理念参考价值不大，但其相关学术理念对建筑学科的发展还是有一定启示和借鉴作用的。后现代主义所秉持的批判思辨精神及其相关流派，如复古主义、文脉主义、隐喻主义以及装饰主义等等，对建筑学领域的学术研究和发展方面的贡献，还是应被人们所认识、理解和尊重的。

### 2.3.4 解构主义建筑思潮影响下的当代建筑更新

解构主义（Deconstructivism）的本质是对西方社会几千年来经典哲学思想的批判与否定。解构主义最大的特点是反中心、反权威，这种偏激观点，就是要破解我们现在所默认的秩序，主张通过二元对立面的观察来解读事物本质。

解构主义建筑思想所秉持的基本原理就是通过元素间的二元对立与相互关照来表达建筑的真正意义。解构主义建筑风格具有不稳定特性，并有很强的运动感、脆弱感，其风格的表现特征是无绝对权威、非中心、非对称的建筑。解构主义本身就是针对某种案例，当在设计理念方面陷入乏善可陈境地时，二元对立便作为一种设计探索形式而得以产生[①]。

解构主义影响下的建筑更新正是基于这一主观判断，将新旧元素文化价值进行多角度传达，尽最大限度去呈现全方位的新旧对比与新旧共存，并将对形式的解释权交给观众。伯纳德·屈米（Bernard Tschumi）便是这样一位解构主义最具影响力的建筑师。他的设计理念认为应把当代的和过去的建筑元素进行解构并能够再利用，并以此来创建新的建筑理论体系。屈米设计的弗雷斯诺国立当代艺术学校改造项目（1994—1997年）便是以解构主义为指导理念的经典建筑更新实例（图2-18）。屈米在该方案设计中充分表达了解构主义强调的“拆分”，具体为三种方法：一、支持分离，排斥合成；二、排斥

① 罗小未. 外国近代建筑史[M]. 北京：中国建筑工业出版社，2004

**图2–18　弗雷斯诺国立当代艺术学校改造**
图片来源：陆地.建筑的生与死：历史性建筑再利用研究[M].南京:东南大学出版社,2004

用途和形式的对立；三、强调片段、元素的叠置，激发分离的力量。为实现上述想法，屈米在该校舍的设计中尽量暴露所有建筑元素，并且不分新旧主次。如此这般改造后的建筑就难免给人以一种杂乱的“解构”之像。尽管其表现手法十分激进,但也恰如其分地表达了解构主义思想的基本理念,并尽力为“观众”创造了一个充满想象力的空间。但终因缺乏主题、缺乏文化上的引导，更是在“解构”之后缺乏理念和内容上的表达，尽管将解释权交给“观众”是好的出发点，但仅凭此点也很难得到更好的观众评价。

### 2.3.5　高技术风格建筑思潮影响下的当代建筑更新

高技术（High-Tech）风格建筑思潮是当代建筑流派中的重要一支，是 20 世纪 50 年代之后逐渐兴起的一门建筑派别。随着科学技术的不断进步，技术美学得到广泛普及，学者们认识到技术并非只能作为建筑物质系统里的抽象行为存在,其本身也可以成为建筑形式中的一部分。正是在这样的逻辑推演下,高技术建筑风格逐渐演化为一门具有鲜明形象特征的建筑流派。

早期的高技术风格建筑更新仍是偏重于形式主义，并没有更多的理论体系支撑。然而到了 21 世纪，随着高技术流派与数字化科技以及生态领域的跨学科融合，当今的高技术建筑思想已经兼具这些学科领域的学术特征。高技术风格对建筑更新的影响与现代主义建筑影响如出一辙，都是从不同方面彰显时代精神。从这二者的主流建筑理念来看，高技术风格得以成型也是依赖于现代主义建筑精神。因此从整体的建筑形式上去解读建筑语汇时，会发现这两种建筑派别有很大的风格雷同，其唯一区别之处则是高技术风格影响下的建筑更新更注重表达技术的精美形式特征，在具体设计中则体现为对建筑细部的把握。

前文提到，具有现代主义建筑风格的更新改造再融合高技术风格，便呈现了新现代主义建筑更新的风格流派，这是当下大多数建筑更新改造所采用的设计手法。若谈及独显高技术风格的建筑更新改造实践，首屈一指的便是诺曼·福斯特（Norman Foster）。他在 1995 年至 1999 年间主持的德国国会大厦改造工程和 1994 年至 2000 年间主持的大英博物馆改造工程是在国际建筑学界最有影响力的两项工程。

德国国会大厦的前身是原普鲁士上议院，1990 年两德统一后，德国联邦议会决定将其会址从波恩回迁柏林。根据设计要求，国会大厦必须改建为一座现代化的议会大厦。福斯特的更新设计展示了一个玻璃拱顶，该拱顶直径 38 米，高 23.5 米，重 1200 吨，它的钢铁骨骼由 24 根竖直的肋和 17 根水平的环组成（图 2–19）。拱顶玻璃的总面积达 3000 平方米，在其内侧有两条约

**图2–19　德国国会大厦**

图片来源：陆地.建筑的生与死：历史性建筑再利用研究[M].南京:东南大学出版社,2004

**图2–20　德国国会大厦拱顶**

图片来源：陆地.建筑的生与死：历史性建筑再利用研究[M].南京:东南大学出版社,2004

**图2-21　大英博物馆**
图片来源：大英博物馆官网

**图2-22　大英博物馆穹顶和中庭**
图片来源：陆地.建筑的生与死：历史性建筑再利用研究[M]. 南京：东南大学出版社,2004

230 米长、1.8 米宽的对称螺旋式斜坡可以走到离地面约 40 米高处的一个瞭望台（图 2–20）。这个玻璃拱顶如今已成为柏林市的一个标志。高技术风格在这次更新改造中几乎无处不在，甚至还运用了当时被认为是新兴科技的生态能源技术，大厦的拱顶设计结合该技术，采用特种玻璃减少热损失，其光学特性和空间设计还被用来为大厦主会场照明和通风。

大英博物馆改造是福斯特另一项著名的建筑改造实例（图 2–21）。该建筑始建于 1823 年，在 1999 年的改造中，福斯特主要添加了穹顶和中央大中庭夹层，其中穹顶改造是其改造方案的最大特色。就技术特征而言，大英博物馆的穹顶与德国国会大厦的拱顶有异曲同工之妙，前者甚至更显形式主义意味。大英博物馆的“四翼大楼”围合的中庭并非标准矩形，因此这个看似几何规律很强的穹顶实际上是由复杂的非标准曲面构成，其镶嵌的 3300 多块玻璃无一块尺寸相同——不难想象这个弧形穹顶力学模型的计算难度和穹顶设计的高科技水平。此外，其穹顶的骨架断面也十分纤细，从而烘托出穹顶的空灵之感（图 2–22），令人赞叹不已。

就标志性建筑而言，这两个体现高技术风格的更新改造案例不愧为世纪杰作。尽管我们的建筑更新改造将面临大批普通建筑，但高技术风格其“技术并非只能作为建筑物质系统中的抽象行为，其本身也可以成为建筑形式一部分”的建筑理念对我们的建设或更新改造均具有较高的参考价值。

## 2.4 二战后西方国家的住宅建设及其维护更新

西方建筑更新领域的萌芽时期可上溯至18世纪的英国工业革命时代，大工业生产必然涉及大批民居及老旧建筑的拆除，于是便出现拆建、保护、更新等各种建筑行为，并交织于产业革命的发展过程中。伴随产业革命的蓬勃发展，直至第二次世界大战前，整个建筑界包括住宅建筑就已出现很多维护与更新方面的成功案例，这方面的学术研究也随着实践经验的不断积累而得以丰富和发展。

### 2.4.1 二战后的住宅建设及其维护更新发展历程

住宅作为城市更新的主要载体，具有城市建设各个发展时期的文化特质，其维护更新的相应理念变化也蕴含其中。二战后，西方国家针对战争破坏以及经济萧条阶段所出现的衰落现象，许多国家开始进行城市更新，主要经历了从清除贫民窟、邻里重建直至社区更新的演进过程。这个过程大致可分为三个阶段。

（1）二战后至20世纪60年代：清除贫民窟，大规模新建

此阶段欧洲各大城市重点放在战后重建与恢复上，开展了以城市中心区复苏与贫民窟清理为主要内容的城市更新运动。英国侧重于重建和再开发遭受战争破坏的城市和建筑、新建住宅区、改造老城区、开发郊区以及城市绿化和景观建设等；法国集中于市政基础设施、道路、交通设施和住区重建；德国将重心集中于市中心和已有城市街区，对住房短缺的大规模住宅建设和城市基础设施建设。

20世纪50年代后，以单纯清理贫民窟、向郊区扩散人口这种战后过渡性质的城市重建措施已不能解决城市发展的实质问题。1964年,英国的《住宅法》提出设定“改善地区”，集中对非标准住宅进行改造；德国政府借助住宅工业化继续大规模建设新住宅，同时在大城市边缘建设城郊住宅，并在努力建设新住宅、重建扩展现有城镇居住区的同时，对各类旧建筑的维护更新开发也在同步进行[①]。70年代前侧重于维护修复现有的传统式住宅，70年代后则开始侧重于修复与更新。

① 郑妍琼. 保障性住房法律制度完善之研究[D]. 广州：华南理工大学, 2018.

（2）20 世纪 70—90 年代：新建与维护改造并重

20 世纪 70 年代后，欧洲主要国家此时都已基本解决住宅短缺问题，人们对建筑的认识和态度发生了变化，越发认识到城市建设问题的科学性与复杂性，大规模拆除重建模式遭到社会各界的批判与否定。荷兰的反城市化运动和英国的内城更新成为典型的实践，开始尝试保留城市结构、更新邻里社区、改善整体居住环境、强调社会发展和公众参与，既有住宅更新改造模式引起了人们的关注。

20 世纪 80 年代后，小规模社区内部自发产生的以自愿式更新为主的“社区规划”成为主要方式。欧洲各国在完善既有住宅维修决策机制基础上，科学制订了再生发展计划。英国先后推出了城市开发项目（UDG）、城市再生项目（URG）、城市补贴（City Grant）等更新计划。德国城市实践从大面积、推平头式的旧区改造转化为针对具体建筑的小步骤、谨慎的保护更新措施。1987 年颁布的新的《建设法典》重点提出了城市生态、环境保护、旧房更新、旧城复兴等问题[①]，西方住宅建筑的维护更新在这一阶段得到了长足的发展。

（3）20 世纪 90 年代至今：可持续性更新

20 世纪 90 年代后，国际环境的转变、生产方式的变化、生活方式的转型，使得城市建设问题越发科学化，生态城市、可持续发展成为新时期城市更新思想的关键词。这一时期，城市再生理论在全球可持续发展理念主导下逐渐形成。城市再生是一项旨在解决城市问题的整体综合性城市开发计划，以寻求对某一亟须改变地区的经济、物质、社会和环境条件的持续改善[②]。受城市再生理论影响，住宅建筑的可持续性更新理念成为这一时期城市建设的主题。这是城市建设发展过程的一次较大变革，人们由此开始寻求整合环境、社会、经济三方面的综合需求，并探索以住户为核心的可持续再生方法。住宅维护维修业逐渐成为建筑市场的重要产业，并出现了大量可持续性更新案例。

21 世纪以来，随着可持续更新理念的日渐深入，以既有住宅更新为首的建筑更新改造产业得到迅猛发展。此时，欧美各国在旧住宅改造修缮方面资金与数量的投入已经远远超过了新建住宅。同时，建筑新材料与新技术也进一步推动了住宅更新改造的发展，其已经取代了住宅新建的市场，成为建筑业发展的“新兴产业”。如丹麦住宅更新改造占总建设量比例的 60% 左右，意大利与荷兰住宅更新改造占总建设量的比例也达到 50%[③]。这一时期发达国家先后进入对既有住区更新改造的时代，这也是住宅建筑市场未来发展的必然趋势，其可维护更新性质将更有助于这一发展趋势。

### 2.4.2　当代住宅建筑维护更新案例分析

（1）欧洲可持续住宅更新（SUREURO）项目

① 索健. 中外城市既有住宅可持续更新研究[D]. 大连：大连理工大学, 2013

② 沈秋尧. 旧城更新中的商业业态选择与建筑设计：以南昌省府大院商业综合体项目为例[D]. 南昌：南昌大学, 2018

③ 王晓. 既有住宅维护性再生策略与辅助知识库建构[D]. 大连：大连理工大学, 2016

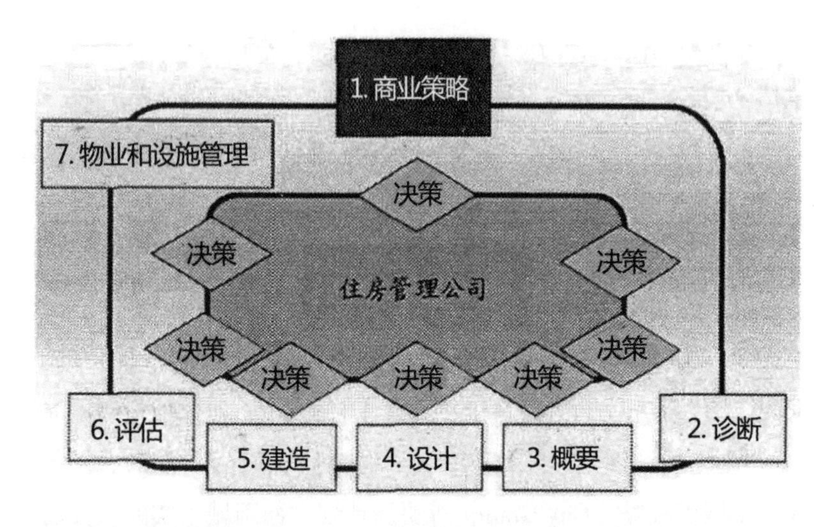


图2-23 SUREURO项目的过程概念模型
图片来源：索健.中外城市既有住宅可持续更新研究[D].大连：大连理工大学,2013

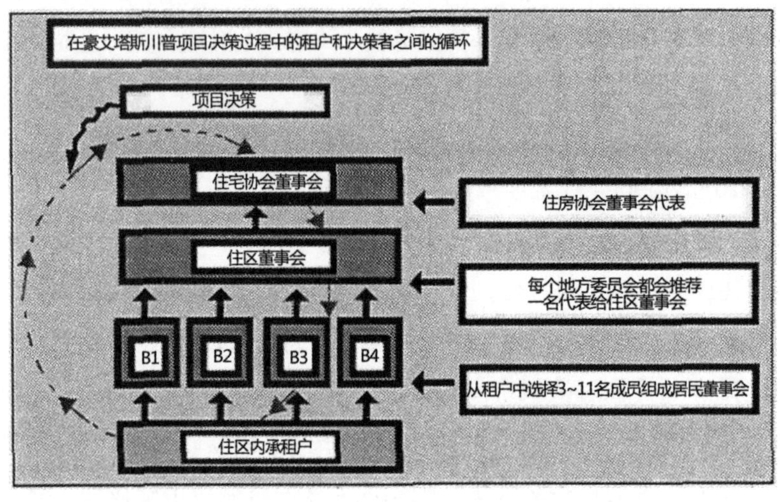


图2-24 SUREURO项目的住户参与决策循环过程图解
图片来源：索健.中外城市既有住宅可持续更新研究[D]. 大连：大连理工大学，2013

欧洲可持续住宅更新（SUREURO）是由瑞典 Kalmarhem 住宅公司发起，得到欧委会资助的跨国合作项目，项目完成于 2000—2004 年。其更新对象为欧洲二战后大规模建造的板式住宅。

SUREURO 项目注重可持续更新理论的指导作用，项目遵循协商规划理论的包容与多元参与原则，在过程模型中突出决策环节的作用，把在构建共识的决策过程中实现的场所创造作为可持续更新策略的目标（图 2-23）。项目更新秉持开放式建筑理念，住户全过程参与决策。项目的决策组织分为三个层级，最基层的为居民董事会，中间层级为住区董事会，最上级为住宅协会董事会，决策通过住户和三个决策层级到达住宅协会董事会，然后又返回到住宅区住户那里，形成一个决策循环，最大限度保证住宅更新过程中决策合意的形成（图 2-24）。

SUREURO 更新项目的最大建设特色是秉持可持续更新理念以及荷兰的开放建筑理论（后文另述），在设计、建造和用户之间构建了很好的联系。项目通过多方合作和用户参与在一定程度上解决了大量性住宅的可持续更新问题，

**图2-25 更新改造前的帕克希尔住宅区立面(上左)**
图片来源: Richard Hanson/Sheffield Hallam University

**图2-26 更新改造后的帕克希尔住宅区(上右)**
图片来源: Richard Hanson/Sheffield Hallam University

为之后欧洲大量的住宅维护更新提供了很好的参考和借鉴。

(2)英国谢菲尔德帕克希尔(PARK-HILL)住宅的更新改建

英国谢菲尔德市帕克希尔住宅区，建于1957—1961年间，它曾经是英国二战后期开发的大规模板式住宅区。该住区的建造采用现代技术及粗野主义的表现形式，其具有较高的空间面积标准和著名的“空中街道”等，成为当时居住区的典范(图2-25)。

1998年，该住区被列入欧洲文物保护名册。当地政府于2008年开始对住区实施更新改造，其目标就是将帕克希尔住宅区原有的场所文化，转变为特定的“文化资本”，这是项目秉持可持续更新理念的一次成功探索。为了激活日益退化的居住区生活，更新方案不仅增加了住宅空间的开放性，还在首层进行了功能转化，引入了商业和办公功能，目的是将这些20世纪中期建筑激活为符合21世纪感观和理念的新建筑，给人以耳目一新之感。

项目更新的另一主要特色体现在文化传承方面：首先，对原住宅空间街道上的具有情感色彩的涂鸦加以保留，并将原笔迹做成霓虹灯。在更新后住宅立面上，设计师还把涂鸦做成新住区的宣传口号，不仅唤起人们对住区往事的美好回忆，也树立了住区新形象。项目通过强化住宅沿用过程中的文脉及内涵，起到了很好的文化传承作用。其次，通过对原立面楼梯竖井，原外廊中混凝土结构以及住宅前烟囱，甚至是原住宅内的部分墙体等构件的保留，使人们在新的环境里仍能通过怀旧的方式激发对生活的热爱和向往(图2-26)。

帕克希尔住宅区更新是一次典型的历史文物类住宅更新，其建造特色一方面大胆地使用新材料、新技术、新手法，并将这些旧时代建筑激活为具有新世纪理念的新建筑；另一方面在文化上又秉持可持续理念，尽可能保留了原有历史风貌，不断唤醒人们对已逝去历史的回忆。帕克希尔住宅区改建更新是一次成功的住宅区更新改造案例。

（3）德国柏林黑勒斯多夫（Hellersdorf）住区的更新改造

第二次世界大战后，德国出现了严重的住房荒，在两德均出现由传统建造方法向工业化建造方法（组装建造法）的过渡，并陆续出现了8层乃至10层以上的高层板式工业化住宅。直至1991年两德统一后，柏林州政府对这批板式住宅进行调查和评价，用以作为进行维修、翻新的依据。该机构共评价了50栋住宅楼，并将其按照10种不同类型的建造方法进行了分类，从5个方面对每个系列的住宅进行了改造鉴定评价和调查研究，并作为此后改造工程具体实施的依据和指导①。这五个方面分别为：

①建筑外观评价，主要包括对外立面、屋顶顶面、阳台及楼梯的腐蚀、损坏等情况的评估。

②建筑物理性能评价，主要包括对建筑的保温、隔热、防潮、隔声、防火等能力的评估。

③建筑设备评价，主要包括对暖气设备、通风设备、厨房及卫生间管道设备、电器设备等方面的评价。

④居住条件改善建议，主要目的在于改善住宅的居住舒适性，提升住宅的使用功能。

⑤对于成本的估算和汇总。

改建更新工作根据以上五点进行，历时十年之久才基本完成。黑勒斯多夫板式住宅更新改造工程便是其中的代表。

黑勒斯多夫住区原属东柏林，居住人口26万，是德国最大的高层预制板楼住宅区。该住区更新改造是德国同类项目的样板，其针对性问题为：①外环境乏味；②建筑外貌单调，老化陈旧；③现代卫生设施缺乏；④墙体保温性能差；⑤阳台面积小；⑥室内空间分隔小。针对这些问题，政府制定了完善的改造目标：①恢复地区生机和活力，完善片区功能；②改善居住环境，完善配套设施，开展社区活动，提高生活质量；③保证社区居民多样化；④社区建设结合自然。

黑勒斯多夫住区更新改造工程主要项目有部分加建、扩建和给排水、供电以及暖通工程等，受建造技术和条件限制，并没有进行较大规模的内装改造和更新。由于事先做了充分的调研、规划和改造设计工作，故改造进程顺利，每套房子的施工时间不超过10天，而改造后的节能效率能达到20%～30%，取得了很好的效果，也赢得了居民的普遍好评（图2-27）。此外，不可否认的是，该项工程也付出了相当大的代价：主要是受条件限制，未能对工业化住宅建筑的内装部品进行更新改造，以至于在住宅的空间、设备等方面并没有得到根本性的改观；其次是时间上跨度过长，成本巨大，以及长时间、大规模的更新

① 周奕龙. 基于可持续理念的城市既有住宅更新改造手法研究[D]. 秦皇岛：燕山大学，2015

**图2-27　黑勒斯多夫住区**
图片来源：周奕龙.基于可持续理念的城市既有住宅更新改造手法研究[D].秦皇岛：燕山大学,2015

改造对居民生活带来的不利影响等。

本案例对于我国当代工业化住宅的维护更新具有很好的启示作用，一是更新改建前的详细调研和周密计划，使得如此规模的建筑群更新改建得以顺利开展；二是工业化住宅在设计伊始就应在构件化设计与部品化建造方面考虑到日后的维护更新需求，以保证其具有局部可维护更新性质，这对于保证住宅的使用寿命，并能够适应广泛的用户需求具有重要意义。

我们这里所选择的三个住宅类建筑更新改造的案例，再加上前文中提到的荷兰沃尔伯格住区更新改造项目以及日本琴芝县营住宅更新改造项目基本上都属于西方在战后开始采用的工业化建造技术（组装建造法）兴建的板式住宅建筑。其主要更新改造特色：一是大都采用了开放式建筑理念，进行了很好的调研评价，体现了集思广益的优势；二是尽可能保留历史风貌，并尽可能利用旧有结构部件，起到了很好的资源利用与文化传承作用；三是这些更新改造基本上都能够发挥具有现代主义风格建筑更新理念的特色和优势，特别是现代主义风格融合高技术风格的建筑更新理念，既彰显新时代风采，又传承历史文化，并兼顾经济适用性，对我国现阶段建筑更新改造具有重要借鉴意义。

## 2.5　我国建筑维护更新的发展研究

### 2.5.1　我国早期的建筑维护更新

我国古代曾有过大量的修缮性建筑更新案例，按今天的学术性称谓来说，其更新手法可以总结为“整旧如新”[①]。古代工匠在旧建筑的整修过程中，并不因循沿袭旧有建筑形式，修缮后不仅被粉饰一新，其建筑形式也是采用当朝形式，没有仿古之意。正如我国著名建筑历史学家、建筑学家梁思成先生所说：“以往的重修，其唯一的目标在将已破敝的庙庭，恢复为富丽堂皇、工坚料实的殿宇，若能拆去旧屋，另建新殿，在当时更是颂为无上的功业或美德[②]。”目前

① 北京土木建筑学会. 中国古建筑修缮与施工技术[M]. 北京：中国计划出版社, 2006
② 梁思成. 中国建筑史[M]. 北京：生活·读书·新知三联书店, 2011

遗存完好的曲阜孔庙就是经典佐证。孔庙在我国两千余年儒家思想的庇佑下，虽几经朝野更迭，但均能一直保存下来，各朝各代均对其开展过祭拜与保护活动，偶有破损便立得修复。从建筑本体上看，孔庙由最早的三间草房发展为今天的几百间建筑群落，其中可见多个朝代的建筑古迹，这正是历次修复所留下的时代印记。

20 世纪初，随着我国对建筑史学研究的不断深入，一些著名学者提出了一些历史建筑保护策略，其中的代表人物为梁思成先生。梁先生对古建筑物的保护原则是以修缮维护为主，维修方法秉持颠覆性的“整旧如旧”理念，其主要理念强调必须尊重古建筑原貌，尽量保留该建筑的历史文化信息。

时至今日，“整旧如旧”仍是我国历史文物建筑维护更新领域的主导理念，无论是在学术界还是工程领域，这一理念都有着广泛的影响力。

我们认为，对于历史文物建筑的维护更新，还是应严格遵循梁思成先生所倡导的“整旧如旧”理念原则。诚然，我们也应考虑到，对于历史建筑来说，“整旧如旧”固然是对历史文化的尊重，但因技术和工艺等原因，也不是在任何情况下都能做到的。对此，我们需要针对具体情况，认真研讨，并要针对具体案例拿出具体更新方案。就宏观情况来看，对于非永久性材料，我们认为一般应采取替换或翻新等类似措施，如对于我国传统古建筑彩画以及一些陈旧不堪的抹灰墙面的处理，这样可给人一种局部“整旧如新”的感觉，而又不失历史的沧桑感；而对于永久性材料，一般应采用保护“原真性”的技术措施以延续其“旧”，如石材或铜、铁、钢材等建筑构件。这种更新理念对于近代的古旧文物建筑比较适合。随着社会发展，我国近代建筑已开始由传统木结构体系向砖石或砖木结构体系转型，甚至还出现了大量含有金属构件的框架结构。对此类建筑进行更新改造，不仅要对其历史文化背景了解透彻，从而制定相应的更新改造方案，必要时甚至还需进一步借鉴西方当代建筑更新的一些处理手法。这对我们把握建筑更新方案中“保护”与“更新”的度，以确保更新方案所传承的文化价值、社会效应甚至包括新元素、新技术的运用以及经济效益等均不无裨益。这就是西方现代主义融合高技术风格的建筑更新理念带给我们的启示。

建筑更新领域得以发展的基础条件是工业化社会大生产，以及近代产业革命取代建立在农耕经济基础上的封建体制，如此才会产生更多的社会需求，更先进的文化与科学技术，才会产生现代意义上的建筑更新。在我国，当西方产业革命开展得如火如荼之际，我们仍沉湎于衣食温饱的小农经济；当西方以坚船利炮为代表的蒸汽时代来临时，我们依旧满足于“天朝上国”“泱泱大国”而闭关锁国；当西方各国已开始进行产业类建筑的更新改造时，我们

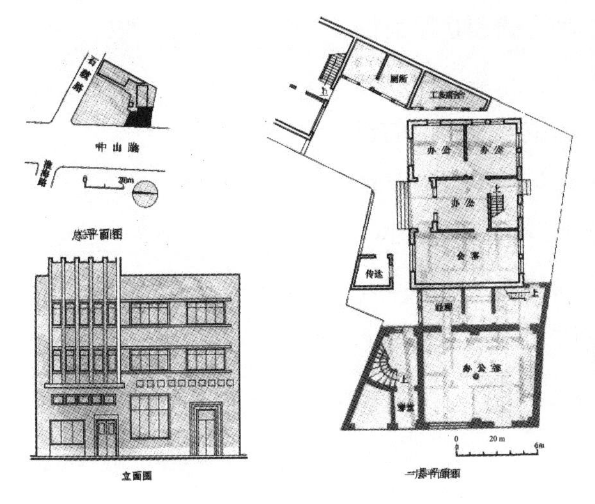

**图2-28　清华大学老图书馆(上左)**
图片来源：360个人图书馆

**图2-29　南京国立中央大学老图书馆(上右)**
图片来源：互动百科

**图2-30　南京基泰工程司办公楼扩建(下左)**
图片来源：郑宁，关于建筑改造之中西比较研究[D]. 天津：天津大学，2007

**图2-31　南京国际联欢社更新后(下右)**
图片来源：作者自摄

还在往孔庙上涂漆抹粉以壮其辉煌。我国真正的产业革命直到 20 世纪初才发生，其时已落后西方国家二三百年了。

### 2.5.2　我国 20 世纪上半叶的建筑更新

20 世纪上半叶，我国一直处于战争和动乱年代，国家积贫积弱，很少有规模性的民居建设，也只有极少数留洋归国的建筑师开展了一些大型建筑更新工程设计工作，其中主要是以改扩建工程为主。在这些建筑师当中，首推杨廷宝先生（1901—1982）。

杨先生早年便是一位乐于实践的建筑家，主持了较多的建筑改扩建工程，其特点就是充分追求新旧元素的和谐统一，注重建筑细部处理。如 1930 年清华大学图书馆扩建工程 ( 图 2–28) 以及 1932 年南京国立中央大学图书馆扩建工程 ( 图 2–29)，具有沿袭老建筑的西洋古典风格；而 1946 年南京基泰工程司办公楼扩建（图 2–30）以及南京国际联欢社扩建工程 ( 图 2–31)，仍沿袭老建筑风格进行扩建更新①。这种以“沿袭”为主基调实为现代主义建筑更新处理手法，有时甚至会导致新元素太过古旧逼真而被人们戏称为“假古董”，但其尊重历史文化并重视文化传承的更新理念和设计精神至今仍被人们称道。

纵观我国早期具有代表性的建筑改扩建实例，可以发现该时期我国建筑

① 崔勇, 中国营造学社研究[M]. 南京：东南大学出版社, 2004

更新工程具有以下几点共性：①几乎是清一色的改扩建工程，以扩建为主，注重了经济适用性，原建筑的更新改造所占工程量的成分并不多；②所有改扩建工程的改造对象都是近现代建筑（实际上对于当时改造时代来说基本属于“当代建筑”），而没有传统古建筑的改造案例；③几乎所有扩建的新元素都是按旧有建筑风格设计，更新扩建后新旧元素融为一体。

对于这种注重经济适用性的改扩建更新特征，我们对其更新理念及目的性层面进一步研究注意到，其更新扩建后的建筑形式与旧有传统形式如出一辙，并没有新的意境表达或形式扩张，这说明设计者以这种方式表达了对旧建筑和其所承载文化的尊重，只是因为功能需求或资金匮乏，只能通过改造扩建的方法实现其建筑功能的扩容更新。由此不难看出，新中国成立前的建筑更新工程一般都具有加建内容，这就足以说明我国早期改扩建工程的直接动机是出于经济和功能方面的考虑，而并非出于对旧建筑的保护。从加建改造的设计手法来看，这一时期我国不少优秀建筑师在形式表达和设计能力方面已经不亚于西方建筑师，以当时我国国情能达到这一水准，实属难能可贵。

### 2.5.3　我国 20 世纪下半叶的建筑更新

直至改革开放前，我国住宅建设基本仍是以“秦砖汉瓦”式的传统建设方式为主，在维护更新方面也多是民间工匠“缝缝补补”式修缮，工业技术层面可谓乏善可陈。改革开放之初，我国百废待兴，由于长期的政治运动和持续的经济低迷，直至 20 世纪 80 年代我国的整体国民经济实力仍处于较低水平。这一时期我国虽涌现了一些建筑更新改造项目，但大多数建设目标仍然与 50 年代以来相同，即以节约造价，以低成本实现新功能为改造建设的出发点，只是其更新改建手法改变了过去完全“沿袭”的从旧风格。

哈尔滨松花江百货大楼扩建工程是一例垂直加建案例，该建筑于 1907 年建成，是一座“巴洛克”风格的建筑。经过 70 年的使用后，1978 年曾进行过一次地下室扩建，但仍难以满足运营要求，故于 1982—1983 年进行了一次大规模的改建扩建。此次工程将原建筑的砖木结构改为钢筋混凝土框架结构，并将建筑从 2 层加建为 4 层。由于结构的变化，其原有外立面被彻底拆除重建，设计者根据原建筑风格重新设计了适应 4 层楼高度的新“巴洛克”式仿旧立面（图 2-32）。

又如上海杂技场改扩建工程。上海杂技场建于 1962 年，由于当时国家的经济状况较为贫穷落后，该杂技场建造标准较低，座位拥挤，条件较差。时至 20 世纪 80 年代，该杂技场的条件已不能满足使用要求。因此于 1983 年进行了改扩建。在设计方案上，设计的原则是“尽量保留、利用原有结构”，以

**图2–32　松花江百货大楼扩建工程**
图片来源：作者根据资料整理

**图2–33　上海杂技场改扩建工程**
图片来源：作者根据资料整理

期达到投资小、收益大的改建效果。经过反复研究和选择，最终方法是在原有十六边形的场地外围加建了一圈 2.3 米宽的圆环建筑、将原有的多边形剧场改变为圆形剧场（图 2–33）。这样确实保留利用了原有结构，增加了建筑的使用空间，同时还以华丽的立面外观昭示改建的成功。

通过以上案例可以看出，这一时期我国的建筑更新改造，由于受当时经济水平制约，一般仍摆脱不了“修修补补”式的窘态，但从设计手法上，这些扩建改造项目在外立面设计上已做了较大改动，完全改变了过去的沿袭从旧风格，并运用带有现代主义色彩的表现手法和构造手法，这不啻是一种进步。所不足的是对历史建筑的保护，这些项目大都忽视了对旧建筑的保护性更新，旧有的建筑立面，要么被拆建，要么重建，其建筑改造前的形式或空间几乎不被认真了解，更不用说所涉及的历史文化了。这种完全是出于实用性和经济性目的的“改扩建”，其效果与“拆除重建”基本上没有本质区别。我国的古旧建筑历经历史动荡，特别是“文革”时期的人为破坏，再经过这样的“改扩建”之后，“原汁原味”的古旧建筑已不多见。这种“拆字当头”的建设文化应值得我们深刻反思。

我们这里要再次提到杨廷宝先生早期的建筑改扩建作品，杨先生是力所能及追求新旧元素和谐统一的。虽然这种方法有时会导致新元素太过逼真而有着“假古董”之嫌，但从中不乏可见对旧建筑、老元素的尊重，即保留老建筑的历史风貌与结构形式，通过翻新、扩建、修葺以恢复、扩充使用功能，其文化价值也大都“风韵犹存”，这是多么难能可贵啊！而“拆建”之风盛行下的"改扩建"，其效果与"拆除重建"基本上没有本质区别。当一味强调建设的"大拆大建""拆字当头"，就难免使民众形成一种"拆"字文化，只要是"历史的""过去的"，就是"没有用的"，建筑实体也就难逃被拆除的厄运了。

### 2.5.4 新世纪"更新"与"保护"并重的当代中国建筑更新

类似于西方提出的"基于保护的更新""适宜性再利用"等理念，20世纪90年代起在我国建筑学术界也常能听到"保护性开发"一词。"保护性开发"概念最早出现在我国环境保护领域，其时约为20世纪80年代末至90年代初。新中国成立以来，我们一直致力于改变"一穷二白"的面貌，对于环境保护基本没有重视，要么放任不管，要么鞭长莫及。由于长期的工业生产与生活污染，特别是人为的大肆攫取，至20世纪90年代，我国生态环境已呈现严重恶化局面。在此情况下，知识界，特别是环保、建筑领域的有识之士所建言的"保护性开发"理念便跃然而出。

至于"保护性开发"的建筑更新理念，即指在更新开发的过程中兼顾"保护"。"保护性开发"概念在建筑学领域的提出具有重要意义，其标志着以往那种绝对化"拆建"思想开始瓦解，取而代之的是一种"适度""折中"的灵活理念。

20世纪90年代中期，"保护性开发"理念引起建筑学术界广泛关注，标志性事件即1996年召开的"历史街区保护国际研讨会"。该次会议首次将"保护性开发"的思想应用于国内历史街区的改善行为，该理念很快影响到单体建筑保护及更新领域。21世纪以来，建筑更新的"保护性开发"理念已被普遍接受，旧建筑中长期被忽视的"老元素"已越来越受到重视。在此后十多年间我国旧建筑更新改造的研究实践中，"保护意识"也变得越来越强。"保护性开发"理念与西方流行的"适宜性再利用"理念的思想核心是一致的，因为二者的核心理念都是强调保护的重要性，这说明我国当前建筑更新的理论思潮正逐步与世界接轨，其具体表现为：一方面"保护性"观点逐渐被人们所接受；另一方面这种"开发"在我国已逐渐变成实践。

近年来，在我国建筑更新改造领域中"保护意识"日渐强烈，主要是得益于党和国家所提倡的"可持续发展"理念，以及社会文明价值观念的日渐普及。在工程领域中也日渐改变了过去"整旧如新""完全沿袭""拆旧重建"等只注重经济适用性的改扩建手法，转而重视追求精神层面的建筑历史文脉价值。其成果不仅是出现了一批"更新"与"保护"兼顾的改造项目，在更新改造的理念手法上，还注重采用、融合当代建筑思想、建筑理念来表达建筑意境和建筑文化，在形式表达和经济适用方面均取得了很好的效果。我们对其

改建前

改建后

**图2-34　北京广建宾馆改建工程**
图片来源：作者根据资料整理

中几项案例具体进行解析，以期对现阶段我国住宅建筑的维护更新做参考借鉴。

首先介绍北京广建宾馆改建工程，这是“更新”与“保护”兼顾的一个典型实例。该项改建工程完成于 2007 年。广建宾馆位于建设部大院北部，始建于 20 世纪 50 年代，是一座现代主义风格的建筑。改建工程分两个部分：一是新楼加建，即在南侧加建 12 层高的客房楼，通过裙房与北侧老楼相接；二是对周围的 3 层旧楼进行翻新加固。旧楼原为砖木结构，结构加固措施为部分墙体喷射混凝土墙板，木屋架加固措施为在保留原结构基础上进行强化处理，立面在保留原建筑风格的基础上进行了翻新。整个建筑群在更新改造后整体立面形式较为统一，时代感强烈，新楼的挺拔与旧楼的稳静形成对比，彰显了文化传承和时代进步（图 2-34）。可以说这次改建是运用现代主义更新手法的一个良好案例。

上海同济大学大礼堂建于 1961 年，由于不能满足使用需求，于 2007 年进行了全面改建。此次改建设计方案充分体现了“保护”原则。在设计方案中，建筑师并未采取“大拆大改”式的设计思路，而是最大限度地保留旧建筑大跨度壳体结构的原有建筑形式，并着力彰显原建造年代堪称一流的工程科学与建造技术。礼堂历经几十年风雨，混凝土拱架、纵向异形大梁等出现多处开裂变形，钢筋外露，损坏情况严重。为不破坏建筑外观，更新改建在结构处理方面采取了碳纤维布加固法，使轴向承载力和抗腐蚀能力较以往大大增强，并经测算达到了抗震和结构规范要求。更新改建还从细微处入手，在立面及内部改造的细节处理方面也不乏现代主义建筑思想及高技术风格的表现手法，如对老旧的建筑局部以及建筑构件仅进行了局部更换，保留了巨型折板雨篷和富有传统装饰意味的敞开式门廊，并进行修补和原色刷新，凸显其沉稳本色（图 2-35）。更新改建还不乏高技术以及生态设计成分，如运用了当时最先进的保温隔热材料和节能技术，包括聚苯乙烯保温板及地源新风技术等。更新改建后的大礼堂既展现了现代建筑水准与风貌，同时彰显了浓厚的历史

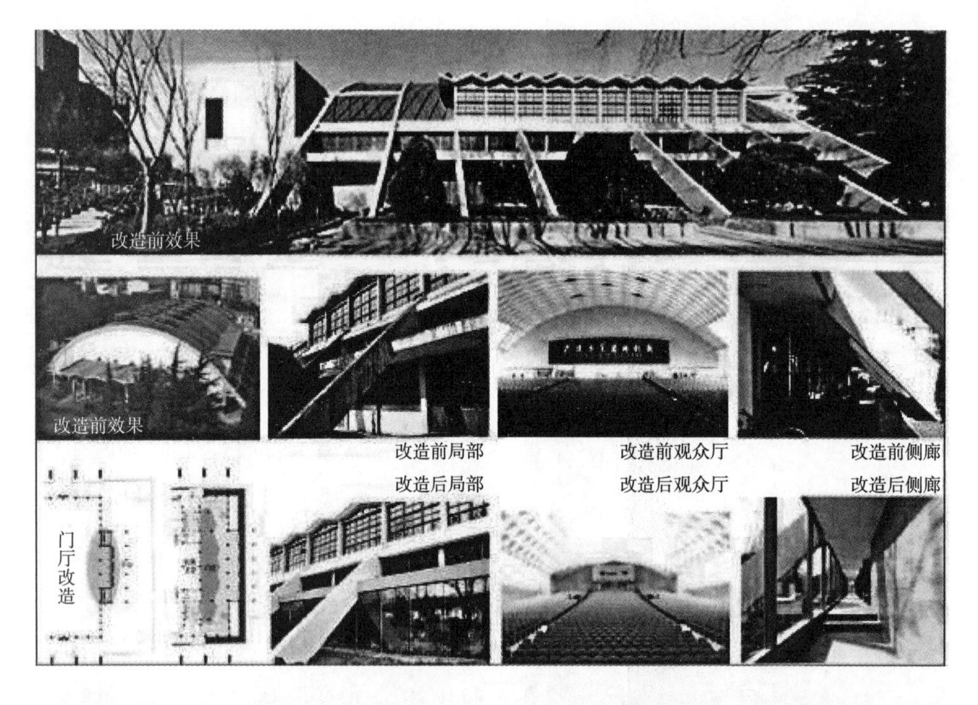


**图2-35　同济大学大礼堂改建工程**
图片来源：作者根据资料整理

**图2-36　国家博物馆改扩建工程**
图片来源：作者根据资料整理

底蕴，是一个兼顾“保护”与“更新”的成功案例。

最后介绍国家博物馆改扩建工程。中国国家博物馆位于天安门广场东侧，与广场人民大会堂东西对称，由中国历史博物馆和中国革命博物馆合并而成，由张开济先生设计，是20世纪50年代首都“十大建筑”之一。经过几十年的使用，原楼基础设施已经陈旧老化，且功能落后。改造工程由国家建筑研究院和德国GMP事务所联合设计的方案中标，最终于2010年完成了整个改造工程。设计方案将原建筑内部的大部分结构拆除，只保留外立面，可见为适应功能要求方案改动之大，同时外立面的保留，彰显了历史文化传承，很好地表达了博物馆类建筑的精神层面特征。方案体现了强烈的轴线感与对称感，形成一个统一的、尺度震撼的入口大厅。内部新建的红色电梯竖井排布在大厅当中，从原有建筑屋顶冒出，从这里可以感受紫禁城古建筑的恢宏气势。在立面造型处理上，采用传统屋顶挑檐意向的全新形式，既增加了原有建筑主立面的层次感，同时也使它在风格和体量上与人民大会堂协调相映（图2-36）。这项更新扩建工程是运用现代主义建筑思想及表现手法的一个很好案例。

图2-37　北京798创意产业园区
图片来源：作者根据资料整理

### 2.5.5　以产业类建筑为主的我国当代建筑更新研究与实践

党的十八大以来，我国城镇化建设又提升了一个层次，截至 2017 年，我国城镇人口达 8.13 亿，城市化率达 58.52%。随着城镇化建设的快速推进，第三产业的比重不断提升，这必然导致大批传统产业转型变迁，以及大量产业类建筑的更新改造。借此良机，我国建筑更新领域得到快速发展，产业类建筑更新改造也取得丰硕成果。

21 世纪以来，我国产业类建筑更新改造的优秀案例可谓层出不穷，如北京 798 创意产业园区、上海 1933 老场坊、上海四行仓库科技创意园区、南京晨光 1865 创意产业园区、杭州运河天地创意产业园区、广州羊城创意产业园区、西安老钢厂设计创意产业园区及合肥南七里遗址公园等。现以北京 798 创意产业园区及上海 1933 老场坊改造案例来解析我国产业类建筑的更新改造。

著名的北京 798 创意产业园区（又叫 798 艺术区或大山子艺术区）是我国具有代表性的产业类建筑更新实例。798 艺术区原是 20 世纪 50 年代初由前民主德国援助设计的军工厂区，厂区于 20 世纪 90 年代后因经济原因废弃[①]。2000 年后，大批中外艺术家因为其廉价的厂房租用价格而进驻该地区，并将其改造成风格不同的艺术空间，其创意产业的经济效益随着进驻规模的扩大而得到大幅提升。时至今日，这里汇集了 30 多家艺术机构，40 多个艺术家工作室，形成了一个全国闻名的、颇有规模的艺术中心区。798 艺术区案例最大特色是采用现代主义建筑风格的更新改造，案例设计根据对建筑结构的评价，最大限度地保留了原有的建筑结构和建筑形态，有些部位不经修饰，有些部位却刻意强化，以期表达原先军工建筑的强壮“肌理”和粗犷“语言”，使原有建筑所表达的军工文化得到完整的提炼和表达，形成了代表 798 艺术区的一种符号和文化。另外，其新建筑元素、新设备的融入也恰到好处，通过新旧对比给人以强烈的视觉艺术冲击，使其吸引力表现得更鲜明（图 2–37）。值得一提的是，798 创意产业园区内每 1000 平方米的室内场地租用价格已接近 20 万元 / 月，其经济价值和社会影响力表征无遗。毫无疑问，798 艺术区的改

① 黄磊. 城市社会学视野下历史工业空间的形态演化研究[D]. 长沙：湖南大学, 2018

**图2–38　1933老场坊改造之前**
图片来源：赵崇新,1933老场坊改造[J].建筑学报,2008(12):70-75

**图2–39　1933老场坊改造后的效果**
图片来源：赵崇新,1933老场坊改造[J].建筑学报,2008(12):70-75

造是产业类历史建筑更新改造的一个成功案例，《纽约时报》甚至将它与美国纽约著名的艺术家聚集区苏荷区相提并论，由此可见人们对798艺术区的认可与喜爱程度。

上海1933老场坊改造项目，位于上海市虹口区沙泾路，包含5栋楼，其中1号楼为原工部局宰牲场，其他则为相关工场、辅助及仓储用房等。其改造前的废弃情况如图2–38所示，现将这样一个废弃的工业遗产改造成为一个大型商业中心和时尚创意中心（图2–39）。下面将详细介绍其1号楼的更新改造。

**图2-40　1933老场坊的伞状柱无梁楼盖**

图片来源：赵崇新,1933老场坊改造[J].建筑学报,2008(12):70-75

1 号楼即原上海市工部局宰牲场,建于 1933 年,是当时远东最大的屠宰场,现将其更新改造为具有新商业功能的顶级消费品交易中心。原建筑主体由东、南、西、北高低不一的钢筋混凝土结构围合成方楼,正中是一座24边形的圆楼,方、圆楼之间通过 26 座廊桥相连接，各层上下交错，恍若迷宫。结构采用了当时先进的“伞状柱无梁楼盖”，由伞状柱帽型楼盖构成的内部空间相当具有视觉冲击力（图 2-40）。该建筑是典型的“功能主义”工业建筑，被视为宰牲工艺钢筋混凝土机器。

在 2008 年对其改造前，该建筑已彻底废弃，面目全非，被许多单位用作仓库及辅助用房，建筑的外墙被胡乱涂成粉红色，内部空间也被随便分隔，许多廊桥遭到破坏。根据“保护性开发”更新理念和设计创意，原有历史建筑结构基本上都得到了保留，在此基础上的改建赋予其具有商业交易的新功能空间。如连接室内外的斜坡和桥廊原先是供大型动物行走，现将其改造成为各楼层有机连接起来的工艺连廊，这一改造使其立即成为整个建筑物最具有空间想象的重要构成部分。特别是保留了完整的建筑外立面，包括完整的 24 边形圆楼和“伞状柱无梁楼盖”等，给游人、顾客耳目一新的时代视角和文化感观。

这也是具有现代主义建筑更新思想的一个成功案例。该案例完全摆脱了传统建筑形式的束缚，虽然该建筑的旧有功能已彻底结束，但其作为 80 多年前影响巨大的现代主义建筑思想的典型代表，当时最具特色的 24 边形和“伞状柱无梁楼盖”等建筑元素所展现的文化价值在现代商业氛围中反而凸显。

保护性更新将过去桥廊甚至将这部分的空间神秘感也保护下来，似乎在商业交易过程中引导人们对更高层面的追求。历史的沧桑感定会增加这种商业过程的文化氛围，新功能与历史文化相得益彰，已成为该建筑最重要的气质。在历史与现代、沧桑与繁华的美轮美奂之中，前来“中心”参观和购物交易的人们络绎不绝，老建筑展现了它新的强大的商业功能。

产业类建筑的更新改造在我国也能够得到很好的发展并非偶然。与其他古旧建筑相比，产业类建筑更具备改造优势，这主要有三个方面的原因：一是“经济性”，如上述这些“废弃”的产业类建筑经过精心的更新改造后，其社会文化价值一般都得以陡升，新功能所发挥的经济效益也不言而喻。二是“实用性”，大多数被更新改造的产业类建筑原本都是仓储类建筑，这类建筑之所以具有功能转化的条件，是由于其内部大空间带来的便利，这类建筑一般都能够提供一系列的新功能，例如商业、居住、办公以及工作室等等。三是因为产业类建筑大都未达到“文物保护”的级别，因此，与时俱进的当代建筑师们便由此大展身手，我国建筑更新领域也借此获得了重大发展。

通过以上几个案例我们可以看出，21 世纪以来，我国在建筑更新改造领域取得了长足的进步与成就，在更新改造的理念与手法上，新功能与历史文化传承相得益彰，在形式表达和经济适用方面均取得了很好的效果。同时，具有现代主流建筑思想的更新改造手法也得到融入运用，使得时代特征得到增强，文化传承也更富寓意，说明我国建筑更新无论在理念还是在实践方面都已逐步与世界接轨。在梳理研究这些优秀案例的基础上，笔者针对现阶段我国建筑更新改造理念提出以下建议：对于重大历史建筑，应力求“更新”与“保护”兼顾,在追求“功能性”与“经济性”基础上尽可能注重文化传承；西方现代主义融合高技术风格的建筑更新理念，较为适合我国现阶段发展国情，具有重大借鉴意义。相信这一理念性建议对当前我国住宅建筑维护更新领域的发展，包括日后工业化住宅建筑的更新改造均具有一定的参考价值。

### 2.5.6 住宅类建筑的维护更新

除了历史建筑之外，当前我国实用性建筑更新实践主要集中于产业类建筑和居住区更新等领域。前者已做介绍，后者主要为老旧居住区的改造更新。

20 世纪 90 年代以来，随着我国城市建设快速发展，旧居住区的更新改造对于城市建设也愈加重要。1994 年，吴良镛教授在北京旧城更新过程中提出“有机更新”理论，该理论建立在对城市历史和城市规划理论深入研究的基础上，提出“按照城市内在的发展规律，顺应城市之肌理，在可持续发展的基础上，探求城市的更新与发展[①]”，这一论述被称为我国居住区更新改造

① 吴良镛. 人居环境科学导论[M]. 北京：中国建筑工业出版社, 2003:186

的有机更新理论。“有机更新”理论的主要原则包括以下方面，即更新的整体性、延续性、阶段性、经济性、自发性、人文尺度以及综合效益等，该理论得到国内学术界的广泛认同，被认为是目前我国关于旧居住区可持续性更新改造的指导性理论，可完全与西方的可持续更新理念相媲美。北京菊儿胡同改造[①]、上海静安区美丽家园更新改造[②]等众多老旧居住区就是运用“有机更新”理论进行居住区更新改造的成功案例。

对于大型历史建筑、历史文物建筑以及仓储类工业建筑的维护更新理念，我们对此已做过专门的研究阐述。“有机更新”理论主要解决居住区的更新改造问题，而规模较小的普通单体住宅更新改造，如住房改扩建、翻建、加建、修缮、养护等，一般均已不涉及文物保护概念，更新扩建主要出于经济适用性目的，以解决居民实际问题。笔者认为，对于这类单体住宅的更新改造，在理念上应作为居住区建设的一部分予以考虑。

我们通过对“有机更新”理论的进一步研究认为，该理论的核心理念主要由“按照”“顺应”“可持续发展”这几个关键词来表述，这就是居住区“有机更新”理论对普通住宅建筑更新改造的重要指导意义，也是更加具体化、适应我国国情的可持续更新理念。

对于我国 20 世纪七八十年代采用工业化建造技术（组装建造法）兴建的大量板式住宅，在当时也确实有效缓解了我国住房紧张等问题，取得了良好的社会效应。但三四十年来，大多数板式住宅已年久失修，且居住质量较差。部分老旧破损较为严重的板式住宅，在汹涌的城市化浪潮中已被作为危楼整体拆除。迄今为止，我们还未能查阅到国内有这方面的更新改造案例。还有一部分板式住宅虽历经 40 多年风雨，但主体结构尚较为完好，只是存在套型面积小、房间数量少、户型设计落伍且布局不合理，以及室内保温隔热、防火通风热工性能较差等问题，无法满足居民日益增长的居住要求。但由于这些板式住宅结构尚且完好，仍有一定的使用寿命，我们对此不能一拆了之，应切实依据绿色发展理念进行认真论证，切实在“资源节约型”和“环境友好型”方面狠下功夫，在论证基础上，对其予以合理的更新改建，以继续发挥其作用。

我们认为，在前文 2.4.2 节中所介绍的西方关于类似的板式住宅更新改建案例，特别是德国关于其庞大的板式住宅群更新改建的过程手法案例，以及欧洲可持续住宅更新案例所秉持的可持续与开放式建筑理念，在一定程度上解决了大量住宅的可持续更新问题，均应值得我们很好地学习借鉴。

此外，我们在前文 2.3.2 节中所介绍的荷兰沃尔伯格住区更新改造项目、日本琴芝县营住宅更新改造项目以及 2.4.2 节中介绍的英国帕克希尔住宅更新改建项目，这些采用现代主义建筑更新理念的成功案例也给我们很多启示，

① 吴良镛. 北京旧城与菊儿胡同[M]. 北京：中国建筑工业出版社，1994:135

② 马红军. 住宅产业化的研究与实践[D]. 西安：西安建筑科技大学，2011

更新改造应尽可能保留可利用部分，更新改造过程中所刻意保留的历史传承有时竟会起到意想不到的文化张力。

对于我国，一般来说，常见的单体住宅更新改造多为筒子楼住宅改建、多层单元式住宅及通廊式高层住宅的加建扩建等几类，下面通过简要实例，介绍住宅建筑更新改建的一些手法及效果，对于工业化住宅的更新改建，也一定会起到积极的意义。

（1）青岛李沧区筒子楼更新改造工程

筒子楼也称兵营式住宅，多建于20世纪六七十年代，通常为3～6层建筑，无电梯。平面多为条形，一条内廊贯穿其中如筒子状，因而得名。青岛李沧区筒子楼位于青岛市李沧区老城区域内，原为国有大中型工业厂房的职工宿舍，建于20世纪60年代，砖混结构，共5层。更新改造前居住功能方面的主要问题是楼内共用厨房、卫生间，居住功能混乱、不成套。

该改造工程于2008年4月正式开工，2008年11月竣工，历时近8个月（图2–41）。设计方案在住宅南侧进行整体扩建。设计人员对室内空间进行了重新分隔，拆除原有隔墙，并在户内增加卫生间及厨房，使住宅成套。该案例改造后户均增加面积约11.2平方米，整体达到50平方米，并且每层还增加了一套住房，新增房屋利用原有公共卫生间，通过扩建，形成二室一厅一厨一卫的户型格局。

该改造工程采用外部扩建的方式，增加了居住面积，改造后每套增加独立厨房、卫生间，改善了房屋的使用功能，同时住宅的空间品质也得到明显提升，可以说是筒子楼更新改造的成功案例。

（2）天津市吴家窑春光小区更新改造

多层单元式住宅是我国最为常见的既有居住建筑，其层数一般不超过6层，通常不设电梯。

天津市吴家窑春光小区建于20世纪80年代，砖混结构，是典型的多层

**图2–41 青岛李沧区筒子楼更新改造工程**

图片来源：作者根据资料整理

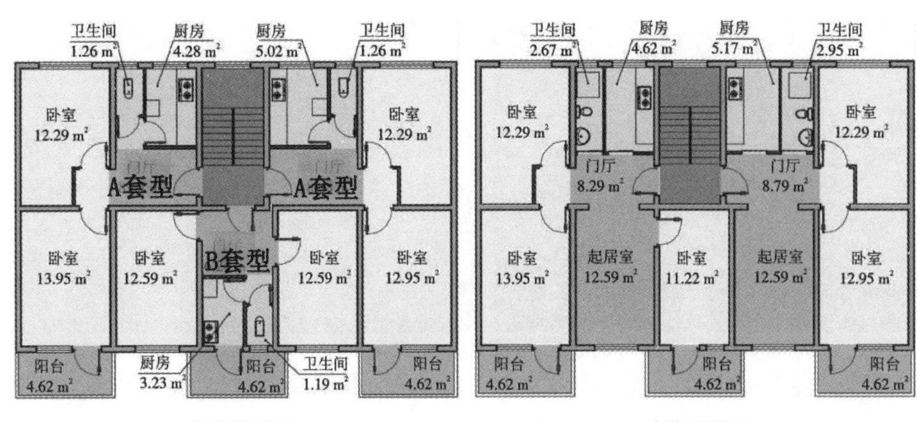


**图2–42　天津吴家窑春光小区更新改造工程**

图片来源：作者根据资料整理

单元式住宅，一梯三户，共五层。两侧 A 套型及中间 B 套型均为两室一厅型，各个房间通过小方厅联系。更新改造前该小区居住功能存在的主要问题为缺少起居与就餐空间，居寝混合，厨房、卫生间面积过小，其中 B 户型卫生间无直接采光通风。

该小区于 2004 年进行更新改造，方案采用合并居住单元的方式，将原 B 户型一分为二，与两侧的 A 户型合并，将 B 户型的两个卧室作为起居室，实现起居、就寝分离。拆除了原 B 套型的卫生间和厨房，封堵入户门，形成一个规整的新房间。

改造后的户型基本解决了住户需求与户型的矛盾，平面布局较为规整合理（图 2–42）。此外，改造方案未对结构承重墙进行改动，仅拆除了部分内隔墙，因而更新改造的工作量不大，成本较小，更新后的外观令人耳目一新。

该方案对于由三户变两户的改造方式所造成的社会因素必须有所考备。总体来说，该更新改造方案使住户的居住品质得到显著提升，对这类早期单元式住宅不失为更新改造的良好范例。

（3）中国铁道建筑总公司 18 号楼更新改造工程

通廊式高层住宅是指由公用楼梯、电梯解决垂直交通，通过内、外走廊作为水平联系构件进入各套住房的高层住宅。中国铁道建筑总公司 18 号职工住宅楼位于北京市海淀区复兴路 40 号中铁总公司大院内，1997 年建成并投入使用。该建筑是一栋典型的通廊式高层住宅，地上 12 层，地下 2 层，总建筑面积为 17 225.58 平方米。改造前楼内共有居民 204 户，平均每户建筑面积 84.4 平方米，整栋仅设有两部电梯为主要垂直交通工具。该楼在更新改造前的主要问题是楼内居民按房改政策住房面积均未达到国家标准的要求，且楼内电梯太少，水平通廊对居住私密性和自然通风条件有很大的影响等。

该楼是国内首个以增加面积为主要目的综合性高层住宅更新改造。改造后总建筑面积 22 463 平方米，局部加建一层，增加面积 5 237.42 平方米。改

图2-43　中国铁道建筑总公司18号楼更新改造工程
图片来源：作者根据资料整理

造后建筑总开间未变，进深由原来的 14. 4 米向北扩建增加到 21. 81 米，其他外形尺寸基本没有变化。

改造方案首先采用北侧扩建和顶层加建相结合的方式扩大建筑形体，其次拆除水平通廊，增设了 8 部电梯，并与原单元内的疏散楼梯间一一对应，构成了 8 组垂直交通核心筒，将通廊式高层住宅改为南北通透的单元式住宅。改造方案增加了每户的建筑面积，其中有 80% 的户型由原来的三室一厅改为三室两厅；还有部分户型由三室一厅改为四室两厅，并将南侧阳台的净宽由原来的 1.2 米扩张到 1.5 米（图 2–43）。整个更新改造方案在不影响周围环境的前提下满足了居民的使用需求，大大提升了居住品质，是我国高层通廊式住宅更新改造的典范。

对这三个“满足更新改造的经济适用性要求，顺应居住区自然发展”的住宅更新成功案例的研究给我们很多启示，针对普通住宅建筑的更新改造也提出理念性建议：对于居住区内单体住宅建筑的更新改造，应按照原居住区的规划意图，满足更新改造的经济适用性要求，此外还应适当注重文化传承，顺应居住区的自然发展即可。

笔者认为，这项理念性建议不仅对这类普通住宅建筑的更新改造具有实用性参考价值，对于日后工业化住宅建筑的维护更新也将具有一定的参考价值。

## 本章小结

本章介绍了住宅建筑维护更新的相关概念，论述了当代建筑更新领域得以发展的三大原因：一是得益于关于城市规划和历史建筑保护方面的纲领性文件《马丘比丘宪章》的问世；二是大量废弃的产业类建筑有待更新改造；三是建筑更新改造所带来的经济效益。

本章详细论述了现代主义（后演变成新现代主义）等主流建筑思想对建筑更新的影响，并通过案例分析研究受主流建筑思想影响下建筑更新所取得的成就以及对当今建筑更新的借鉴意义。本章对二战后西方国家的住宅建设及其发展历程做了介绍，并详细研究了西方城市再生理论对解决城市整体综合性问题的指导作用，针对由此派生的住宅建筑可持续更新理念及大量更新案例进行了详细的分析研究，希望得到一些有益的启示以有利于我国住宅维护更新的发展。

本章详细介绍了我国建筑维护更新的发展沿革，并阐明我国早期更新扩建工程的直接动机是出于经济和功能方面的考虑。21 世纪以来，我国在建筑更新改造领域（包括产业类建筑、住宅建筑）取得了很大的进步与成就，改变了过去只专注经济适用的改扩建手法，在实践上出现一批“更新”与“保护”兼顾的更新改造优秀项目。在梳理研究这些优秀案例的基础上，笔者针对现阶段我国建筑更新改造提出了适合我国现阶段发展国情的理念性建议。笔者还通过具体案例详细研究了居住区“有机更新”理论对我国城市居住区可持续性更新改造的指导意义，并借此研究，对普通住宅建筑的更新改造也提出相应的理念性建议，认为这项建议对我国日后工业化住宅建筑的维护更新亦具有重要参考价值。

文中对西方在二战后采用工业化建造技术兴建的板式住宅的更新改建做了详细的案例介绍，其主要更新改造特色与主要借鉴之处有两点：一是大都采用了开放式建筑理念，进行了很好的调研评价，体现了集思广益的优势；二是要尽可能保留历史风貌，并尽可能利用旧有结构部件，特别是注重发挥现代主义融合高技术风格的建筑更新理念，既彰显新时代风采，又传承历史文化，并兼顾经济适用性，对我国现阶段建筑更新改造具有重要借鉴意义。

# 第3章 我国工业化住宅可维护更新的宏观战略性

本研究提出了工业化住宅产品可维护更新这一命题。通过针对工业化住宅部品构件的维护更新来提升住宅质量和居住条件，已完全不同于早期对于板式住宅建筑的更新改建。对于国家可持续发展而言，这一研究具有较高的宏观战略性。虽然很少有针对这方面的研究，但也正说明这一研究具有创新性。由于目前相关资料较少，因而这一研究也具有一定难度。对此，本章结合我国国情和现阶段我国建筑工业化与住宅建筑维护更新的发展现状，主要对工业化住宅建筑可维护更新的必要性和可行性进行研究与阐述，在工业化住宅建设全生命周期质量和性能保障的基础上，研究提出了工业化住宅建设完整产业链的概念并进行了详细阐述，从发展战略高度指出工业化住宅维护更新的产业化运作对于我国住宅产业化健康发展的重要意义。此外，本章还就工业化住宅可维护更新的主要研究方向进行了介绍。

## 3.1 我国建筑工业化与住宅产业化发展现状

### 3.1.1 我国建筑工业化发展现状

#### 3.1.1.1 建筑工业化的概念

建筑行业是我国国民经济的支柱产业，在我国的经济发展中占有非常重要的地位。随着我国经济的飞速发展，建筑行业在未来会有更加广阔的发展空间和潜力[①]。

传统的建筑业面临着许多发展瓶颈，如劳动力呈短缺趋势、环境污染问题及高成本、低利润等。建筑工业化改变了传统建筑生产和建造模式，实现了建筑部品的标准化设计、工厂化大规模生产以及模数制度的应用，并采用装配式建造，大大提高了劳动生产效率，缩短了工期，大规模实现了节能减排降耗。可以说，建筑工业化与绿色发展理念相适应，实现了综合效益的提高，可有效解决建筑业发展的诸多问题。

建筑工业化是以建筑设计标准化、部品及构配件生产工厂化、施工机械化

① 关柯，芦金锋，曾赛星. 现代住宅经济[M]. 北京：中国建筑工业出版社，2002

**图3-1　装配式建筑**
图片来源：作者自摄

**图3-2　工具式模板建筑**
图片来源：作者自摄

和组织管理信息化为特征，以大工业预制化生产、装配化施工为生产方式，能够整合形成设计、制造、装配等产业链，实现了建筑产品节能、环保并具有可持续发展特征的新型建筑生产方式[①]。

建筑工业化的施工方法把预制与现场浇注结合起来，形成装配整体式建筑，达到装配速度快、现浇整体性好的目的，这种建造方法兼有预制装配速度快和现场浇注整体性好的优点。

工业化建筑按施工方式分为装配式建筑和工具式模板现浇式建筑两类：一类是装配式建筑，其构件制作简单，适宜大批量生产，施工效率高，适用于住宅、学校、工业厂房等大批量建造的建筑（图 3-1）；另一类是工具式模板现浇式建筑，即采用活动式大尺寸模板作为施工拼装工具，机械化浇注混凝土墙体或楼板[②]（图 3-2）。这种体系的优点是模板使用灵活、适应性强、结构整体性好、施工速度快，特别适用于多层和高层建筑。

与传统住宅生产方式相比较，工业化住宅建筑生产方式具有明显的优势

① 关罡，孙钢柱. 我国住宅工程质量问题的群因素分析[J]. 建筑经济，2008(5):82-84
② 欧阳建涛，任宏. 城市住宅使用寿命研究[J]. 科技进步与对策，2008(10):32-35

（表 3-1）。当前，SI 住宅体系是我国工业化住宅建设的主要形式之一。

表3-1 工业化住宅生产方式与传统住宅生产方式的比较

| 比较内容 | 工业化住宅生产方式 | 传统住宅生产方式 |
|---|---|---|
| 资源消耗 | 循环特征明显，节约资源 | 耗地、耗水、耗材、耗能 |
| 工程质量 | 标准化、工厂化的生产及维护方式能有效提高产品质量、降低安全隐患 | 露天作业和高空作业量大，事故隐患多，安全性较低，施工质量易受影响 |
| 环境影响 | 建筑垃圾回收再利用程度高，工厂化生产和机械化施工装配对环境影响较小 | 各种无法再回收利用的建筑垃圾、建筑噪声、建筑灰尘等对环境影响较大 |
| 人员要求 | 对工人的专业技术素养要求高，有利于劳务企业发展，能有效缓解用工问题 | 对工人要求不高，但劳动强度高、流动性大、社会保障较差、工资待遇较低 |
| 劳动效率 | 工厂化生产、机械化施工装配、科学组织管理，劳动效率显著提高 | 手工作业多，缺乏有效组织管理，且受季节环境影响大，劳动效率较低 |

### 3.1.1.2 我国建筑工业化的发展历程

建筑工业化的思想最早由德国著名建筑大师瓦尔特·格罗皮乌斯（Walter Gropius）于 20 世纪初期提出。1910 年，格罗皮乌斯总结了对预制装配式混凝土建筑设计和生产的认识，形成了一份系统性的关于建筑工业化生产的备忘录，这份备忘录后来被发表在 1936 年的《先锋》杂志中，它集中体现了格罗皮乌斯对工业化住宅建造的基本原则的认识，对建筑构件标准化设计以及构件工厂化批量生产的观点形成了建筑工业化的基本雏形①。

格罗皮乌斯开创性的观点揭开了“第一代建筑工业化”发展的序幕，二战后，境外建筑工业化迎来发展高潮。英国、法国等欧洲一些国家为了解决二战之后的住房问题，从 20 世纪 50 年代开始了构件的工业化生产，此后欧、美、日等国逐渐发展开放体系，建筑工业化便进入了依靠提高生产效率，加快建设进程的工业化的第一阶段。

发展至 20 世纪 80 年代初，建筑工业化开始由量的扩张向质的提升过渡，行业重点转移到住宅的性能和质量上，理论界通常称之为第二代建筑工业化。这一阶段的建筑工业化发展，世界大部分国家和地区均选择了大规模预制装配化的发展方式，在人口密集地区，主要是通过高层住宅发展建筑工业化。

在满足多样化需求的同时，建筑企业向高度的机械化、自动化方向发展，这样就进入了以进一步提高劳动生产率，加快建设速度，降低建设成本，改善施工质量为主要追求目标的第三代建筑工业化。进入 21 世纪后，第三代建筑工业化开始向大规模通用体系转变，以标准化、体系化、通用化建筑构配件的生产和建造为中心，以专业化、社会化生产及住宅商品化供应形成现代化模式，其重点已转向节能环保、减少物耗、加强资源循环利用等方面。很明显，这一阶段的工业化已初步具有可持续发展方面的概念。

① 李佳莹. 中国工业化住宅设计手法研究[D]. 大连：大连理工大学, 2010

我国对建筑工业化的探索始于 20 世纪 50 年代。1953 年过渡时期总路线以“一化三改革”为核心内容，其中包括了逐步实施社会主义工业化的内容。总体上看，伴随着我国不同时期的经济发展、制度改革及城镇化发展的实际状况，自新中国成立以来，我国的建筑工业化经历了曲折发展的过程，大体上可以分为六个阶段：

第一阶段（1949—1957 年）：开始兴起。这一时期，我国正在实施第一个五年计划，国家面临着恢复和发展国民经济的重大任务。为了适应住房需求，1956 年国家颁布《国务院关于加强和发展建筑工业的决定》[①]，这是我国最早提出有关建筑工业化的文件。该文件强调要彻底改善我国建筑业现状，实施和推广建筑工业化生产方式，对建筑业进行工业化生产方式的改造，逐步地过渡到建筑工业化[②]。到“一五”结束时，建工系统在各地建立了 70 多家混凝土预制构件加工厂，除了基础和砌墙外，柱、梁、屋架、屋面板、檩条、楼板、楼梯、门窗等基本上都可以采用预制装配的办法。

第二阶段（1958—1965 年）：曲折前进。这一时期，我国处于“大跃进”，以及国民经济调整期。这一时期我国国民经济总体发展水平大幅衰落，城镇化发展基本停滞，这使得我国建筑工业化的发展受到很大阻碍。之后我国进行了经济调整，提出了福利住房政策，并在民用建筑领域积极探索工业化住宅的生产和建造。例如北京市就在组装式大板住宅体系方面进行了首次试验。这一时期，我国建筑工业化总体上在曲折中缓慢前行。

第三阶段（1966—1976 年）：停滞不前。这一时期，我国经历着“文化大革命”运动，受其影响，我国经济发展处于停滞状态。在建设方面，1966 年我国的城镇化率为 17.86%，而 1976 年也仅为 17.92%，“文革”的十年期间几乎没有增长。与此相应，建筑业也发展缓慢，尤其在住宅建设方面几乎处于搁浅状态，可想而知，建筑工业化的整体表现也只能呈现停滞不前的状态。

第四阶段（1977—1984 年）：蓬勃发展。这一时期，我国处于改革开放初期阶段。国家明确指示发展建筑工业化要抓住“三化一改”的重点，即设计标准化、构配件预制化、施工建造机械化和墙体改革。从 20 世纪 70 年代末到 80 年代中期，预制混凝土构件生产经历了大发展时期，到 20 世纪 80 年代末，全国已有数万家构件厂，全国预制混凝土年产量达 2500 万立方米。同时我国的建筑机械行业也得到了巨大的发展，迅速缩小了与国外先进水平的差距，建筑工业化实现了蓬勃发展。

第五阶段（1985—1993 年）：短暂徘徊。这一阶段，伴随着我国城市经济体制改革、城镇住房制度改革以及提租补贴等相关政策的改革，我国房地产业得到了较快的发展，并且积极开展了城市住宅小区的试点工作。但是，由

① 国务院. 国务院关于加强和发展建筑工业的决定[J]. 中华人民共和国国务院公报，1956(25)

② 黄宇，高尚. 关于中国建筑业实施精益建造的思考[J]. 施工技术，2011(22)：93-95

于我国工业化建造技术的基础比较薄弱，工业化住宅产品还不能满足人们不断提高的住宅质量要求，导致工业化建筑面积大幅度减小，实施建筑工业化的企业严重亏损，这一时期我国建筑工业化处于短暂停滞阶段。

第六阶段（1994 年至今）：重现活力。这一阶段，我国经济实现飞速增长，现代工业发展迅速，我国建筑工业化进入了新的发展时期。随着商品房的大量推出，房地产市场的兴盛，建筑业工厂化生产开始大规模进行住宅工业化方面的整合，其工业化生产特征已开始向集成化方向发展，“住宅产业化”代替“建筑工业化”成为住建部大力发展的方向。1999 年国务院办公厅转发了建设部等部委《关于推进住宅产业现代化，提高住宅质量的若干意见》，明确了推进住宅产业现代化的指导思想、主要目标、工作重点和实施要求；2001 年，由建设部批准建立的“国家住宅产业化基地”开始试行①；2006 年，建设部下发《国家住宅产业化基地试行办法》，国家住宅产业化基地开始正式实施，力图通过住宅产业化基地建设带动住宅产业化发展。2014 年 5 月，国务院办公厅印发《2014—2015 年节能减排低碳发展行动方案》又明确提出：以住宅为重点，以建筑工业化为核心，加大对建筑部品生产的扶持力度，推进建筑产业现代化。

近年来，我国在建筑工业化发展方面取得了长足的进展。“十二五”以来，在绿色发展理念推动下，我国大力推广预制混凝土装配式建筑，2015 年，我国装配式建筑面积约为 4500 万平方米，占新建建筑的比例不到 2%，与世界工业化建筑先进国家之间的差距依然较大，但我国装配式建筑在国家和各地方政府的大力推动下，占新建建筑的比例每年以 3% 左右的速度增长，快速缩小与发达国家之间的差距。截至 2017 年底，我国装配式建筑面积接近 3 亿平方米，占新建建筑的比例已超过 6%（表 3-2）。“十二五”期间，住建部提出 3600 万套保障房建设目标，鉴于建筑工期上的优越性，工业化建筑在保障房建设方面取得巨大成果，到“十二五”结束时，实际完成了 4000 万套②。我国工业化建筑的快速发展，为实现小康社会的建设目标做出了重大贡献。

表3-2　装配式建筑发展现状及未来测算（作者根据资料整理绘制）

| | 2015 | 2016 | 2017 | 2018 | 2019 | 2020 | 2021 | 2022 | 2023 | 2024 | 2025 |
|---|---|---|---|---|---|---|---|---|---|---|---|
| 建筑业新开工面积（亿平方米） | 46.84 | 48.25 | 49.69 | 51.19 | 52.72 | 54.3 | 55.93 | 57.61 | 59.34 | 61.12 | 62.95 |
| 装配式建筑面积（亿平方米） | 0.468 | 1.447 | 2.982 | 4.607 | 6.326 | 8.145 | 10.07 | 12.10 | 14.24 | 16.50 | 18.89 |
| 装配式建筑占新建建筑面积的比例 | 1% | 3% | 6% | 9% | 12% | 15% | 18% | 21% | 24% | 27% | 30% |
| 装配式建筑每平方米造价（元） | 2500 | 2500 | 2500 | 2500 | 2500 | 2500 | 2500 | 2500 | 2500 | 2500 | 2500 |
| 装配式建筑市场规模（万亿元） | 0.117 | 0.362 | 0.745 | 1.152 | 1.582 | 2.036 | 2.517 | 3.025 | 3.560 | 4.125 | 4.721 |
| 装配式建筑市场规模同比增速 | | 209% | 106% | 55% | 37% | 29% | 24% | 20% | 18% | 16% | 14% |

① 徐亮. 试论住宅产业化对国民经济发展的作用[J]. 住宅科技, 2002(10): 43-45

② 李昂. CSI体系将成为百年住宅的基础：住宅产业化促进中心产业发展处刘美霞访谈录[J]. 混凝土世界, 2010(12):12-14

#### 3.1.1.3　我国建筑工业化的发展现状

在党的十八届五中全会上，习近平同志提出创新、协调、绿色、开放、共享“五大发展理念”，这是对中国特色社会主义发展理论内涵的重大丰富和提升。绿色发展理念以人与自然和谐为价值取向，以绿色低碳循环为主要原则，以效率、和谐、持续为目标的新型发展模式，以推动绿色产业发展作为经济结构调整的重要举措，当然是我国建筑业发展的主题。建筑工业化正是建筑领域适应绿色发展要求的一场深刻变革，它以大工业生产和最新科技发展为基础，将大工业建造、绿色低碳、节能环保等最新科技成果应用于建筑产业，大大减少了建设过程中的环境污染，实现了建筑部品与构件的标准化生产和工厂化施工装配，大大改善了人们的居住和工作环境。

2015 年住房与城乡建设部根据国务院的要求制定了《建筑产业现代化发展纲要》（以下简称《发展纲要》），《发展纲要》明确了“十三五”期间及未来 5～10 年建筑产业现代化的发展目标：

到 2020 年“十三五”末期，基本形成适应建筑产业现代化的市场机制和发展环境，建筑产业现代化技术体系基本成熟，形成一批达到国际先进水平的关键核心技术和成套技术，建设一批国家级、省级示范城市、产业基地、技术研发中心，培育一批龙头企业。装配式建筑占新建建筑的比例达到 20% 以上，直辖市、计划单列市及省会城市达到 30% 以上，保障性安居工程采取装配式建造的比例达到 40% 以上。新开工全装修成品住宅面积比例达到 30% 以上。直辖市、计划单列市及省会城市保障性住房的全装修成品房面积比例达到 50% 以上。建筑业劳动生产率、施工机械装备率提高 1 倍。

《发展纲要》的发布，在全国产生了积极影响，其目标明确、任务宏伟，又脚踏实地，具有很强的操作性。在《发展纲要》的推动下，我国的建筑工业化工作正在积极有效地推进，并在三个方面取得了较大进展：

（1）工业化整体技术水平得到了较大提升。

（2）建筑工业化尤其是住宅产业化工作的组织框架基本形成。

（3）推动建筑工业化的市场动力逐步增强。

“十三五”以来，一些领先的住宅产业化企业在各地进行工业化住宅的保障房项目，如深圳万科龙华保障房[①]、合肥滨湖沁园项目[②]、南京大地汇杰新城保障房[③]、上海城建浦江鲁汇基地保障房等，尤其是上海城建的浦江鲁汇基地房（图 3-3），其中保障房的装配率达到 70% 以上，代表了当前我国住宅产业化的先进水平[④]。截至目前，我国共有万科、远大、绿地等 70 家住宅产业化基地，其中 11 家综合城市试点（深圳市、沈阳市、济南市等）、2 家政府引导住宅产业化发展的国家示范基地（合肥经济技术开发区、大连花园口经济区），

① 周静敏，苗青，司红松，等. 住宅产业化视角下的中国住宅装修发展与内装产业化前景研究[J]. 建筑学报，2014(7):1-9

② 钟志强. 新型住宅建筑工业化的特点和优点浅析[J]. 住宅产业，2011(12):51-53

③ 杨健康，朱晓锋，张慧. 住宅产业化集团模式探索[J]. 施工技术，2012, 41(364):95-98

④ 张桦. 全生命周期的“绿色”工业化建筑：上海地区开放式工业化住宅设计探索[J]. 城市住宅，2014(5):34-36

**图3-3 上海城建鲁汇基地房**
图片来源：百程网

以及 57 家包括房地产开发、结构体系研发到构配件生产等大型配套企业，此外我国还拥有中国建设科技集团股份有限公司、中民筑友建设有限公司等 9 个国家装配式建筑产业基地①。

我国的工业化住宅建设，目前已呈规模化发展态势，装配式建筑的装配率普遍已达到 50% 以上。就其建设发展水平，万科的发展不失代表性。

万科集团是我国建筑工业化的龙头企业。该集团于 1988 年正式进入房地产行业；1999 年，万科建筑研究中心成立，开始探索工业化生产模式；2003 年，万科集团开展住宅标准化运动，对标准化部品构件进行研发及设计，形成万科标准化部品库；2007 年，万科集团获得建设部住宅产业化中心和专家评审认可，成为国内第一个企业联盟型住宅产业化基地；2017 年，万科集团工业化建筑开工面积约为 3 066 万平方米，在总建筑面积中的比例已达到 84%，在佛山市，主流项目已 100% 实现了工业化建造②。

在工业化住宅的建造技术方面，万科集团作为我国工业化住宅建设的龙头和标杆企业，其代表性的产品有北京万科新里程（图 3-4）、佛山万科城（图 3-5）、深圳万科龙华保障房（龙悦居三期，图 3-6）、南京万科上坊保障房等（图 3-7）等。这些项目在建设理念方面主要致力于推进住宅标准化和产业化进程，并全面利用工业化建设技术，在减小建造误差、提高建筑部品设计与施工装配精度等方面均取得不凡业绩，特别是在采用工业化建筑设计手法，改善住宅结构精度和部品组装的难易程度以及解决渗漏、开裂等质量问题，以及在提高住宅部品构件组装的智能化等方面也都取得了较多的技术成果。万科集团在建造技术和施工精度方面的努力，无疑会增加工业化住宅产品的使用寿命，对我国实现"百年住宅"要求具有重大现实意义。这也正是万科集团在这个领域的贡献。

① 张桦. 建筑设计行业前沿技术之三：工业化住宅设计[J]. 建筑设计管理, 2014(7): 24-28
② 数据来源于搜狐财经网. 2018

**图3–4　北京万科新里程**
图片来源：作者自摄

**图3–5　佛山万科城**
图片来源：http://esf.fang.com

**图3–6　深圳龙悦居三期（下左）**
图片来源：作者自摄

**图3–7 南京万科上坊保障房（下右）**
图片来源：作者自摄

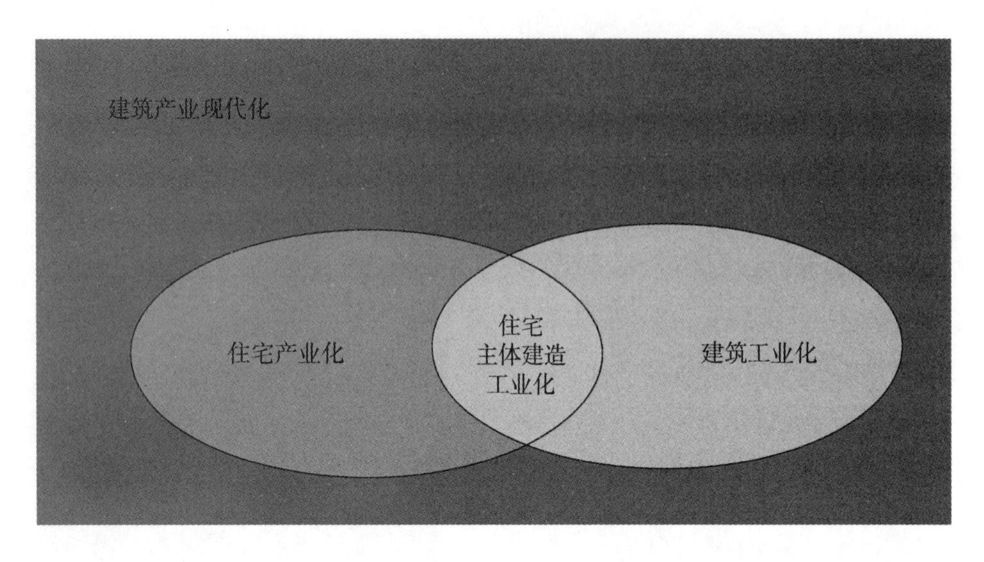


**图3-8 住宅产业化和建筑工业化的关系**

图片来源：作者根据www.chinabim.com资料绘制

最后需指出，我国传统的建造模式，由于改革开放初期的粗放式发展，导致“大拆大建”的建设模式的影响至今仍未完全消退。“拆”字当头，“建”在其后，在这种建设模式下，人们对于“拆”“建”习以为常，对住宅的使用效果及寿命要求也就往往不在意。这种“拆建”模式显然与当前我国绿色发展理念相悖，住宅产品的可维护更新性质自然也就逐渐引人注意，并将日渐成为建筑工业化发展所追求的目标①。笔者认为，正是工业化住宅的部品构件工厂化生产和装配化施工，才使得工业化住宅产品具有可维护更新方面的性质和优势，工业化住宅的可维护更新也一定会成为建筑工业化发展的重要环节，一定会得到更多的重视与投入。可以肯定，我们现在这方面所做的努力，对于我国实现建筑业的绿色发展一定会具有重要的战略意义。

## 3.1.2 住宅产业化与百年住宅体系

### 3.1.2.1 住宅产业化

前面介绍了建筑工业化在我国的发展状况，我国建筑工业化范围主要为住宅建设领域，故我们在此要着重介绍我国建筑领域另一个重要概念“住宅产业化”。“住宅产业化”与“建筑工业化”之间的区别主要在于“工业化”与“产业化”在内涵和外延方面的差异（图3-8）。所谓工业化住宅建设，是指用工业化的方式生产的住宅建筑，即以设计标准化、构件部品化、施工机械化为特征，以构件预制化生产、装配式施工为主要建造方式的新型建筑生产方式。住宅产业化不仅采用工业化建造方式，还须运用社会化大生产的方式来组织经营，包括整合设计、制造、装配、维护更新等，最终形成完整的产业链，达到投入产出效益的价值最大化，这就是住宅产业化（Housing Industrialization）的基本概念。我国工业化建筑主要形式为住宅建设，“住宅

① 于申启，张宏. 论生态建筑美学的可持续发展理论[C]//土木、结构与环境工程国际学术会议论文集，2012

产业化”目前已成为我国建筑业新的发展方向，故这里要进一步研究住宅产业化的相关概念。

第一，住宅产业化的目的就是要提高住宅建造的生产率，并降低成本，减少建筑污染。需要着重指出的是，产业化概念是指整个产业链的“产业化运作”，而工业化则是指住宅建造方式的“工业化”，这就是二者的主要区别。由此可见，建筑工业化更多地侧重于在建筑生产方式上由传统方式向工业化建造方式的转变，而住宅产业化的概念则强调住宅建造过程中的社会化大生产及产业链的形成和作用，很显然住宅产业化是结合建筑工业化与社会其他建设要素的结果。

第二，住宅产业化是以市场需求为导向，依托建材、轻工业、建筑机械等行业，依靠科学技术和现代管理方法，实现工业化建造方式及住宅装修一体化，最终投入市场并包括售后管理。由此可知，住宅的产业化过程就是产业链的实现过程，是住宅生产销售服务一体化的生产经营模式。

第三，实现住宅产业化的关键是对住宅建设相关产业进行资源整合，完善住宅建设与使用的各个环节。这里也有三个方面值得重视：一是提高工业化建造水平，改变粗放式生产，实现生产方式升级换代；二是在标准化设计基础上，提高住宅产品的多样化以适应用户要求；三是加强对工业化住宅产品维护更新方面的研究与投入，提升售后管理与服务水平，这是住宅建设工业化发展的必然要求。

我国推进住宅产业现代化进程是从 1999 年开始起步，“十二五”以来有了突飞猛进的发展[①]。截至 2016 年底，全国累计产业化建筑面积达 4 000 多万平方米，2017 年产业化建筑面积超过 5 000 万平方米，2018 年开工面积有望超过 6 000 万平方米，实现了每年增加千万平方米的发展速度[②]。

正是由于建筑工业和社会化大生产的快速发展以及人民群众不断增长的物质文化需求为住宅产业化发展开创了较为广阔的空间，使得维护更新住宅产品、完善提升住宅条件和功能以更好适应用户需求成为可能。由此，广大人民群众的居住条件将真正得以提高，现有的房产价值也得以进一步保障和提升。

#### 3.1.2.2　百年住宅体系

《中华人民共和国国民经济和社会发展第十三个五年规划纲要》对我国建筑工业化提出要求，要加快推进住宅产业现代化，提升住宅综合品质。这一任务目标明确，对推进建筑工业化发展具有重要意义。而建造和推广长寿化住宅体系，则是实现住宅产业现代化这一目标的重要手段，“百年住宅”体系由此应运而生。

“百年住宅”的概念源于 2012 年 5 月 18 日中国房地产业协会和日本日中

①闫登崧. 住宅产业化发展影响因素与推进策略研究[D]. 重庆：重庆交通大学 2018

② 数据来源于搜狐房产网. 2018

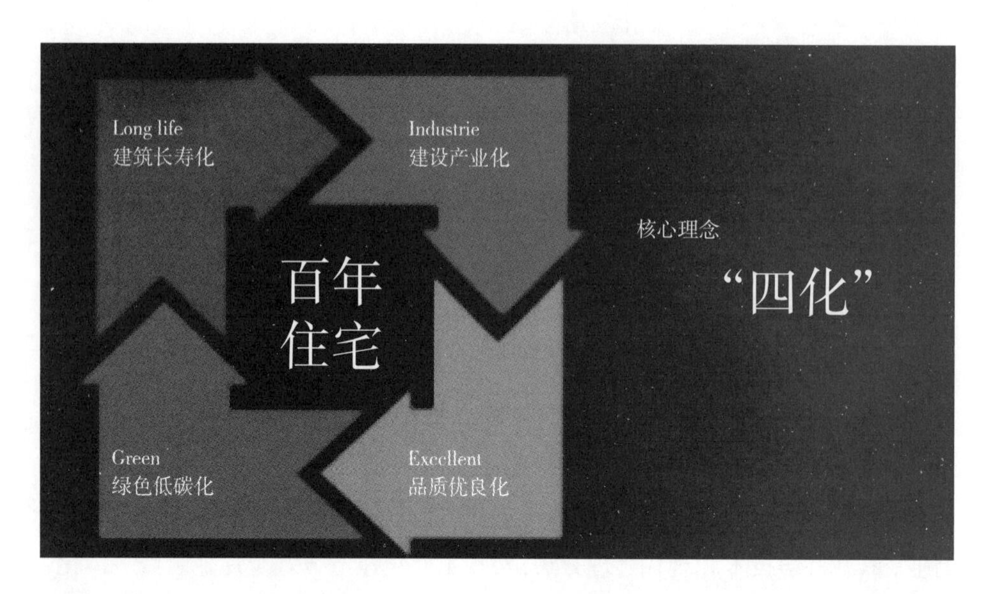


**图3-9　住宅“新四化”**
图片来源：https://house.focus.cn

建筑住宅产业协会签署的《中日住宅示范项目建设合作意向书》，该意向书借鉴了日本国内的KSI（Kikou Skeleton Infill）住宅体系，在全面评估我国现有建筑生产方式以及住宅设备管线维护方式的基础上，提出以建筑产业化生产方式建设长寿化、高品质、低能耗的“中国百年住宅”[①]。中国百年住宅（China Long-Life Sustainable Housing），是指基于可持续建设发展理念，统筹住宅建筑全寿命期内的策划设计、生产施工和使用维护全过程的集成设计与建造，具有建筑长寿性能、品质优良性能、绿色持续性能，全面保障居住长久品质与资产价值的住宅建筑[②]。

中国百年住宅建设技术体系，是在考虑住宅长久价值对居住者可能形成重大影响并进行评价后提出的。该体系的重点在于对设计、建造以及日后运营维护管理的整体思考方式，这对于切实有效实现住宅长寿化，促进建筑产业的技术转型升级，构建可持续性社会居住与生活环境等均具有重要意义。

如今，我国百年住宅的内涵已远远不止长寿化住宅，它的核心价值理念已发展成为“新四化”，即建筑长寿化、建设产业化、品质优良化和绿色低碳化等4个方面（图3-9）：

（1）建筑长寿化：提高住宅的物理耐久性，并通过住宅产品的可维护更新来保证和提高住宅质量。

（2）建设产业化：通过有组织实施标准化设计，提高工业化建造技术，以适应居住者高品质、高标准的居住需求。

（3）品质优良化：通过对不同层次居住者生活模式的设定，设计出符合长期运营维护管理所需要的解决方案。

（4）绿色低碳化：最大限度地节能、节水、节材、节地，最大限度地减轻环境负荷，满足人们对可持续性绿色低碳居住环境的需求。

① 李昂. CSI体系将成为百年住宅的基础：住宅产业化促进中心产业发展处刘美霞访谈录[J]. 混凝土世界, 2010(12):12-14
② 中国建筑标准设计研究院有限公司.百年住宅建筑设计与评价标准：T/CECS-CREA 513—2018[S]. 北京：中国计划出版社，2018

**图3-10　上海绿地崴廉公馆**
图片来源：作者自摄

中国百年住宅的成功研发，也经过“洋为中用，古为今用”的学习、吸收、消化过程。2015 年，位于上海市嘉定区的绿地崴廉公馆百年住宅示范项目成功落地，这是我国首个百年住宅项目（图 3-10）。项目通过对国外工业化住宅建设先进经验的学习借鉴，对关键技术实施攻关并历经多次本土创新型实践而最终形成，开创了适合我国国情和建设技术水平的百年住宅建设技术体系。该项目以产业化方式统筹考虑项目建设的规划设计、施工建造及使用管理的全过程，将“建设产业化、建筑长寿化、品质优良化、绿色低碳化”作为项目建设的核心目标，实现了性能优良的高品质居住和长期耐久的可持续住宅功能，在引领我国住宅产业化发展方面做出了成功的积极探索。

2018 年 8 月 1 日，由中国工程建设标准化协会颁布出台、中国建筑标准设计研究院有限公司主编的《百年住宅建筑设计与评价标准》正式施行。该标准对百年住宅的支撑体和填充体在长寿性能方面做出了一定的要求和规范，并对百年住宅的居住品质和长期维护性能做了一定的要求。本书在此评价标准基础上，对我国工业化住宅支撑体和填充体在可维护更新方面的设计方法进行了深入研究，并结合作者所在工作室的实际案例，建立了可逆的构件连接构造技术系统和针对既有建筑构件易维护更新的关键技术。后文将对此进行详细论述。

## 3.2 工业化住宅可维护更新的必要性

### 3.2.1 我国工业化住宅可维护更新问题的提出

21 世纪以来，我国建筑更新改造在可持续发展理念指导下，坚持“更新”与“保护”并重的当代中国建筑更新发展理念，不仅对具有历史文脉价值的建筑文物以及产业类建筑加大了更新改造力度，也从提高居民宜居性的角度开展了住宅类建筑的更新改造。这一时期出现了一批较成功的更新改造成果，如北京广建宾馆改扩建、北京 798 艺术区改造、上海半岛 1919 创意园区（图 3–11）以及青岛市李沧区筒子楼更新改造、天津市吴家窑春光小区更新改造、中国铁道建筑总公司 18 号楼更新改造等等。

随着近年来人民生活水平的不断提升，人们对改善居住条件、提升住宅功能和舒适度的要求也在不断提高，这是人们改善生活条件的客观需求。人们对较高住房条件的需求，除了市场交易有限的调节功能外，是不是都能依靠新建住房来满足呢？对于资源相对匮乏的我国，这样做显然不现实。于是，人们自然将目光投向住宅建筑的维护更新方面，以此提升居住条件。特别是我国现阶段对很多文化类、产业类古旧建筑以及旧居住区建筑具有十分成功的更新改造先例，导致人们对建筑物的改造热情随即向住宅建筑发生转移。这种以提升自身居住条件为目的的对房屋建筑的维护更新需求，必将随人民生活水平的不断提升而进一步加大。

与传统住宅比较，正是工业化建设的部品化生产以及集成装配技术，才使得住宅产品日后运营过程中的维护更新成为可能，这种可维护更新功能对

**图3–11　上海半岛1919创意园区**
图片来源：作者自摄

实现国家“百年住宅”的建筑长寿化要求意义重大，也是实现“百年住宅”品质优良化长期运营所必需的管理。我们甚至可以进一步认为，工业化住宅的可维护更新性是保证工业化住宅使用寿命与品质优良、实现“百年住宅”要求的必要保证。

但是对于传统居住类建筑的更新改造，无论是在前文 2.4.2 节中所介绍的国外更新改造案例，或是在 2.5.6 节中所介绍的国内这类案例，其更新改造共同的显著特点都是工程量浩大，相当于大部分拆除重建或部分拆除加建。这种以资源消耗为特征的传统住宅建筑的更新改造显然不仅不符合百年住宅系统的要求，更不能应对大范围的社会需求。对于工业化住宅建筑，人们只能将提升、改善住房功能条件的热切期望寄托在其可维护更新方面。工业化住宅产品的标准化设计、构配件的工厂化生产以及装配式施工等现代建造技术为这类建筑的维护更新提供了可行性，也为维护更新的资源节约化提供了可能。随着工业化住宅建筑比重的日渐增大，对其可维护更新的需求及热切期望也必将日渐提高。本书提出的工业化住宅可维护更新这一命题作为实实在在的社会需求也就严肃地摆在我们面前。

### 3.2.2　工业化住宅可维护更新的必要性研究

推行工业化住宅建设，这是我国实现绿色发展的重要建设途径。在政府的大力推行下，我国装配式建筑占新建建筑的比例虽然近年来以每年近 3% 的速度增长，但截至 2017 年底，该比例也仅占 6% 左右，市场占有率仍处于较低的发展水平[①]。研究认为，我国工业化住宅产品还存在市场认同问题，主要表现在工业化住宅产品的建造技术优势和质量优势不仅没有得到应有的市场响应，甚至其安全性也未能突破市场的传统观念，得到广泛的社会认可[②]。特别是工业化住宅产品构件装配化的可维护更新性质目前也未得到很好的开发，其部品构件的可维护更新性对住宅产品的功能保持和提升作用甚至还不被大多数人了解。

工业化住宅的可维护更新将不再仅仅是对简单构件的维修更换，其对居住条件的提升作用理应得到进一步开发。这对于迅速改变过去“大拆大建”的旧有建设方式，推行绿色发展的国家战略具有重要意义。我们认为，提高工业化住宅产品的市场认知度应从上述角度了解并推行其可维护更新性，即通过部品构件的可维护更新来改善、提升住宅功能和居住条件，这一定会受到市场欢迎并具有良好的发展前景。这对于当前我国进一步改善居住条件，全面落实绿色发展理念具有重要的战略意义。

工业化住宅建筑通过构件法设计和装配化集成技术将使得其维护更新具

① 该数据参见本书表3-2
② 秦琦. 万科北京区域工业化住宅技术研究与探索实践[J]. 住宅产业, 2011(6): 25-32

有较高程度的便利性（这方面的技术研究我们将在后文做介绍）。在此基础上，不断增长的用户需求必将促进工业化住宅的维护更新得到进一步发展，进而形成并达到产业化运作规模，工业化住宅维护更新适应社会需求发展必然形成这一规模效应。这对于我国住宅产业化发展意义重大：①从直观来看，这一产业化运作可有效改善人们的居住条件，有助于解决这一社会难题；②这一重大变化反过来促进整个建设产业链做出应对，从设计伊始，包括制造、装配等都进一步注重部品构件的功能设计，以提高部品构件的可维护更新性；③最终，维护更新巨大的社会需求将使得其产业化运作与整个建设过程形成相互关联的依存关系，并形成利益上的共同体。我们据此在理论上建立了我国工业化住宅建设新型产业链框架：工业化住宅维护更新的重要作用及其产业化运作规模将较大限度地改变传统住宅建设的产业链结构形式，工业化住宅建设产业链应包括设计、制造、装配、维护更新等环节，并形成统一的产、供、销协作建设共同体。这种新型产业链的形成及协作共同体的建设发展模式，能有效提升我国工业化住宅的质量和性能保障，对于我国住宅产业化的进一步发展具有更为重要的战略性意义。这正是本书在我国工业化住宅发展理念方面的创新性思维，也阐明了本研究的社会意义和经济价值。

### 3.2.3 关于我国工业化住宅建设新型产业链的进一步研究

笔者认为，我国工业化住宅产品的维护更新不仅具有雄厚的技术支撑，随着大众对于改善住房条件的迫切要求，以及工业化住宅建筑市场占有率的进一步提高，工业化住宅产品的维护更新一定会迎来广泛的市场需求，这应引起我们高度重视。根据所建立的新型产业链的运行性质，工业化住宅建设现在不仅应包括建筑标准化设计、构配件预制化生产、机械化建造施工、科学化组织管理的大工业生产方式，还应包括日后住宅产品运营过程中的维护更新这一环节，并与不断增长的提升住房功能条件的大众化需求相适应。

上文所阐述的产业链，是产业经济学中的一个概念，指各产业部门之间基于一定的技术经济关联，并依据逻辑关系和时空布局关系，客观形成的链条式关联形态[①]。从经济学角度说，产业链包含价值链、企业链、供需链、空间链四个维度，也可以说是由一种或几种资源，通过若干产业层次不断向下游产业转移，直至达到消费者的途径。产业链的重要性质是，经由各个企业进行人、财、物等方面的资源整合，以寻求有竞争能力的合作伙伴，即具有核心能力的链上节点企业，通过技术、经济或社会法律关系的无形链接，最终形成“1+1>2”的产业能力。

我国传统住宅建设产业链主要包括设计、生产、施工、运营管理等环节，

① 王笑梦，马涛. SI住宅设计：打造百年住宅[M]. 北京：中国建筑工业出版社，2016

以住宅为最终产品。传统住宅建设产业链主要以房地产企业为核心，会同设计部门、研发生产企业、物流企业、施工企业、物业管理公司等，根据各自不同的工作性质分布于产业链的上下游，由此形成了住宅建设产业链。在这种传统住宅建设产业链中，由于缺乏上下游的利益交互关系，故每个企业各行其是，也缺乏行业整体的技术储备，造成在整个建设过程中每个参与企业都得从头做起，造成一定程度上产品生产与住宅建设脱节，产品使用与工程技术脱节，致使工程质量难以保证，质量问题的责任也难以追究，给日后的维护更新造成很大麻烦。而在运营管理环节，后期的被动维修，不仅无法掌握工程技术，也无法对前期进行技术反馈，加上物业公司与整个设计、生产、施工环节完全脱节，分工职责不明确，物业公司与业主对于住宅维护更新的彼此责任模糊，导致这种被动的维修方式只能效率低下且收效甚微。

工业化住宅建设产业链的核心作业不同于传统住宅。工业化住宅以构配件为基本单位进行设计建造，其建设产业链则是以构配件为对象，相关企业之间通过合资建房或研发协议等形式建立战略产业联盟，并通过有机整合和市场产品要求，形成一条包含整个建筑全生命周期的“链”（由于本书对工业化住宅的经济性未做过多分析研究，故这里所说的全生命周期不包括后期拆除回收再利用环节，以下同）。我们基于工业化住宅可维护更新所建立的新型产业链主要由设计链、制造链、装配链和维修链等四条“链”组成。设计链主要指工业化住宅构配件的标准化与多样化设计环节。工业化住宅建设产业链的其他环节一般都是根据先期设计链的技术要求而构成，因此设计链是工业化住宅建设完整产业链的核心部分。制造链主要指工业化住宅构配件的工厂化生产环节，包括原材料的采购、运输以及构配件的生产等；装配链主要指构配件在工厂的装配环节以及运输到现场之后的工业化施工装配环节。制造链和装配链都是工业化住宅建设产业链的重要组成部分。维修链即日后的维护更新环节，由于其具备提高居住功能品质的性质而具有广泛的社会需求，特别是这一环节的产业化运作对上游的设计、制造、装配各环节均提出了更高的构件可维护更新技术要求，由此形成上下游的利益关联性，使得整个产业链运作更加紧密有效，故维修链在工业化住宅建设产业链中处于关键环节（表 3–3）。

表3–3　工业化住宅建设的完整产业链（作者自绘）

| 产业链 | 相关内容 | 作用 | 备注 |
|---|---|---|---|
| 设计链 | 住宅设计环节 | 核心部分 | 各单位、各部门协同合作的协同设计模式 |
| 制造链 | 构配件制造生产环节 | 组成部分 | 主要是构件的工厂化预制生产 |
| 装配链 | 工厂装配和现场施工环节 | 组成部分 | 包括工厂部分和现场部分 |
| 维修链 | 日后维护更新环节 | 关键部分 | 是工业化住宅产业链优于普通住宅产业链的关键之处 |

根据所建立的工业化住宅建设新型产业链的运行性质，工业化住宅建设在设计初期就应考虑日后的维护更新，这是新型产业链与传统产业链的重要区别。维护更新之所以成为工业化住宅建设产业链的关键环节，这也是由其大工业的生产方式及其产品的使用特征所决定的。传统住宅的维护更新往往是出了问题再解决这样“缝缝补补”的被动式维修更换，这就是注定其无法成为建设产业链中一个环节的重要原因。而工业化住宅建设采用大工业生产方式，其部品构件的工厂化制造使得我们可以采用对象标识与跟踪反馈技术等（关于工业化住宅维护更新的技术应用，后文将详细论述），通过最新科技可实时监测住宅部品构件使用过程中的运行状态，这样即可将用户的被动式维修更换优化升级为实时监控状态下的主动式维护更新，这是工业化住宅建筑的维护更新能够形成产业化运作规模，成为产业链环节的一个重要驱动力。这种主动式维护更新不仅可有效提高住宅的使用质量和使用寿命，还具有随用户需求在规模、质量上不断提升与时俱进的性质，因而其产业化运作一定能够适应广泛的社会需求，成为新型产业链的关键部分（见表 3–3）。

此外，工业化住宅建设采用 OB 开放建筑理论，可根据用户关于工业化住宅的使用状况和需求随时进行链接，特别是可以对用户关于部品构件的质量和功能需求随时进行了解，可应用户要求适时进行维护更新。随着广大用户对居住条件和质量要求的不断提高，以及建筑材料与部品构件质量的进一步提升，住宅部品构件的功能性更新需求势必日渐增多，故工业化住宅维护更新的产业化运作作为维修链的这一环节比重必将日渐增大，这一环节也一定会成为工业化住宅建设完整产业链中愈来愈重要的环节。同时，这样形成的完整产业链中各环节在工业化背景下也可得到更好的相互协调支撑，这是传统住宅产业所无法比拟的。

由此可知，本书关于工业化住宅产品可维护更新的命题研究，虽属于技术研究范围，但对于解决不断提升居民居住条件这一社会需求具有重要的战略意义。本书基于工业化住宅可维护更新所建立的新型建设产业链理论对于我国住宅产业化的进一步发展不仅完全必要，也一定会起到重要的推动作用。

## 3.3 工业化住宅维护更新的可行性

### 3.3.1 我国进一步推进城市化的客观需求

党的十九大报告中明确提出：“既要全面建成小康社会、实现第一个百年奋斗目标，又要乘势而上开启全面建设社会主义现代化国家新征程，向第二个百年奋斗目标进军。”不断推进城镇化建设是实现中央提出“两个一百年”奋斗目标的重要工作内容。《中华人民共和国国民经济和社会发展第十三个五年规划纲要》和《中国制造 2025》等战略部署中也明确提出，以推进建筑产业化为发展目标，实现建筑产业由粗放型向集约型转变，成为新时期房地产业健康、可持续发展的迫切需求。由此可以看出，如何推进我国建筑业的产业化发展应是我们这一阶段的共同努力方向。

科学、完整的建设产业链是我国建筑业产业化发展的必然要求。当我们立于这个层次来思考工业化建筑的产业化发展时，“住宅建筑维护更新”作为产业过程最后一个环节的重要意义就不仅是一种建设行为，而应提升到产业集约化流程的高度来重新认识它在住宅产业化过程中的位置及其重要意义。党的十九大以来，我国经济呈现出稳定、高速的发展态势，但可能产生的国际性贸易、金融危机的影响因素仍然存在，如 2019 年年中发生的中美贸易战就对我国经济运行产生了重大而深远的影响，甚至涉及各行各业。国际社会大环境给我国经济上行可能带来的压力因素，促使我们必须不断寻找新的经济增长点以保证我国经济的持续良性发展。为此，我们认为若在工业化住宅产品的使用过程中，我们能够对用户不断提升的多样化需求实施有效的对接和处理，使得工业化住宅产品真正达到可维护更新乃至住宅功能可借此得到大幅度提升时，则先前以修缮改造为目的的住宅建筑维护更新将不再局限于个别案例，一定能够迎来广泛的用户需求，并得到较大的规模化发展。我们还认为，住宅建筑维护更新的规模化运作将有助于建筑业产业升级，并有可能成为住宅工业化建设的一个新的经济增长点。由于这一新的经济增长点具有随着用户需求不断提升而更具发展潜力的行业属性，住宅产业化受此助推作用就更有可能成为一个长期稳定的支柱性产业。

目前我国大城市已初步具备工业化住宅维护更新产业化运作发展的实施条件，随着我国城市化进程的推进，一些老旧住宅区工业化住宅有待更新改造部分的比例将逐渐增大。同时，人民群众不断增长的改善居住条件的需求对住宅产品可维护更新也提出了更高要求[①]。此外，随着我国工业化住宅建筑的比例日趋提高，需要进行维护更新的工程项目必将日渐增多，若在可维护更新方面能够达到产业化运作规模并能够同步进行产业配套，则工业化住宅的可维护更新性不仅会使工业化住宅产品的优良特性能够得到充分发挥，也一定会得到广泛的用户好评和社会响应。这些都充分表明，住宅产品的维护更新对我国住宅产业化发展不仅具有有利的客观条件，也是切实可行的。

① 干申启, 张宏. 论新时期我国住宅工业化及其展望[C]//第二届先进材料与工程技术国际会议论文集, 2014

### 3.3.2 工业化住宅可维护更新的产业优势

目前我国住宅建筑产业化的运作模式基本是作为新建项目模式建立的，其工程特征是从无到有，建设投资运作模式主要表现为一次性投资、一次性建成。若我们将“住宅建筑维护更新”也作为一种产业化建设行为，其工程特征则是从“旧有”到“新有”，建设投资运作模式也就可能随之发生改变。这对于以投资为主要驱动的我国建筑业意义重大。这是住宅建筑“维护更新”这一特殊建设行为的产业优势，在当前我国建筑工业化发展过程中如何发挥还值得我们认真研究。

笔者认为，住宅建筑维护更新这一特殊建设行为的特点与优势主要有以下四点：

（1）推动新型持续性投资模式的形成

众所周知，新建项目预算在土建造价的影响下难以大幅调整。而住宅维护更新工程则可以根据设计方案的不同在投资预算方面做出相应的调整。一般来说，住宅维护更新工程是对既有住宅结构体系进行维护维修或是改扩建，由于各个单位工程之间较为独立，因此在施工周期统筹安排的基础上，基于其单位工程的独立性特征，则可进一步实现住宅更新工程分阶段建设投资。这就决定了其产业化市场可能会形成一种持续性的投资模式，这正是住宅可维护更新产业适合产业化发展的潜在优势。

既然持续性投资模式是住宅可维护更新产业特有的潜在优势，那么，随着住宅维护更新产业化运作逐步形成，就有可能促使这种持续性投资模式进一步完善。此外，传统方式建设流程的施工期与使用期相对独立，而工业化住宅维护更新项目为内装部品构件，其在建造上相对独立的特点就有可能实现二者的同步进行。若将这种产业化的持续性投资、持续性维护更新理念进一步深化，即可形成一种更加理想化的更新建设开发模式，即“使用——在使用中维护更新——在维护更新中达到更高需求层次的使用”这一理想化模式。这种理想化模式所带来的可持续性投资行为真正体现了住宅更新建设的产业化优势特征。当然，我们要进一步指出，这种理想化模式也只有在全面实现产业化背景下才能得到更好的实现。

（2）形成灵活、稳定的投资领域

持续性投资有别于传统的住宅产业投资模式，将有效规避一次性投资可能带来的起伏波动等失稳风险。住宅可维护更新在工程安排上的灵活性能够促使投资模式具有很强的灵活性，这种可控的投资模式将更有助于政府部门进行监管和调控。随着社会发展，用户对居住环境的多样化需求，工业化背景下的住宅可维护更新一定会存在广阔的市场空间，也会形成稳定的投资领域。我们可以展望，工业化背景下的住宅维护更新如能成为一项新兴产业，不仅会促进我国建筑业的良性发展，其持续、灵活、稳定的投资模式所形成的投资领域对保证经济稳定发展一定会起到不可小觑的积极作用。

（3）雄厚的产业基础

工业化住宅建设产业链建立在住宅产业化基础之上，由现代工业化建造体系、现代化物流营销、现代化运营管理组成基本生产建设方式，其过程可概括为，将标准化设计和工厂化生产的部品构件，经物流公司运输到施工现场，由施工单位进行现代化装配，并由专业物业公司提供日后长期的运营维护管理服务。通过这一生产作业流程，可将设计、生产、施工全过程和日后运营维护管理等各环节通过现代工业、科技、管理等手段串联成有机整体。显然，即使是应对规模化运作，工业化住宅产品的维护更新也已具有雄厚的产业基础。

（4）促进住宅产业化进一步发展

造成我国住宅产业化推进速度较慢的一个主要原因就是产业链的不完善。住宅产业化的核心理念是整个住宅产业链的“产业化”运作，目前，某些产业环节如日后运营管理的产业化运作还显得相对薄弱，整个产业链的运转也显得不够均匀通达。就工业化住宅的建设和市场情况来看，一旦工业化住宅产品的维护更新真正发挥其在住宅建设产业链上相应环节的重要作用，不仅住宅产业化的市场前景将更上层楼，住宅产业化本身也将因各产业节点强大的相互作用而得到更为完善、更为健康的发展。

### 3.3.3　工业化住宅可维护更新的技术优势

我国现代工业的快速发展促进了我国工业化住宅装配率不断提升，这是工业化住宅可维护更新最主要的技术优势。

2015 年《建筑产业现代化发展纲要》的颁布实施，对我国建筑工业化发展起到较大的推动作用。近年来我国建筑工业化的发展态势好过预期，“装配化”及“装配率”的概念也越来越频繁地出现在我们面前。笔者认为，这二者虽然不能与建筑工业化或是建筑产业现代化直接画等号，但不可否认的是，“装配化”的程度、“装配率”的高低在很大程度上反映了建筑工业化的水平，提高装配率是推进建筑产业现代化的重要途径。“十二五”以来我国装配式住宅的发展也越来越快，“十二五”末，我国新建工业化住宅的装配率超过 30%，2017 年已达到 50%，工业化建造水平和现场施工水平已处于世界先进水平。

装配率的提升直接有利于工业化住宅的维护更新。装配率是工业化住宅中预制构件、建筑部品的数量（或面积）占同类构件或部品总数量的比例。可以说，装配率直接反映建筑物构件的部品化生产程度。传统的手工生产模式导致构件一旦损坏就很难得到更换或维修，只有构件的标准化及部品化达到一定程度，达到大规模工厂化生产，并能够做到工业化程度的装配和拆卸时，装配率的提高才有可能真正促进工业化建筑维护更新的产业化运作。可以说，住宅的装配率越高，日后维护更新的规模化、产业化就越容易实现。

2018 年初，国家住房和城乡建设部印发通知，批准《装配式建筑评价标准》(以下简称《装配式标准》)为国家标准,并自 2018 年 2 月 1 日起正式实施。《装配式标准》规定，应采用“装配率”作为评价建筑装配化程度的标准。装配式建筑应采用全装修，装配率不低于 50%。此外，该标准还明确规定，装配式建筑宜采用装配化装修①。

这里提到的全装修是指建筑空间的固定面装修和设备设施的全部安装，达到建筑使用功能和建筑性能的基本要求。而装配式装修是指将工厂生产的部品部件在现场进行组合安装的装修方式，主要包括干式工法楼（地）面、集成厨房、集成卫浴、管线与结构分离等②。这种基于工厂化生产的新型装修模式不仅能够更好地带动内装工业化的发展，推动产业化进程，而且对日后的维护更新工作也十分有利。

### 3.3.4 工业化住宅可维护更新的生产优势

我国现代工业的快速发展进一步提高了工业化住宅构件的标准化设计和部品化生产建造水平，这是工业化住宅可维护更新所具备的生产优势。

所谓标准化设计，是指在一定时期内面向大批量通用化产品，采用共性条件，遵照统一的标准和模式，适用性范围比较广泛的设计。装配式住宅构配件的标准化设计优点主要是：①设计质量有保证，有利于提高工程质量；②减少重复劳动,加快设计进度；③便于实行构配件生产工厂化、施工装配化、机械化，提高劳动生产率，加快建设进度；④有利于节约建设材料，降低工程造价，提高经济效益。

近年来，随着 BIM 信息化技术在现代建筑工业中的应用与发展，该技术目前已应用于装配式建筑构配件的设计中，目前这方面正在做以下努力，以进一步实现构配件的标准化设计：

（1）推广装配式建筑标准化预制构件库,将“企业库”升级为“行业库”，并开发相应构件的数字化生产系统；

（2）搭建构件库与模具库管理平台，实现构件和模具数字化管理及装配式建筑资源共享；

① 住房和城乡建设部. 装配式建筑评价标准：GB/T 51129-2017[S]. 北京：中国建筑工业出版社，2018

② 周静敏，苗青，司红松，等. 住宅产业化视角下的中国住宅装修发展与内装产业化前景研究[J]. 建筑学报，2014 (7):1-9

（3）开发预制构件数字化加工转换技术，构建数字化加工转换平台，实现数字化构件库与数字化构件生产系统的对接；

（4）实现以 BIM 技术和标准化构件库为中心的设计、生产、施工联动建造，实现实际生产建造流和数据流的统一。应用 BIM 技术，我们不仅可以搭建构件库，还可以通过编码技术对每个构配件进行实时监控，实时更新更换。关于这方面的具体技术应用，我们将在后文详细介绍。

构配件的标准化设计对工业化住宅的部品化生产至关重要，构配件的部品化程度与工业化住宅的装配率紧密相关，后者在很大程度上反映了建筑工业化的水平。此外，建立在标准化设计基础上的构配件部品化生产也是住宅可维护更新的重要条件。建筑部品是指具有相对独立功能的建筑产品，是由建筑材料和单项产品构成的部件与构件的总称。建筑部品也是构成成套技术和建筑体系的基础。部品体系按照建筑部位一般可分为结构部品、外围护部品、内装部品、厨卫部品、设备部品、智能化部品等等①。工业化住宅的部品构件本身应遵循标准化设计原则，其单元尺寸符合模数化，部品构件之间相互独立互不干扰，甚至可以分开进行设计和建造。住宅的部品化生产，就是运用现代化的工业生产技术将墙、板、梁、柱、屋盖乃至整体厨房、整体卫生间等建筑部件及构配件全部实现工厂化预制生产，并能够方便运输至建筑施工现场，进行“搭积木”式的工业化装配安装。前文已提及，我国工业化住宅的装配化近年来得到大幅提升，部品化生产保证了住宅构配件的通用化，装配化安装保证了构配件的可拆卸，这些性质进一步保证了工业化住宅维护更新的可行性。

## 3.4 工业化住宅可维护更新的主要研究方向

（1）工业化住宅部品构件在建造方面的研究

工业化住宅可维护更新应对住宅部品构件在建造以及组装方面有较高要求，其具体研究对象应包括：住宅支撑体与填充体的分离建造技术，构件独立设计与生产技术，住宅功能更新与扩充，部品构件中长期固定部分的维护，填充体可维护更新部分的细分组装及其标准化设计与部品化生产，可维护更新的应用技术研究，以及住宅外立面更新、住宅设备更新等相关设计研究等。

（2）可维护更新的设计方法研究

工业化住宅的可维护更新，其设计方法与传统住宅也有所不同。工业化住宅的支撑体部分也就是结构部分一般来说不宜更新更换，因此应对结构构件按相关规范进行设计，以便满足“百年住宅”的结构性要求。填充体部分

① 纪颖波, 王松. 工业化住宅与传统住宅节能比较分析[J]. 城市问题, 2010(4): 11–15

的部品化构件和管线部分是可以进行维修和更换的，这部分要与结构部分设计相匹配，并根据不同的部品构件分别进行使用年限设计，以便随时进行更换更新，最终达到与结构体相一致的同等寿命要求。

（3）可维护更新的技术手段研究

就建造技术而言，工业化住宅建设本身就是建筑工业发展进步的产物，它采用了新型建造技术以及一系列信息化技术和计算机辅助技术，经产业化运作而成。对工业化住宅可维护更新的技术研究中，还应用了一些最新的计算机技术，主要包括四大方面：BIM（建筑信息模型）信息化技术、协同技术、计算机编码技术、构件信息跟踪反馈技术等。这也是本书的研究重点。

（4）其他方面的研究

除技术应用研究外，在工业化住宅维护更新的产业化运作方面还存在一些问题值得研究，诸如：阶段性投资模式下住宅维护更新的分期投资技术研究，住宅建筑维护更新与投资同步的施工技术研究等，这些对于推进住宅产业化的进一步发展亦具有重要意义。

## 本章小结

本章首先介绍了建筑工业化的概念并分六个阶段阐述我国建筑工业化的发展历程。建筑工业化以大工业标准化构件生产和机械化施工等为标志，是建筑业适应绿色发展要求的一场深刻变革。本章对住宅产业化、“百年住宅”体系等进行了分析研究，尤其是对《百年住宅建筑设计与评价标准》进行了深入研究，认为正是工业化住宅内装构件的标准化设计、部品化生产以及装配化施工，工业化住宅产品的维护更新才能够实现产业化运作规模。

其次，对工业化住宅功能及市场接受程度进行了进一步研究，论述了工业化住宅可维护更新的必要性，认为提高工业化住宅产品的市场认知度和售后运营管理水平目前已刻不容缓。住宅可维护更新不仅是延长住宅使用寿命，实现百年住宅的必要保证，也是实现住宅建设低碳、环保、绿色发展的必然要求。文中还分析了目前我国住宅产业化发展存在的主要问题，提出当前应在工业化住宅产品可维护更新方面加强研究，并促进其形成产业化运作规模，最终能够形成我国工业化住宅设计、制造、装配、维护更新全生命周期质量和性能保障的新型产业链，这应是我国住宅产业化进一步发展的必然要求。这一新型住宅建设产业链理论不仅具有我国住宅产业化发展理念方面的创新性思维，更重要的是对于我国住宅产业化的健康发展将具有较高的战略意义和社会经济价值。

本章还对未来我国工业化住宅维护更新的产业化运作进行了可行性研究，认为目前我国的城镇化建设已积累了雄厚的建设基础，大城市已初步具备住宅维护更新的产业化运作条件。文中还根据住宅维护更新工程各个单位工程之间较为独立的特点，认为可在施工周期统筹安排的基础上实现建筑更新工程分阶段建设投资，进而可以形成新型持续性投资模式的经济特性。这一持续性的投资模式，正是住宅维护更新适应产业化发展的潜在优势。近年来，我国工业化住宅建设在支撑体和填充体的分离建造技术，构件独立设计与生产技术，住宅内装构件的部品化生产，工业化住宅的装配率这些方面都得到大幅提升，充分论证说明了我国工业化住宅的维护更新产业化运作具备可行性。

本章对当前工业化住宅可维护更新的主要研究方向也进行了简要介绍。

# 第4章 SI住宅案例及其可维护更新性质

现代工业化住宅一直以SI住宅建设为主。各国SI住宅体系的发展各有千秋，发达国家以荷兰和日本为代表。但就以部品化建造为核心的SI住宅的维护更新情况来看，目前这方面的专门研究仍很难见到，一般还是根据住宅的使用情况被动进行维护更新，缺乏前期主动的技术设计研究。本章将根据西方各国，主要是SI住宅建设发达国家如荷兰、日本的发展状况，针对具有代表性的优秀案例，根据其建造情况，挖掘其可维护更新性质并进行专门探讨和研究。本章还对我国CSI住宅案例的建造技术及发展优势进行了深入研究，特别是对其可维护更新的技术设计方法进行了详细探讨和整理阐述。

## 4.1 SI住宅体系的概念和特色

SI住宅体系是由工业化建筑SAR支撑体理论发展而来的一种住宅体系①。SAR支撑体理论发端于西方"第一代建筑工业化"的发展过程。二战结束后，西方各国利用工业化生产方式建成了一大批设计风格类似的住宅建筑，暂时解决了居住问题。但这些工业化住宅的粗糙质量以及乏味的外观立面逐渐引起重视，人们开始关注建筑环境对人们的行为、心理、生活方式及社会活动的影响。为寻求能够满足居民多样化和人性化的居住需求，并在建造方面追求规格化、体系化，在这种情况下，SAR支撑体理论应运而生②。

支撑体理论可以追溯到20世纪60年代，其核心概念就是将住宅建设分成"支撑体"和"填充体"，分别进行设计和建造。该理论是荷兰知名理论家、建筑师约翰·哈布瑞肯（J. N. Habraken）教授在荷兰建筑师协会上首次提出的③。

SI住宅也称为支撑体住宅或可变住宅，是用SI技术建造的住宅。其中S即Skeleton，指住宅的骨架体或支撑体，是起结构骨架作用的公共使用部分，如起承重作用的框架、剪力墙以及柱、梁、楼板等构件，S从广义上讲还应包括共用部分设备管线，以及共用走廊和共用电梯等公共部分。

I即Infill，指住宅的填充体，包括住宅套内的内装部品构件、专用部分设备管线、内隔墙（非承重墙）等自用部分和分户墙（非承重墙）、外墙（非承重

① 李静华. SI住宅体系应成住宅产业化主力[N]. 中国房地产报，2010-03-22

② 欧阳建涛，任宏. 城市住宅使用寿命研究[J]. 科技进步与对策，2008(10):32-35

③ 张守仪. SAR的理论和方法[J]. 建筑学报，1981(6):3-12，83

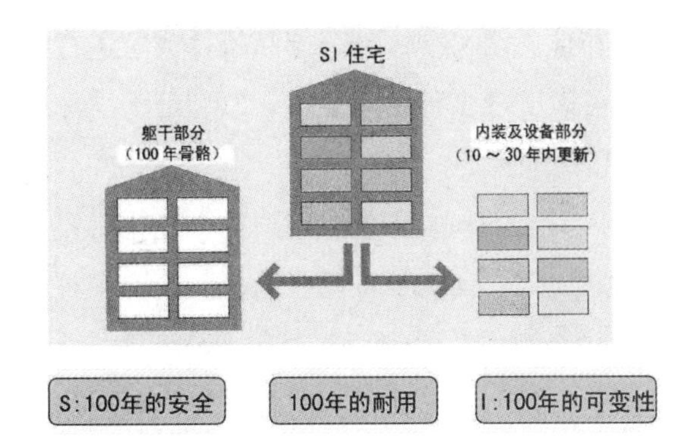


**图4-1　SI住宅概念**
图片来源：刘东卫，等. SI住宅与住房建设模式：理论·方法·案例[M].北京：中国建筑工业出版社，2016

墙）、外窗等围合自用部分，以及相对固定部分，如单元门、窗框以及整体厨卫等（图 4–1）。

20 世纪 80 年代初，日本提出了“百年住宅建设体系（Century Housing System）”，旨在提升住宅建设的质量。时至 90 年代末，日本学习借鉴支撑体相关理论并依据本国国情进行了创新发展，又提出了 KSI 住宅（Kikou Skeleton Infill，日本都市机构开发的 SI 住宅）的理念[①]。

我国在汲取发达国家相关经验的基础上，结合自身国情于 2006 年提出了 CSI（China Skeleton Infill，中国支撑体住宅）的概念，并在填充体的适应性和可变性等方面颇具优势。

近年来，支撑体住宅在欧洲和亚洲得到广泛的发展，每年两次的国际开放建筑研讨会在世界各地召开，以推广和总结各国支撑体住宅的设计和实践。目前，这一理论已由住宅建设理论发展为群体规划理论和方法。

SI 住宅的设计理念是在设计和建造阶段将支撑体与填充体进行分离，分别进行设计和施工。S 部分经由现场浇注施工，I 部分通过工厂化生产，现场装配。这样可明显减少现场湿作业量，提高工作效率，减少对环境的污染。

可以看出，由单个建筑构件装配组成的填充体 I 是 SI 住宅工业化建造的核心部分，单个构件所具有的灵活性与适应性是填充体的主要特性，借此可有效提高住宅的使用价值。住宅的可持续发展建设首先需要考虑人的因素，以使用者的需求设计建筑的功能与形式。因此，我们可以根据居住者不同的使用需求对填充体部分进行“私人定制”，这正是 SI 住宅功能的一大特色。

通过研究我们认为，SI 住宅相较于传统住宅，具有以下特色和优势：

（1）SI 住宅建筑质量和性能好。SI 住宅填充体部品构件的工厂预制化生产和现场的干式作业，可以在工业化建造模式下最大限度地保证住宅的质量。同时标准化的设计和工业化的生产，能够提供住宅部品构件的标准化和通用

① 马韵玉，王芳. 日本SI可变住宅节约理念[J]. 建设科技，2005(2):46–48

化，避免因部件的尺寸差异而导致误差，可以有效改善传统建筑在构配件方面存在的质量问题。

（2）SI 住宅填充体灵活可变，部分部品构件或可进行维修更换。住宅内同一面积的空间也可以实现多种格局变换，以满足不同住户的不同需求，提高了住宅的使用率和整体性能。

（3）SI 住宅可以满足不同收入层次用户的个性化需要。SI 住宅内部的分隔墙、各类管线、地板、厨卫等部品的档次从低到高有多种规格和型号，可随业主需求而做相应调整。

（4）SI 住宅绿色环保无污染，低碳节能。SI 住宅内装部品构件采用工厂化生产，质量检测可靠稳定，对我国住宅建设实现绿色环保、低碳节能具有巨大的推动作用。

（5）SI 住宅可以最大限度地满足用户对于舒适性的要求。由于现代新材料、新技术在部品构件中得到广泛应用，SI 住宅在保温、节能、采光、通风等方面明显优于传统住宅。

（6）SI 住宅具有良好的抗震性能。支撑体的高标准设计以及轻质内隔墙的使用使得 SI 住宅在抗震方面具有更良好的性能。

（7）SI 住宅施工安全，可避免安全隐患。SI 住宅采用现场干式装配连接，极大地降低了传统施工作业的安全隐患。

综上所述，SI 住宅可以有效地解决当前住宅建设存在的种种问题，对我国建筑业实现绿色发展具有重要意义。在满足住宅用户需求方面，也具有传统住宅无法比拟的显著优势，发展前景极为广阔。

## 4.2 国外部分 SI 住宅案例及其可维护更新研究

### 4.2.1 荷兰工业化住宅体系及其可维护更新

#### 4.2.1.1 荷兰工业化住宅体系的发展及其理论价值

20 世纪 60 年代初，哈布瑞肯教授在他的著作《骨架——大量性住宅的选择》（*Support: An Alternative to Mass Housing*）一书中提出了一种关于工业化住宅设计与建造方面的可持续建设理念（Stichting Architecture Research，是哈布瑞肯教授及其同事在荷兰成立的“建筑研究协会”，该理论以此协会名称命名），又称为 SAR 支撑体理论[①]。这一理论首次提出将住宅的设计与建造分为两个部分，即将住宅主体结构发展为支撑体（Support）部分，将非承重部分发展为可分单元（Detachable Unit）部分。SAR 支撑体住宅理论最主要的特点

① 张钦哲，朱纯华. SAR的理论基础与我国住宅建设[J]. 建筑学报，1985(7)：68-71

是适应了现代工业化发展，并在形成新型工业化设计建造体系及其产业化发展方面开创先河。

20 世纪 70 年代，哈布瑞肯教授在 SAR 支撑体住宅的理论基础上，又提出了 OB（Open Building）开放建筑理论[①]。OB 开放建筑理论的重要特点是将居住问题纳入一个广阔的系统中，对于不同的居住理念和建造理念从不同的层级加以区分和解决，使人、住宅、环境形成有机的整体。该理论主张以工业化的建造方式解决多样化居住需求，即在工业化住宅的设计过程中，提倡居住者自主参与设计，并在建设过程中形成一种"开放"局面。这种共同参与的"开放"局面后来在工业化住宅中衍生为一种新的建筑理念，即是经由 SAR 支撑体理论发展出支撑体体系、填充体体系和外围护体系，称为工业化住宅的集成附属体系（Subsystem），由此构成开放建筑体系。这些体系的基本功能是将体系内的设计建造条件转化为规定性能的集合单位，且技术资料开放共享，不同企业所生产的集成附属体系具有互换性，从而构成开放建筑的核心要素，这就是开放建筑理论的基本要义。随着工业化的推进和建材市场的繁荣，产生了更多不同价位的填充体，这些填充体产品可提供不同经济水平的用户选择，形成不同的住宅类型。填充体的多样化设计和居室布局可变更等方面不仅激发了更多的用户需求，也激发了旧有用户在维护更新方面的巨大需求。这种用户参与模式以及填充体构件的部品化设计建造和集中式公共管井的运用等，为今后住宅的可维护更新奠定了良好的基础。开放建筑理论也被认为是住宅工业化的基础性理论。

20 世纪 80 年代至 90 年代期初期，SAR 支撑体理论在建造技术方面取得了很大进展。填充体部品体系逐渐形成，基本实现了产品构配件的工业化生产。与此同时，与产业化住宅相关的新技术、新材料、新工业逐渐涌现，并在节能环保、现代施工等方面均有较大进展。可以说，支撑体住宅建设是荷兰甚至是整个欧洲住宅工业化的发展核心。

这一时期，开放建筑理论也实现了由营建系统向室内填充系统的转变，并在城市、社会、经济等不同领域演进成为一种"广义"的开放建筑理论。作为一种面向社会、面向大众的系统化建筑理论，开放建筑理论促进了填充体的多样化、系统化设计建造，进一步拓展了 SAR 支撑体住宅理论，在世界范围内得到广泛认可，并在建筑领域呈现出多元化的实践活动。

从广义上说，OB 开放建筑理论实际上是一种共享理念，这里不仅是设计单位、建造单位的设计理念和建造技术共享，这种共享实际上还涵括了广大用户对住宅使用方面的需求理念。可以说，SAR 支撑体住宅理论和 OB 开放建筑理论不仅开创了当代 SI 住宅体系的建设理念，也是填充体多样化设计以及

① 李静华. SI住宅体系应成住宅产业化主力[N]. 中国房地产报, 2010-03-22

**图4–2 莫利维利特住宅**
图片来源：http://www.habraken.com

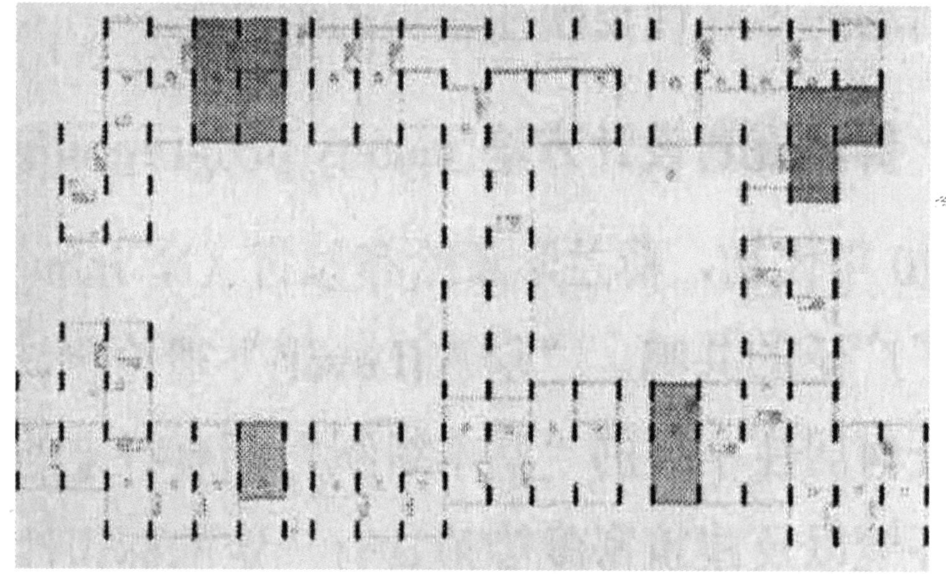

**图4–3 莫利维利特支撑体框架**
图片来源：http://www.habraken.com

工业化住宅可维护更新方面的理念摇篮。

4.2.1.2 **荷兰工业化住宅的实例研究**

（1）莫利维利特（Molenvliet）支撑体住宅

莫利维利特(Molenvliet)支撑体住宅，建于1977年，是世界上最早将SAR支撑体理论付诸实践的住宅项目，是工业化住宅重要的里程碑式建筑（图4–2）。该项目共计123套住宅，采用围合式内庭院布局，院落之间采用过街楼式的步行通道相连，形成了相对独立的两个院落，营造了丰富、宜人的居住环境。

设计方面，住宅的支撑体部分采用钢筋混凝土的框架结构，4.8米的标准柱网为不同朝向的户型提供了两种进深（图4–3）。项目的建筑师在设计中运

**图4–4　克安布尔格支撑体住宅**
图片来源：刘东卫，等. SI住宅与住房建设模式：理论·方法·案例[M].北京：中国建筑工业出版社，2016

用了哈布瑞肯教授的 SAR 理论和 OB 开放建筑理论，并引入了区、界、段的定义，着重体现了以人为本的理念，各户的户型设计都是由户主和设计师经过商量后得到的成熟方案，体现了 OB 开放建筑的用户参与精神。在建筑的外观设计方面，建筑师避免以前工业化住宅平淡无奇的统一外观，很好地结合了当地的地域特色和街景元素，采用坡屋顶和各色的木质门窗；不同户型在住宅外立面以及宜居性等方面均取得了很好的成果，也体现了不同住户的个性要求在住宅上的反映。

莫利维利特住宅是 SAR 支撑体和 OB 开放建筑理论最初的实践，也是 SI 住宅体系最早的探索。在住宅可维护更新方面，本案例仅是首次做到将支撑体与填充体分别设计建造，并没有其他方面的特别考虑。

（2）克安布尔格（Keyenburg）支撑体住宅

1982 年完成的荷兰克安布尔格（Keyenburg）支撑体住宅是开放建筑思想的典型实例。该项目是荷兰鹿特丹社会住宅应急计划的公共住房建设项目，基地面积为 65 米 ×80 米。基地内由 4 栋 3 ～ 5 层的住宅楼围合出一个半私有的院落空间，四周以连廊相连，四角开敞，与周围的建筑环境和谐相融（图 4–4）。其中 1 栋的首层为社区养老服务中心，设有文体活动、护理、康复、服务空间；另有 3 栋作为老年住宅，共有 115 套双人住宅，32 套单人住宅，另有 5 套护理型住宅。该项目提倡用户参与建设，在项目建设过程中，重视用户的相关需求。如将单人住户位于住宅顶层，进深为 9.3 米，每户设有独立的屋顶平台，其余住户仍采用标准化柱网，开间为 4.8 米，进深为 10.8 米，每个开间为一户，套内面积为 47.25 平方米，适合两人居住。且楼内空间布局、设施及窗户位置等都可以由住户自己决定，体现了开放建筑体系的适应性和可持续性，对开放式建筑发展具有里程碑式意义[①]。

这种提倡居住者参与并合理利用工业化建造技术所建造的开放式住宅，大大提高了居住者关于环境与品位的决策权，符合居住者的行为习惯和生活方式，因此具有较高的可持续性。这是开放建筑理论的重要特点和优势所在。开放建筑理论不仅对SI住宅的产业化发展和市场效应产生了较大影响，这种用户参与模式以及住宅构件的部品化制造也为日后维护更新的社会化参与方式提供了借鉴。只是在建造时，后者的长远发展前景及其重要意义远未引起其设计者的充分注意。

#### 4.2.1.3 荷兰工业化住宅的主要设计方法及特色

荷兰在工业化住宅的设计方面，主要方法是依据SAR支撑体理论，实现支撑体与填充体分离建造。荷兰工业化住宅的重要特色是，OB开放建筑理论得到充分认知和应用。开放建筑理论的特点是将居住问题纳入一个广阔的系统中，由设计者、建造者、用户共同参与设计，以适应更广泛的用户需求[②]。随着工业化的推进和建材市场的繁荣，OB开放建筑将会产生更多不同价位的填充体，这些填充体产品可提供不同经济水平的用户选择，形成不同的住宅类型，工业化住宅产品即可适应更多不同层次的市场需求。填充体的部品化设计，开放式建筑所激发的用户需求，以及集中式公共管井设计，这些都为日后住宅的可维护更新奠定了良好的基础。

### 4.2.2 日本SI住宅体系及其可维护更新

#### 4.2.2.1 日本SI住宅的发展历程

日本人口稠密，境内多山多震，在房屋建设特别是抗震技术领域积累了丰富知识。二战后，日本住房紧缺，住房的大量建造促进了住宅生产的企业化和工业化。自1955年实施“住宅建设十年计划”以来，日本开始探索工业化住宅的建造。初期成果有以轻钢为结构主体建设的预制住宅（如大和、积水、松下），也有木结构住宅（三泽），并逐步开始研究整体浴室[③]。同年，日本政府成立“日本住宅公团”，并在全国范围大规模建造集合住宅，这些由公团建设的“公团住宅”也被称为“团地”。住宅公团成立以来，设计了超过60种标准的住宅样式，完成了木结构、钢结构和混凝土结构住宅的标准化单元[④]。在混凝土住宅出现之前，日本国民大都居住在木结构房屋中。为延续人们传统的生活习惯，便逐渐出现了外部混凝土、内部传统木结构的住宅形式，例如1958年建造的Harumi晴海公寓便是如此（图4–5）。这种外部框架与内部装修不同体系的建造方式开启了日本SI住宅建设，并丰富发展了SI理论[⑤]。

① 刘东卫，等. SI住宅与住房建设模式：理论·方法·案例[M]. 北京：中国建筑工业出版社，2016
② 赵倩. CSI住宅建筑体系设计初探[D]. 济南：山东建筑大学，2011
③ 马韵玉，王芳. 日本SI可变住宅节约理念[J]. 建设科技，2005(2):46–48
④ 高祥. 日本住宅产业化政策对我国住宅产业化发展的启示[J]. 住宅产业，2007 (6):89–90
⑤ 刘美霞，刘晓. CSI住宅建设技术的意义和特点[J]. 住宅产业，2010(11):63–65

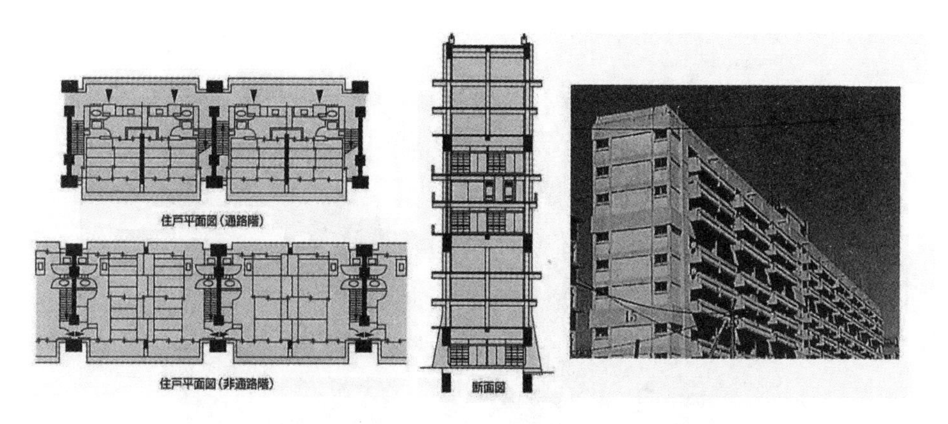


**图4-5　日本晴海公寓**
图片来源：360个人图书馆

1968 年，日本通商产业省提出“住宅产业”的概念，提出将住宅及其有关部品构件的生产、销售企业或其经营活动纳入产业化发展中①。尤其在大型预制混凝土楼板 (PC 板 ) 的应用方面，日本设立了 SPH ( Standard of Public Housing，公共住宅套型标准设计机构 )，开始了大规模建造。1973 年，日本建设部成立住宅部品发展中心 ( Housing Components Develop Center ) 来研究住宅构件部品系统,研究的焦点从预制混凝土板转向建筑的内部部品。与此同时，日本开始 KEP (Kodan Experimental Housing Project，国家统筹实验性住宅计划，即公团实验住宅项目 ) 探索，促进了 SI 理论进一步发展②。KEP 充分吸收荷兰 SAR 支撑体理论和 OB 开放建筑理论，重点研究如何实现住宅部品的系统化，包括外墙系统、内分隔系统、厨卫系统、垂直管线及空调系统五部分，大力推行“菜单式供给”和“两阶段房屋供应系统”。所谓“菜单式供给”，是指住宅的部品生产和供给能像菜单一样可定制③。而“两阶段房屋供应系统”，是将住宅分解为两部分，第一部分是住宅的支撑体，必须具有坚固、耐久的特点,并能够保证所连接的填充体有维护改善的可能；第二部分是住宅的填充体，这一部分的设计工作住户可以参与，实现用户的多样化需求，提高住宅的个性化和可变性④。这种供需结合的新型供给和建造方式满足了居住者的实用性需求，使日本的住宅工业化得到较快的发展。

20 世纪 80 年代，日本住房紧缺的问题基本得到解决，住房需求量开始下降。与此相对应，日本建设省 ( 现为国土交通省 ) 发动了 CHS ( Century Housing System，百年住宅建设体系 ) 计划⑤。这一体系是为居住者持续提供舒适的居住生活而建立的，包含设计建造、生产供给、维护管理等全过程在内的综合性住宅建设体系。随着 KEP、CHS 等国家层面住宅部品技术研发的进一步积累，到 20 世纪末期，具有日本特色的 SI 住宅体系——KSI ( Kikou Skeleton Infill，日本都市机构开发的 SI 住宅 ) 住宅体系建立，这是真正意义上将支撑体与填充体分开建造的 SI 住宅体系，标志着 SI 住宅体系在日本的发展已较为成熟。鉴于日本在抗震方面多有研究，结构抗震设计是整个建筑设

① 马韵玉, 王芳. 日本SI可变住宅节约理念[J]. 建设科技, 2005(2):46–48
② 深尾精一, 耿欣欣. 日本走向开放式建筑的发展史[J]. 新建筑, 2011(6):14–17
③ 仲方. CSI住宅:从理想到现实的嬗变[J]. 住宅产业, 2011(4):61–63
④ 纪颖波, 王松. 工业化住宅与传统住宅节能比较分析[J]. 城市问题, 2010(4):11–15
⑤ 刘东卫, 蒋洪彪, 于磊. 中国住宅工业化发展及其技术演进[J]. 建筑学报, 2012(4):10–18

**图4-6 NEXT21住宅**
图片来源：NEXT21 实验住宅[J].建筑学报,2012(4):68-71

计的重要环节，故原先支撑体中的Support（支撑体）在KSI体系的设计过程中也转变为Skeleton（骨架体）①。

进入21世纪，日本在公共住房建设项目中全面推广和实施KSI技术。自此，日本成为SI住宅体系最大的建造基地，大量的生产建造实践项目在全国各地陆续建成，并在继承SAR理论方面多有建树②。KSI住宅体系具有两个重要特点：一是明确支撑体和填充体的分离设计与分离建造，其支撑体部分强调主体结构的耐久性，满足资源循环型社会的长寿化建设要求；二是其填充体部分充分发挥OB开放建筑的优势，以满足居住者的多样化与灵活性需求，其部品化程度较高，提高了住宅维护更新的可行性。

#### 4.2.2.2 日本SI住宅的实例研究

（1）NEXT21（未来21世纪，意即为21世纪普及做准备）实验住宅

NEXT21实验住宅位于大阪市中心，基地东西47米，南北34米，建于1993—1994年，采用支撑体和填充体相分离的设计手法，是日本SI住宅体系的典型案例，集合了当时日本最先进的技术体系。

1）NEXT21实验住宅的支撑体

NEXT21住宅采用了具有耐久性设计的框架结构。设施部分位于住宅的地下1层和2层，采用10米正方形柱网，4.2米层高；居住部分位于住宅的3到6层，主要采用7.2米正方形柱网，3.6米层高（图4-6）。

住宅支撑体的楼板厚达240毫米，柱和梁采用预应力混凝土一次性模板。共用走廊部分做成“反梁”，用作配管空间。通过抬高户内楼板使梁的上部贯

① 柴成荣，吕爱民. SI住宅体系下的建筑设计[J]. 住宅科技，2011(1):39-42
② 李湘洲，刘昊宇. 国外住宅建筑工业化的发展与现状(一)：日本的住宅工业化[J]. 中国住宅设施，2005(2):56-58

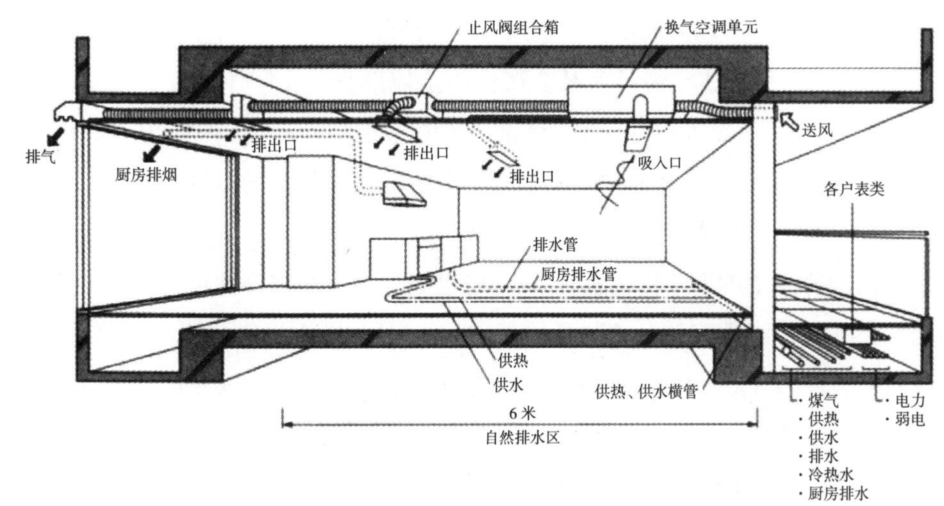


图4–7　NEXT21住宅灵活的配管系统

图片来源：加茂.NEXT21实验住宅建筑体系和住户改装的实验[J]. 胡惠琴，译. 建筑学报2012(4):72–75

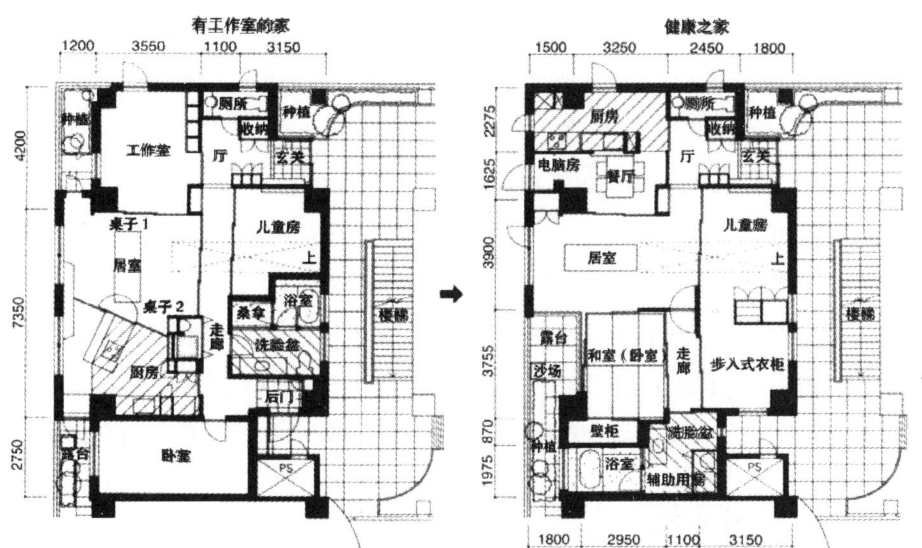


图4–8　NEXT21住宅可变的平面布局

图片来源：加茂. NEXT21实验住宅建筑体系和住户改装的实验[J].胡惠琴，译. 建筑学报2012(4):72–75

通，使得配管引入住户内可以避开连续梁，且全部采用灵活的配管。在顶棚中央部位设置通风管的排气口，以避开连续梁（图 4–7）。通过这一做法，改变了以往集合住宅中“用水空间”管网的可变性较低现象，不会因为配管的维修更新而使主体受损。

支撑体外围护墙采用了部品化设计，使得外墙部体的拆卸、安装变得容易，这样不仅使整个外围护体的更新、更换和再利用成为可能，也确保了住户部分的设计自由度及灵活性。

2）NEXT21 实验住宅的填充体

NEXT21 实验住宅具有填充单元的独立性和可变性，一是住宅具有自由的外立面（包括色彩和开窗方式等）；二是具有自由的内部分隔，住户自主参与设计的可能性被大大拓展。其最大亮点是房屋结构与户型规划分开设计，各户型具有灵活自由的空间。整个项目一共有四种标准户型，基础结构是统一的。每个户型的厨房及卫生系统做成标准化，其他地方则可以根据业主的要求进行定制，可以做成单个大空间，也可以隔成两房或三房（图 4–8）。

NEXT21 实验住宅将具有社会属性的主体部分（支撑体——使用年限约 100 年）和具有私密属性的住户内装部分（填充体——使用年限约 25 年）分离建造，以实现房间及设备布局具有较高自由度，并方便部品构件的检修与更换。

（2）KSI 实验展示栋

前面所介绍的 KSI 住宅是日本于 20 世纪末开发的综合性住宅。其主要内涵是在支撑体和填充体分离建造的基础上，以内装部品的灵活性和适应性实现住宅的最大价值。KSI 住宅的可持续性居住建造体系对于实现以资源节约型和环境友好型社会为目标的日本住宅建设具有重要意义。

KSI 实验展示栋 1998 年建于日本都市机构住宅技术研究所内，是颇具代表性的 KSI 住宅（图 4–9）。主体为钢筋混凝土框架结构的 2 层住宅，总建筑面积约为 500 平方米。KSI 实验展示栋建造过程实现了部品构件的工厂化预制生产和现场装配化施工，避免了湿作业造成的污染。采用大量可回收性建筑材料，在住宅改建时，这些材料可通过清洁整理得到再次使用。

KSI 实验展示栋共有 4 个代表套型，分别为 101 室、201 室、202 室和 203 室，4 个套型各自具有不同的技术特点。如图 4–10 所示，101 室是立体型 SI 住宅，通过便于移动、拆分和组装的家具布置来分隔空间，使得室内空间的灵活性得以最大限度地展现。201 室的特点是内装设备一体化，采用“450 毫米”模数，将墙、顶、地连接组合成箱体式集成内装。同时该室采用了可移动家具

**图4–9　KSI实验展示栋**
图片来源：刘东卫，等. SI住宅与住房建设模式：理论·方法·案例[M].北京：中国建筑工业出版社，2016

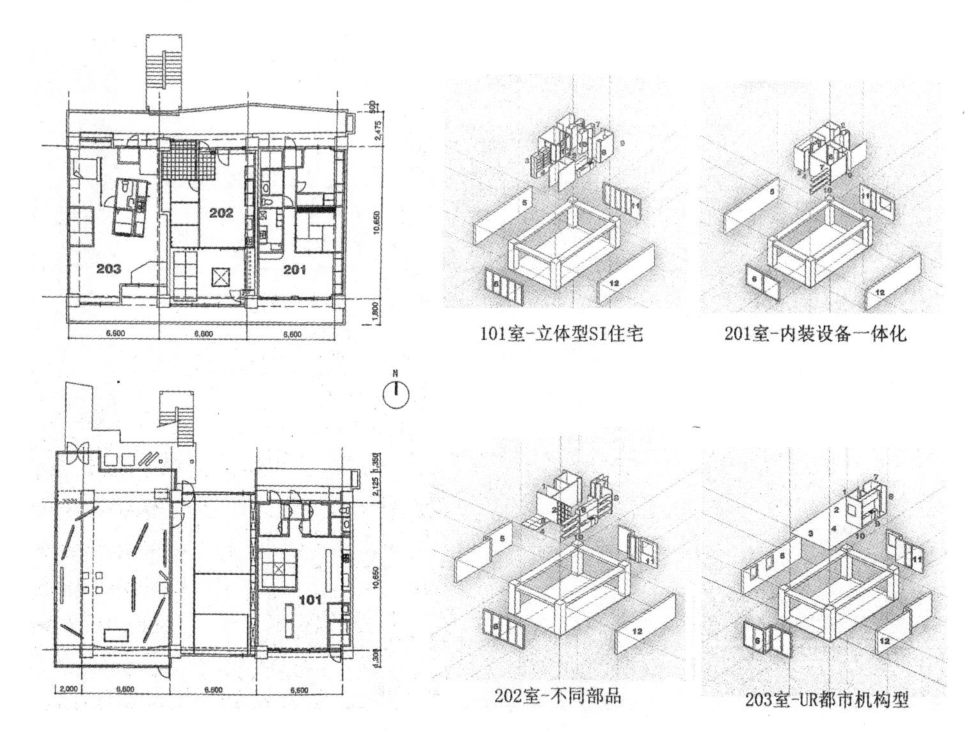


**图4-10　KSI实验展示栋户型分析**

图片来源：刘东卫，等. SI住宅与住房建设模式：理论·方法·案例[M].北京：中国建筑工业出版社，2016

和轻质隔墙的组合，可快速拆装，不仅使得室内空间灵活可变，其划分出的空间更具独立性和私密性。202 室采用了更为丰富的墙体系统，可根据使用需求自行划分空间。该室可通过半透明玻璃推拉门对空间加以划分，可随时阻隔或连通所划分出的两个空间；同时室内其他隔墙通过滑轨与吊顶相连，可以随时移动墙壁的位置以改变室内的空间分隔，增加空间的灵活性和可变性。203 室在利用前三种套型技术的基础上，最大的特点在于排水管线的敷设。通过吊顶配线系统和缓坡给排水等方式，使得厨、卫在室内空间的布置上具备很强的灵活性，厨、卫及各种电器的布置都可不受预留管线的限制而可以按照居住者意愿来安排①。

KSI 实验展示栋在结构方面的特点是，该建筑在支撑体结构中采用了无承重墙的框架结构，通过对混凝土的高强度设计及对柱、梁、板的优化配置，增强支撑体的耐久性，使得主体结构能够达到 100 年的使用寿命；同时通过无次梁的大型楼板（图 4-11）、户外设置共用排水管、电气配线与主体结构分离等技术手段，大大提升了填充体的灵活性和部品构件的可更换性②。

KSI 实验展示栋的最大特点和社会贡献是，房屋设计致力于满足用户多样性需求，并实行了新型 SI 集合住宅技术，在住宅营造、生产、再生等方面突出了人文社会价值，初步实现了公共住房的可持续发展，具有较高的社会和经济价值。

（3）新田住宅区

新田住宅区位于东京都足立区荒河与隅田河之间的岛屿上（图 4-12）。

①② 刘东卫，等. SI住宅与住房建设模式：理论·方法·案例[M]. 北京：中国建筑工业出版社，2016

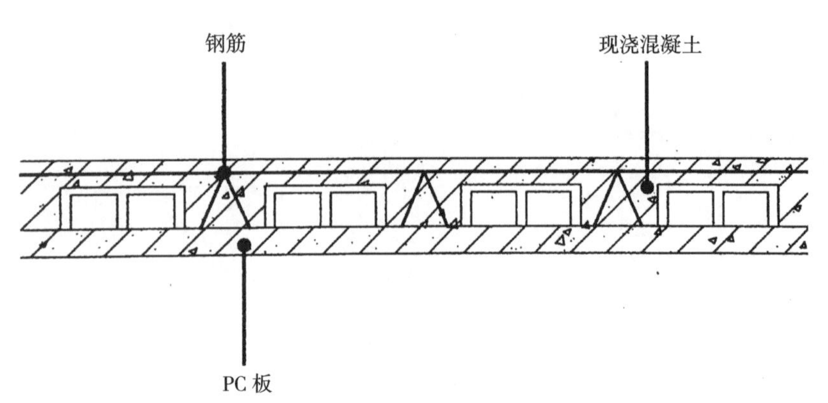

**图4-11-a 无次梁的大型楼板示意图(上左)**

**图4-11-b 无次梁的大型楼板照片(上右)**

图片来源：刘东卫，等. SI住宅与住房建设模式：理论·方法·案例[M].北京：中国建筑工业化出版社，2016

**图4-12 新田住宅区**

图片来源：刘东卫，等. SI住宅与住房建设模式：理论·方法·案例[M].北京：中国建筑工业出版社，2016

该住区的规划完成于2006年，主要内容包括住宅、学校、公园、配套设施等，规划设计依托项目所在区域的堤坝工程，力图利用河岸的区位优势建立起新的街区网络，创造出富有魅力的河岸景观，以及与周边环境和谐共生的立体街区。

该项目由主持建筑师总体协调，依据"设计导则"进行景观的统筹设计。项目基于大开间SI住宅体系，增加了空间灵活度，同时有效利用风、光、水等自然资源，实现与所在地区环境的和谐共生。该项目支撑体采用钢筋混凝土结构，并考虑主体结构的耐久性设计。填充体部分的电气管线和给排水管线做到了与主体结构相分离，并将共用管线区设置在住户外。大量运用整体厨房、整体卫浴等模块化部品，通过运用工业化住宅集成技术，提高了住宅性能与质量①。住宅的整体厨、卫等模块化部品以及集成技术的应用，对工业化

① 刘东卫，等. SI住宅与住房建设模式：理论·方法·案例[M]. 北京：中国建筑工业出版社，2016

住宅产品日后可维护更新具有一定的参考价值。

#### 4.2.2.3　日本 SI 住宅的主要设计方法及特色

日本在工业化住宅的设计方面，继承、发扬了荷兰工业化住宅支撑体和填充体分离的设计建造模式，对加强支撑体的耐久性做了明确要求，除此之外，还具有以下特色：

（1）以体系化设计为原则，确保住宅的整体品质

住宅的整体品质包括住宅的构成材料质量和居住环境品味。在 SI 住宅中，建筑的各个构成部分可划分为结构体系、设备体系、部品体系。体系化设计就是将住宅设计的各种技术问题综合配套加以解决的设计方法。日本 KSI 住宅综合考虑了整个建筑体系的空间划分以及管线设备安装的集成技术，以体系化设计方法使新产品、新系统很好地实现技术性整合，全面提升了 SI 住宅体系的整体品质。

（2）室内空间的高效利用

日本土地稀缺，人口密度较大，因此其住宅也尽量通过采用大进深、小开间、单面外廊等方式来实现高效的资源利用。每户的入口门厅设有储藏柜，形成过渡空间，增强了室内的空间层次感。房间常采用拉门和灵活隔断墙来减少墙体所占面积，推拉门能够拓展有限室内空间，并具有较好的流通性。通常房间的边角设有分类细致的储藏间，这些精细化设计特色为住宅填充体的灵活性设计提供了良好的借鉴。

（3）适老化设计

日本是一个老龄化社会，据 2017 年的数据统计，该国 65 岁以上的男性为 1 525 万人，占男性人口的 24.7%，女性为 1 988 万人，占女性人口的 30.6%。日本住宅的适老化设计做得非常细致，主要遵循四大原则：方便、安全、健康、舒适。其具体设计方法对我国住宅建设有积极的借鉴作用。主要做法如下：

1）储物空间多样化和就近原则

一方面要尽可能满足老人较高的储物需求，另一方面要遵循就近储物原则。如卫生间和厨房，应充分考虑到老年人记忆力衰退，适当采用开敞搁物架以方便找到物品并拿取。

2）视线流通原则

视线流通原则对于提高老年住宅安全性具有重大意义。老年住宅将居室与餐厅连通、餐厅和开放式厨房相连，使活动区视线极大贯通。此外，卫生间局部采用磨砂玻璃以增强采光和透光，卧室向客厅开门以形成洄游空间，并尽可能保证老年住宅中视线和声音无遮挡等。

3）无障碍设计和家具灵活性设计

适老化设计对老年住宅的房间配置、建筑构件、选材，乃至照明采暖、橱柜卫浴设施等均有具体设计要求。

① 无障碍设计：消除高差，加大走道宽度，以保证老人在住宅内畅通无阻。

② 安全性细节设计：应充分考虑老年人生理特性，如在换鞋、如厕、洗浴等处均设置防滑扶手，门厅及厨、卫等处地面均采用防滑材料，卧室和卫生间均安装紧急呼救设施以防突发状况。

③ 家具及设施灵活性设计：对户型内各空间尺度、家具及辅助设施设计均应考虑老年人的使用状况。以卫生间为例，卫生间梳妆柜前应预留座椅或轮椅空地，洗脸池形状和高度应考虑老年人坐姿使用情况，一切均应以方便老人使用为设计准则。

通过对以上案例的研究可知，日本KSI住宅体系的主要特点是提高了住宅的实用性，如本节所述。其次，KSI住宅在长寿化设计方面颇有独到之处，如案例KSI展示栋就有这方面的研究和实践；通过将设备管线与主体结构充分分离，可避免因检测维修或更换而造成结构体的破坏，如前文所举例的新田住宅区就在这方面进行了研究和尝试；再如通过加强填充体的灵活性和可变性以及构件的部品化制造，可方便日后可能的维护更新，如前文所举例的KSI展示栋和NEXT21实验住宅设计都在这方面有所考虑和探索。这些虽然只是日本KSI住宅在住宅产品可维护更新方面迈出的一小步，却为SI住宅体系维护更新的产业化运作规模提供了重要的研究基础。

## 4.3 我国CSI住宅体系及其可维护更新研究

建筑不仅是凝固的音乐，而且更应该是一个动态的、有生机的、可持续发展的空间形态[①]。

### 4.3.1 CSI住宅体系及其发展历程

CSI住宅即中国的支撑体住宅，是英文China Skeleton Infill的缩写，CSI住宅是在吸收SAR理论的基础上，进一步借鉴各国SI住宅的先进经验，形成具有中国特色的新型工业化住宅建筑[②]。

CSI住宅结构体按长寿化标准设计，这是我国发展节能省地型住宅的一个重要方向。CSI住宅的填充体部分可以根据用户的个性化需求进行设计配置，可变的填充体为我国住宅产业化的发展提供了新的平台，也为住宅的可维护更新提供了产业化运作发展的基础。

① 鲍家声. 支撑体住宅规划与设计[J]. 建筑学报, 1985(2):43–49
② 李静华. SI住宅体系应成住宅产业化主力[N]. 中国房地产报, 2010-03-22

我国 CSI 住宅体系的发展过程主要分为三个阶段：SAR 理论的研究借鉴、支撑体住宅的实验研究以及 CSI 住宅体系的初步发展[①]。

20 世纪 70 年代开始，我国开始推行产业化住宅，随后的 80 年代，国外一些工业化住宅建设的实践与理论研究对国内住宅产业化发展产生了巨大影响，清华大学张守仪教授通过发表于《世界建筑》1980 年 2 期的《SAR 住宅和居住环境的设计方法》[②]和《建筑学报》1981 年 6 期的《SAR 的理论和方法》[③]两篇文章，在国内首次详细介绍了 SAR 理论及其设计方法，南京工学院（现东南大学）鲍家声教授于 1984 年设计了国内最早的支撑体住宅——无锡支撑体住宅，并在《建筑学报》1985 年 2 期上发表了《支撑体住宅规划与设计》[④]一文，随后在 1988 年，鲍家声教授又发表了专著《支撑体住宅》[⑤]，在理论上夯实了我国工业化住宅建设发展的基础。

随着城镇化建设的不断推进，为了缓解人民群众的住房需求以及住宅建设对资源、生态环境的压力，真正实现绿色可持续发展，我国在参考吸收 SAR 支撑体理论和 OB 开放建筑理论的基础上，借鉴国外一些 SI 住宅体系较为成熟的前期发展经验，在探索建立适合我国国情的 SI 住宅体系方面做了很大努力。

2006 年，在建设部大力支持下，济南市住宅产业化发展中心首次提出并建成了适合中国发展需求的 CSI（China Skeleton Infill）住宅体系，其特点是：根据住宅支撑体 S 部分和填充体 I 部分的划分标准，将住宅填充体分解为各个部品构件，并进行标准化工厂生产。部品构件的标准化使现场组装建造更加方便易行，并可以很好地解决当前我国住宅建设耗材多、耗能大、污染重及二次装修浪费等问题。标准化设计是 CSI 住宅填充体的重要特征，也是工业化住宅产品可维护更新的基础，对日后工业化住宅产品的维护更新将会起到重大作用。

2010 年 10 月，我国住房和城乡建设部住宅产业化促进中心发布了《CSI 住宅建设技术导则(试行)》[⑥]，从 CSI 住宅的设计、部品技术、施工、维修与管理、质量与评定五个方面对 SI 住宅的建设提供指引，从国家层面上引导 SI 住宅体系的推广。到目前为止，《CSI 住宅建设技术导则(试行)》是我国唯一的一部关于 SI 住宅的国家层面上的指导性文件。在此基础上，我国一些住宅建设的先锋企业积极探索适合我国国情的 SI 住宅的设计与建造。例如，万科集团（Vanke）在 SI 体系相关理论和技术的基础上，结合国内客户需求和企业内部标准，做了相关研究。我们将在后文介绍其中的一些优秀案例，以研究其在可维护更新方面的一些技术特点。

2012 年 5 月，中国房地产业协会和日本日中建筑住宅产业协会签署了《中

① 刘东卫，蒋洪彪，于磊. 中国住宅工业化发展及其技术演进[J]. 建筑学报，2012(4): 10-18
② 张守仪. SAR住宅和居住环境的设计方法[J]. 世界建筑，1980(2):10-16
③ 张守仪. SAR的理论和方法[J]. 建筑学报，1981(6):3-12，83
④ 鲍家声. 支撑体住宅规划与设计[J]. 建筑学报，1985(2):43-49
⑤ 鲍家声. 支撑体住宅[M]. 南京：江苏科学技术出版社，1988
⑥ 住房和城乡建设部住宅产业化促进中心. CSI住宅建设技术导则(试行)[S]. 北京：中国建筑工业出版社，2010

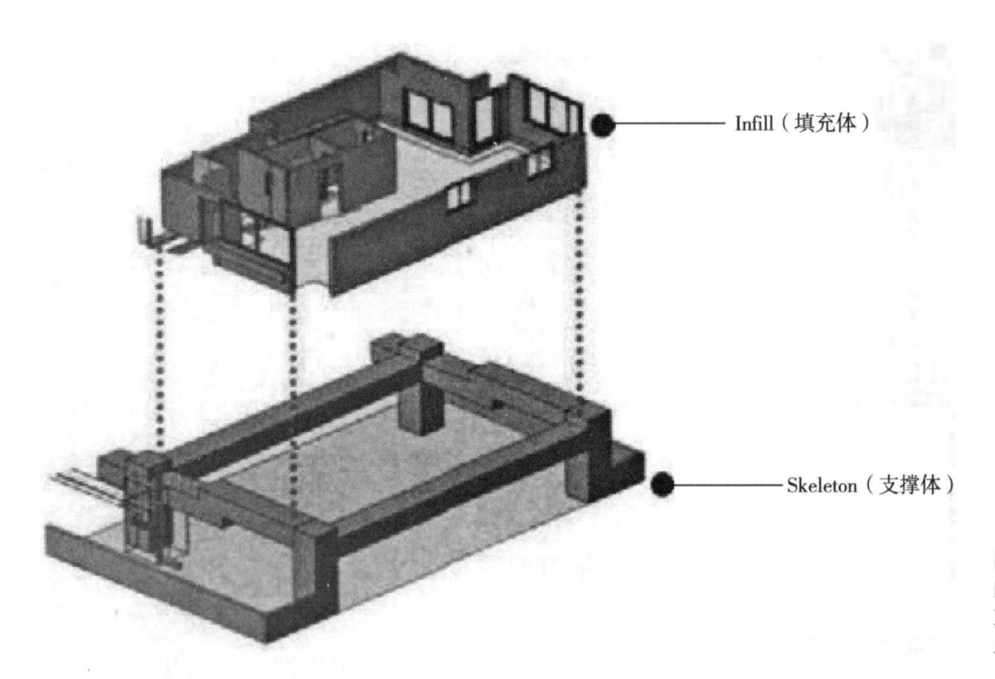


**图4-13 万科VSI体系**
图片来源：涂胡兵，谭宇昂，王蕴，等. 万科工业化住宅体系解析[J].住宅产业，2012(7)：30-32

日住宅示范项目建设合作意向书》，并联合中国建筑标准设计研究院成立了中国百年住宅建设项目办公室，上海绿地集团、江苏新城地产、大连亿达集团和浙江宝业集团等几家龙头企业加入，开始实施“中国百年住宅”战略。“中国百年住宅”采用SI体系，基于可持续居住环境理论，综合集成大型空间结构、住宅内间集成技术、外墙内保温、干式地暖、整体卫浴、整体厨房、全面换气和综合管线等多项技术，力求建造长寿化、高品质、低能耗的新型可持续住宅。“中国百年住宅”战略的实施，对我国建筑业实现绿色发展具有重要意义。工业化住宅的可维护更新，也将成为其必然性要求。

### 4.3.2 CSI住宅体系的案例研究

#### 4.3.2.1 上海万科金色里程

万科集团一直是我国房地产业的领军企业，在装配式住宅建设方面具有较高的发展层次，并具有整套先进的技术体系，对于促进我国工业化住宅的发展也做出了杰出贡献。该集团在工业化发展之初就提出了“VSI（Vanke Skeleton Infill）体系”，即万科支撑体住宅体系——具有万科特色的SI产业化住宅体系（图4-13）[①]。新体系的成功应用，不仅在施工质量和效率方面取得了明显效果，特别是在管线的集成安装技术方面大大提升了施工组装效率，有效提高了住宅的使用寿命，对于我国住宅产业化建设具有划时代的重要意义。

“VSI住宅体系”[②]是万科于2007年开发的，它是万科在国外SI住宅体系的基础上，结合国内客户需求和社会资源现状，专门开发的具有万科特色的

① 毛大庆. 万科工业化住宅战略与实践[J]. 城市开发，2010(6)：38-39
② 黄宇，高尚. 关于中国建筑业实施精益建造的思考[J]. 施工技术，2011，40(22):93-95

**图4–14　万科金色里程主入口**
图片来源：作者自摄

**图4–15　万科金色里程21号楼**
图片来源：作者自摄

产业化住宅建设体系。其中 V 即 Vanke，为万科集团，VSI 体系代表性项目就是上海万科金色里程（图 4–14）。

2008 年竣工的万科金色里程位于上海市浦东新区中环线内，是国内首个将工业化预制装配式技术大规模应用于商品住宅的项目。该项目 21 号楼为板式高层建筑，框架剪力墙结构，采用日本模式 PC 工法建造，以标准化设计和工业化生产为指导原则，在提高模板的通用性和安装工艺简洁化方面有很深入的研究（图 4–15）。该栋楼主要结构构件的预制率为 37%，预制构件主要包括外墙（窗、外饰面）、楼板（预现浇叠合层的半预制体系）、楼梯阳台；主体结构部分主要包括剪力墙、框架的梁和柱等，整个工业化生产周期历时约 6 个月。该栋住宅楼的支撑体 S 与填充体 I 进行了分离设计和建造，其支撑体结构竖向受

**图4–16　万科金色里程预埋管线**
图片来源：李昕. 上海万科金色里程[J]. 建筑学报，2012(4)：65–67

力体系采用现浇方式，外围护体系采用外墙直接预制方式，间接外墙则采用轻质墙板①。

该体系为了适应SI住宅的内装可变性要求，将基本内装的设计建造分成地面、顶面和四周墙面六个面，形成具有特色的内装六面体综合体系。对于这样的综合内装体系，可以不用将设备管线预先埋入墙体，而是敷设在预留的位置，便于日后的维护管理（图4–16），同时还可以提高地面、顶面及内墙面的施工精度，从而组成可适合变化的室内空间。为使部分隔墙能够移动以适应空间变化，方案采用顶面、地面先行施工，具体即顶面和地面先行施工，隔断等则用可移动材料装配在顶面和地面之间，然后再把将来可能需要变动的地方和地面、顶面组合固定。这样的综合内装体系具有布局灵活、施工建造相对简单方便、工业化程度大大提高等特性。这种内装六面体综合体系也为日后住宅设备及部品构件的维护更新在技术方面提供了一定程度的灵活性并相对方便可行。

同时，万科集团在推进工业化住宅建造技术和装配技术方面，特别是在VSI体系的分离建造技术、建筑部品构件的标准化设计及产业化建造、部品及构件的适应性设计、部品装配技术等方面对我国工业化住宅建设发展也都具有

① 乔为国. 新兴产业启动条件与政策设计初探：基于工业化住宅产业的研究[J]. 科学学与科学技术管理, 2012 (5):90–95

**图4-17　“明日之家二号”样板间搭建**

图片来源：http://news.fang.com

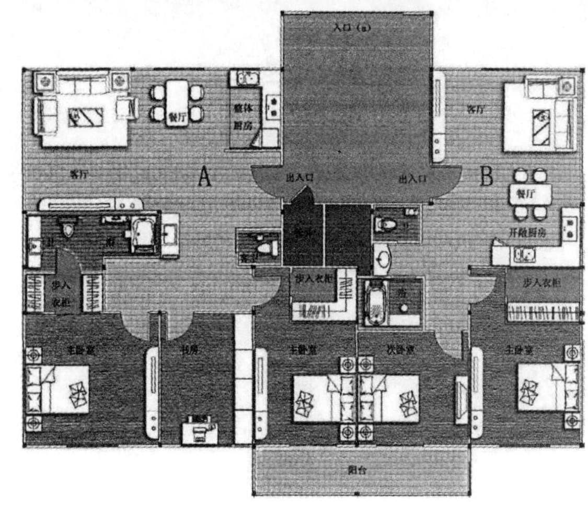


**图4-18　“明日之家二号”平面图**

图片来源：赵倩.CSI住宅建筑体系设计初探[D]. 济南：山东建筑大学，2011

较大的贡献。

万科集团是我国房地产业的龙头企业之一，也是我国住宅产业化的先行者，其独创的 VSI 体系为我国工业化住宅产品的可维护更新提供了很好的技术基础。

#### 4.3.2.2　济南“明日之家二号”样板房

“明日之家二号”代表我国 CSI 住宅的开端（图 4-17），是 2010 年由住房和城乡建设部组织相关专家精心设计，采用国内外 20 余家著名建筑部品生产企业提供的符合低碳经济的部品构件，由济南市住宅产业化发展中心负责具体施工制作，被称为我国 CSI 住宅的第一个样板间[①]。

CSI 住宅部品构件按照所处空间和权属的不同划分为共用部品和住户专用部品两个部分[②]。“明日之家二号”重点展示了其中的一部分部品系统，包括共用部品中的结构体和户外综合管线系统，住户专用部品中的户内分隔墙、整体卫生间、整体厨房和户内综合管线系统。

“明日之家二号”是一梯两户形式的样板间（图 4-18），有 A、B 两个户

① 赵倩. CSI住宅建筑体系设计初探[D]. 济南：山东建筑大学，2011

② 江海涛，吕俊杰，赵倩. CSI住宅部品体系的设计与施工[J]. 山东建筑大学学报，2011（3）：117-120，125.

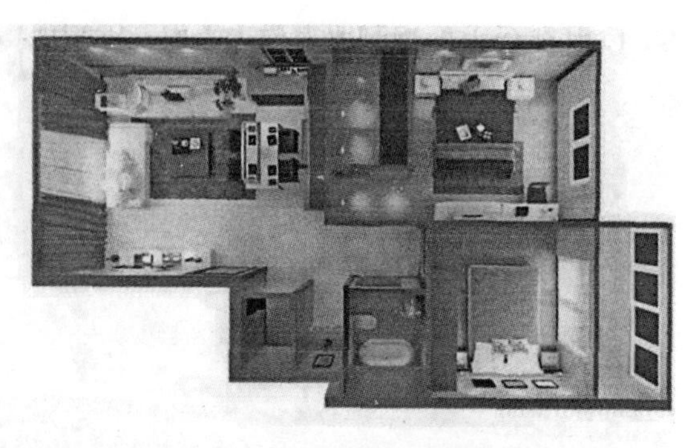

**图4–19 “明日之家二号”户型俯视图**

图片来源：济南市住宅产业化发展中心资料

**图4–20 “明日之家二号”钢结构连接**

图片来源：赵倩.CSI住宅建筑体系设计初探[D]. 济南：山东建筑大学，2011

型，分别为我们展示了不同的住宅部品。其中A户型面积较大，为110平方米，是三室两厅两卫的格局；B户型较小，为75平方米，是两室两厅一卫的格局（图4–19）。下面我们分别从结构、管线、墙体、卫浴等方面详细分析样板房在这方面的处理情况，以期深入了解CSI住宅整体及重要部品的主要特点。

1）支撑体

（1）结构与连接

“明日之家二号”住宅完全体现了CSI住宅的工业化特性，采用钢结构作为住宅的支撑体，并运用完全装配式的施工方式。首先在工厂进行工业化钢柱的建造，然后对钢柱及其连接件进行编号，再运往现场进行搭建装配，完全采用干式连接——螺栓连接（图4–20）。样板房在保持自身稳定性与承载力的同时，也可提供空间布局变化和功能变化的可能性。

（2）管线及其布置

支撑体与填充体采用完全分离设计、建造，这是CSI住宅建造的基本原则。公共管线系统有给水、排水、消防、中水、强电、弱电等，若将不同使用年限的管线、门窗、分接器等部品和主体结构埋设在一起，必然在装修和改造时要开墙凿洞，损伤主体结构，不仅影响使用寿命，也给日后使用过程中的维护更新带来诸多不便。因此，实现支撑体与填充体的分离设计建造是非常重要的。

“明日之家二号”的公共管道采用梯间管束的方式设置，公共管线系统位于楼梯间的端头管井位置。管井为给水、排水、采暖、燃气、电气、通风、排烟

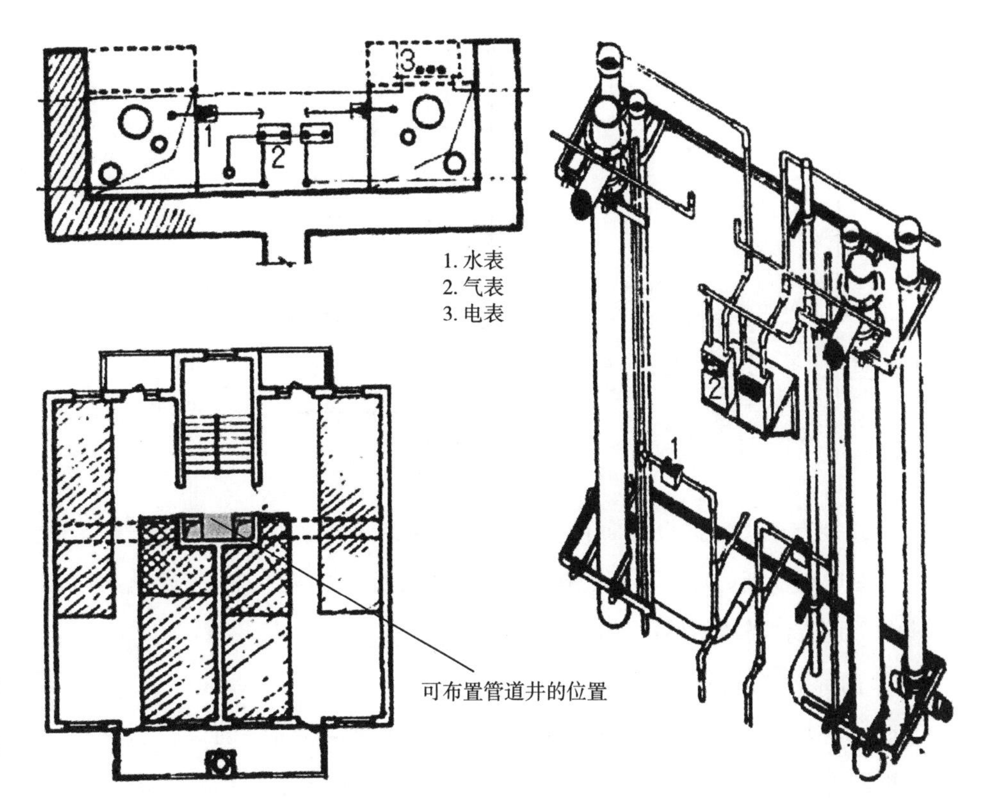


**图4-21 "明日之家二号"的公共管道设置**
图片来源：赵倩.CSI住宅建筑体系设计初探[D]. 济南：山东建筑大学，2011

等管道提供了足够的空间，并在此处进行分户，各种管线通过管道井上下两端的管线孔洞连接到楼梯间管井中（图 4–21）。管道井平面形状、空间尺寸满足管道维护、更换的要求。

2）填充体

CSI 住宅的内部填充体部品构件按照耐久年限划分为不同的部品群，这样就可以根据部品不同的使用年限进行维修和更换。内部填充体主要包括户内分隔墙、整体厨房、整体卫浴、活动架空地板和户内管线系统。

（1）墙体及施工

CSI 住宅的户内分隔墙采用干式工法制作，不起承重作用，具有一定隔声、保温、防火功能，并确保各功能分隔空间尺寸精确。内部隔墙可随意移动是 CSI 住宅具有可变性的直接体现，所以内部隔墙的设计和施工是 CSI 住宅内部填充体部品设计研究的重点。

① 墙板类型及构造

"明日之家二号"的户内分隔墙墙板采用木质墙板拼接的方式，分为两种类型，一种是普通墙板，高 2770 毫米，用于卧室、起居室的隔墙（图 4–22）；一种是挂板，高 2600 毫米，用于卫生间和厨房间的隔墙（图 4–23）。这两种墙板在墙板构造和施工方式上略有不同：普通墙板正反面相同，采取了墙壁优先施工的方法，先安装墙板，再安装地板；挂板正面及构造与普通墙板相同，

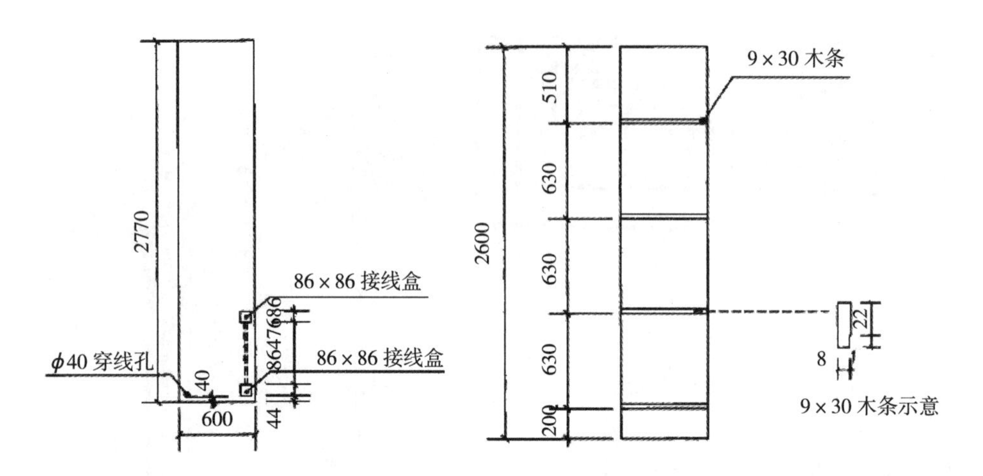


**图4-22　普通墙板做法（左）**
图片来源：赵倩.CSI住宅建筑体系设计初探[D]. 济南：山东建筑大学，2011

**图4-23　挂板做法（右）**
图片来源：赵倩.CSI住宅建筑体系设计初探[D]. 济南：山东建筑大学，2011

只是在连接方式上，挂板背面有连接用的方木条，并采取了地板优先施工的方法，在地板安装完成后再安装挂板①。这样的施工方法目的是使隔墙可以自由移动，也方便各类管线的检修和更换。

② 内部隔墙的设计及施工

内部隔墙采用了具有良好环保、轻质、保温及隔音特性的空心刨花板材料，拆卸方便，易于日后的维护更新。在建筑设计阶段，就已经考虑了内部隔墙的排列及装修方式。墙板按照100毫米的模数，分成宽600毫米、300毫米、100毫米三个基本的模数板块，并对这三种墙板进行编号，不同宽度墙板的排列组合拼接成不同长度的墙体立面（图4-24）。

两面内部隔墙墙板之间由插条连接（图4-25），墙板顶端留有与钢架相连接的调节装置预留槽（图4-26），与钢架之间由螺栓连接。墙体的组合，应尽量从中间位置优先选用600毫米墙板向两边依次进行排列，当墙体长度不能被600整除时，在墙体的两边安插300毫米、100毫米或其他宽度的墙板进行补充，这样不仅具有更好的统一性和规律性，也适应住宅部品的工业化建造，便于维护更新。

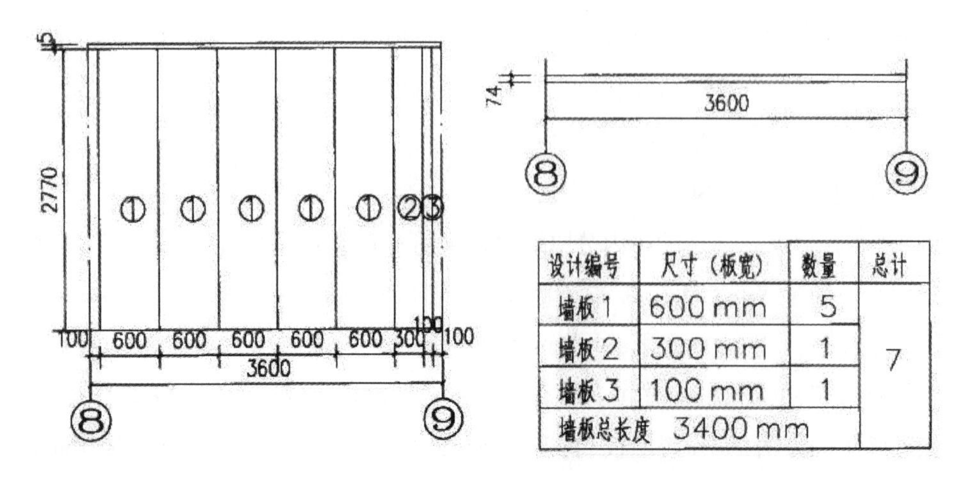


| 设计编号 | 尺寸（板宽） | 数量 | 总计 |
|---|---|---|---|
| 墙板1 | 600 mm | 5 | 7 |
| 墙板2 | 300 mm | 1 | |
| 墙板3 | 100 mm | 1 | |
| 墙板总长度 | 3400 mm | | |

**图4-24　“明日之家二号”的墙板布置及编号统计**
图片来源：赵倩.CSI住宅建筑体系设计初探[D]. 济南：山东建筑大学，2011

① 赵倩. CSI住宅建筑体系设计初探[D]. 济南：山东建筑大学，2011

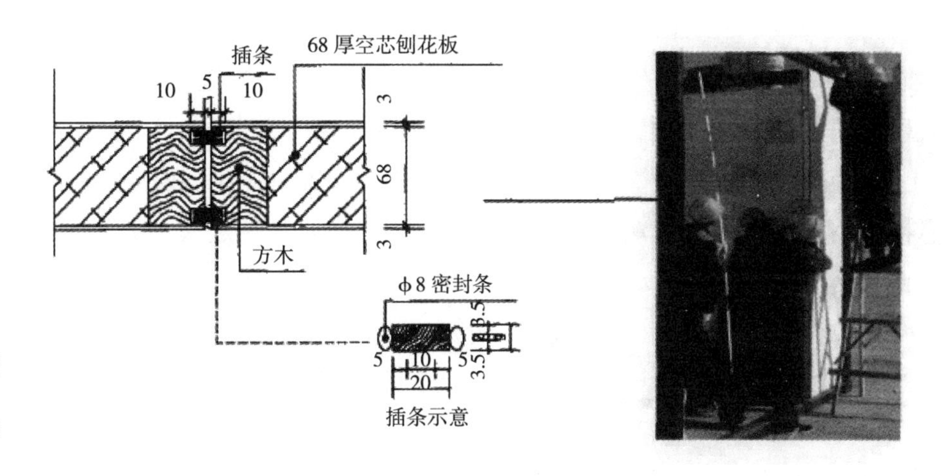


**图4-25 “明日之家二号”的墙板连接**

图片来源：赵倩.CSI住宅建筑体系设计初探[D]. 济南：山东建筑大学，2011

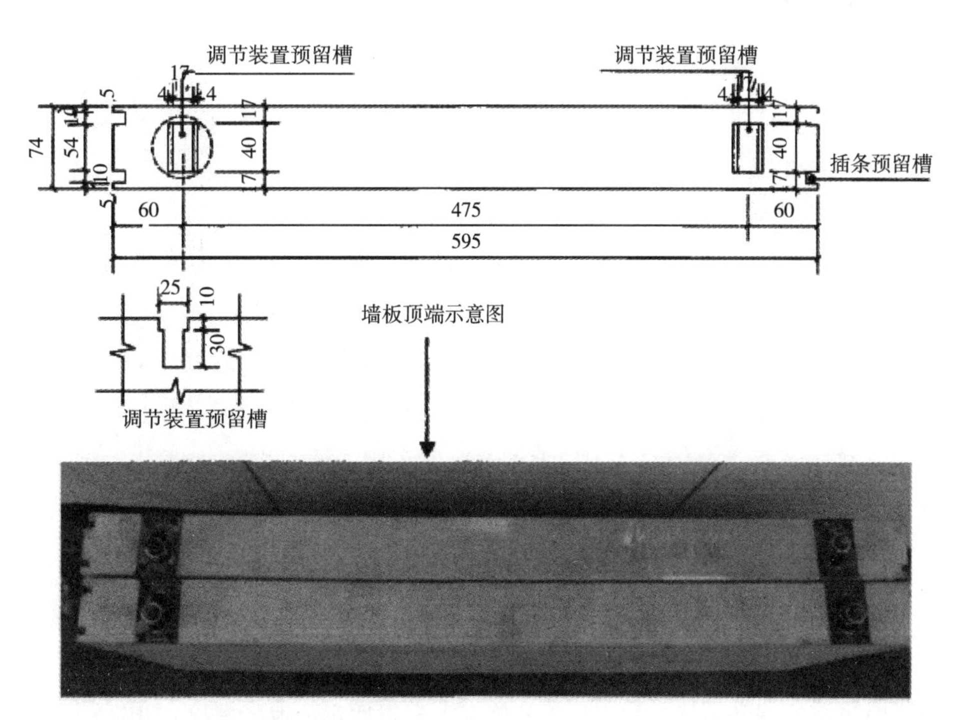


**图4-26 “明日之家二号”的墙板顶端**

图片来源：赵倩.CSI住宅建筑体系设计初探[D]. 济南：山东建筑大学，2011

③ 墙板建造的特性和优势

a. 内隔墙墙板具有广泛适应性；

b. 内墙板搭建速度快，施工效率高；

c. 墙板二次利用率极高；

d. 墙板的模数化设计建造可满足用户个性化需求。

（2）整体卫浴

“明日之家二号”采用整体卫浴，部品工厂化建造。卫生间主要采用新型热固化材料——SMC（Sheet Molding Compound，一种模压成型的玻璃钢材料），这种材料非常轻便，属于高保温材料，并具有在高温下不变形的优点。在建造和安装方面，按工业化设计标准，作为工业化住宅的部品化构件，整体卫浴的功能要求为：在有限空间内实现洗漱、沐浴、梳妆、如厕等具有多种功能的独立卫生单元。整体卫生间内部配置有换气扇、照明灯、插座、毛巾架、卷筒纸架、防湿镜等设施。由于所有管线在防水盘的底部、壁板的内部以及顶板的上部布置，所以在顶部壁板上设检修口及换气扇。整体卫生间的浴缸可使用符合尺寸要求的各种陶瓷类产品，但应与底盘一次性压制成型。模数化壁板有 400 毫米 × 2000 毫米、600 毫米 × 2000 毫米等多种规格，其长度净尺寸为 2000 毫米，再加上 150～200 毫米的安装尺寸，总长度约为 2200 毫米，加上 200 毫米的墙体厚度，与内部隔墙 600 毫米的规格化模数基本相符。拼缝用螺栓固定，必要处加强固件，缝间用干性密封胶条填充密实。

① 给排水

该样板房中采用同层排水方式，利用横排地漏，汇集台盆、浴缸和淋浴的排水，然后在防水盘底部与坐便器的排水对接后再与主管连接。整个给水、排水系统连接方便、易于检测维修。

② 卫浴特点

整体卫浴采用一体成型防水底盘，无渗漏隐患；与建筑的构架分开独立，实现良好的负重支撑；SMC 与石材、瓷砖的表面都具有很高的表面强度，耐腐蚀、无冰冷不适感，且保温隔热性能好；本身具有流水坡度，实际安装只需调整水平，不需要做防水；作为整体结构，安装只需将底盘直接放在基层上固定；施工不受季节影响，工期大大缩短；采用一体式排水地漏，只需连接排水管即可。

（3）活动架空地板

活动架空地板是指为敷设管道和管线在混凝土楼板上架设的高 200～300 毫米的架空地板层，有隔音、保暖等功效。架空层的设置便于对其中的管道系统随时进行检修和更换。架空地板的施工内容包括安装地脚螺栓、铺设基层板和地板等。CSI 住宅采用的活动架空地板具有以下特性：

① 活动架空地板中不管是基层板还是地暖和地板，都采用模块化的工业化部品进行拼装组合，现场湿作业几近为零，低碳节能。

② 每种部品的组装只需各厂家的一至两名工人即可完成，不需要复杂的工艺，省时省力，拆装方便。

③ 架空地板层的设置，使室内给排水等管线均在水平方向自由布置，不用穿凿楼板层，减少了噪声干扰和渗漏困扰，管线维修也变得相对简单。架空地板层是 CSI 住宅实现其室内布局可变性的重要基础。

“明日之家二号”不仅在设计、建造及安装等方面均取得了很大成功，还运用了空心刨花板、SMC 新型热固化材料、梯间管束技术、活动架空地板技术

① 赵倩. CSI住宅建筑体系设计初探[D]. 济南：山东建筑大学，2011

**图4–27　北京雅世合金公寓**
图片来源：作者自摄

等新材料和新技术，在日后的可维护更新方面也做了很多有益的考虑，对工业化建筑可维护更新的设计方法和设计原则的研究起到很多建设性的作用。

#### 4.3.2.3　北京雅世合金公寓

北京雅世合金公寓建于 2010 年，项目位于北京市海淀区西四环外永定路北端，西侧为永定路，北侧是城市干道田村路。项目周边多为城市居住区，西侧有成排行道树。项目总用地面积为 2.2 公顷，总建筑面积为 7.78 万平方米，有 2 栋公建设施和 8 栋 6～9 层的住宅，总户数为 486 户。

该项目是我国长寿化住宅体系的一次建设实践，也是我国首次在中小户型采用 SI 住宅体系的建造实践。项目在实践中应用了具有我国自主研发和集成创新的住宅体系与建造技术，力求将其建成我国工业化普适型住宅与集成技术的示范基地[①]（图 4–27）。

该项目完整实现了住宅支撑体和填充体分离的开放式建筑要求。在项目的实施过程中，将住宅研发设计、部品生产、施工建造和组织管理等各环节连接为一个完整的产业链，构建并实施了工业化内装部品体系的综合性集成技术。通过设计标准化、部品工厂化和建造施工装配化初步实现了通用的新型住宅工业化建造体系。

该项目从我国当前中小套型住宅建设以及面向 21 世纪普适性住宅建设入手，开创性地制定了百年住居理念的普适性 3U 解决方案，即全寿命（Universal Lifecycle）、全功能（Universal Function）和全设施（Universal Equipment）三大标准体系。普适性 3U 住宅解决方案，立足于提升住宅的耐久性，满足居住家庭全寿命周期内的空间环境适应性，实现了用户的长期性居住需求，同时

① 柴成荣，吕爱民. SI住宅体系下的建筑设计[J]. 住宅科技，2011(1):39–42

**图4-28　上海崴廉公馆11号楼**
图片来源：作者自摄

降低了资源消耗，实现了住宅的绿色可持续发展。

项目通过采用住宅工业化的方式将产品与技术整合，在工业化建造关键的集成技术方面，研发出普适性中小套型住宅设计方案及集成技术、支撑体集成安装技术、SI 住宅内装分离技术与管线集成技术、隔墙体系集成技术、围护结构内保温与节能集成技术、整体厨卫等十多项核心技术[①]。

雅世合金公寓项目在集成技术方面的研究与成果，对工业化住宅的可维护更新也有所裨益。如支撑体集成安装技术可使得住宅结构的耐久性得以提升，SI 住宅内装分离技术与管线集成技术充分实现了 SI 住宅支撑体与填充体的分离，以及隔墙体系集成技术、整体卫浴集成技术等，这些技术大大提升了建筑的整体装配水平，特别是支撑体与填充体的分离技术，是日后我们发展出构件独立设计与生产技术的基础，也为日后工业化住宅的可维护更新奠定了发展条件。

#### 4.3.2.4　上海崴廉公馆 11 号楼

该项目建于 2015 年，作为“中国百年住宅”示范工程之一，上海崴廉公馆 11 号楼项目的基本目标是通过实施这一示范工程来研发、攻关长寿化住宅的相关技术，真正实现新型可持续性工业化住宅的建设目标[②]（图 4–28）。

① 刘东卫，等. SI住宅与住房建设模式：理论·方法·案例[M]. 北京：中国建筑工业出版社, 2016
② 王笑梦，马涛. SI住宅设计：打造百年住宅[M]. 北京：中国建筑工业出版社, 2016

该项目设计从社会资源和环境的可持续发展出发，既要考虑降低环境负荷和资源消耗，也要满足不同居住者的居住需求和生活方式。项目采用支撑体和填充体分离技术建造，具有高耐久性、灵活性与适应性，提高了住宅的居住性能和产品质量。

在主体设计方面，该项目采用了标准化方式，包括以下几点：

（1）严格采用模数体系，从支撑体结构到填充体内装构件，均采用标准化设计及部品化生产。

（2）支撑体大空间化：提供大空间结构体系，尽可能取消内部承重墙体，为套型多样性创造条件。

（3）套型系列化与多样化：住宅按使用面积分为大、中、小三个类型的系列套型，并在同一套型内可实现多种空间变换。套内空间设计充分考虑人体活动空间，在满足安全性和基本使用需求的同时，提高套内空间的舒适度与宜居性。

（4）住宅形体规整化：合理控制住宅体形系数，减少墙体凹凸，满足住宅对于节能、节水、节材、节地的要求。

（5）住宅构成集约化：居住模块与公共交通核心模块组合成单元，结构布局清晰，套型系列还可组合成不同住栋，适应不同用户需求。住宅的公共空间布置有集中管井管线等设施，易于日后的维护和维修。

（6）空间可变性与灵活性：套型设计从住宅建筑长寿化设计的角度出发，套内空间采用可灵活分隔的隔墙体系，提高内部空间的灵活性与可变性，满足不同用户对于空间的多样化需求。

该项目为住宅产业化积累了大批技术成果：①形成了设计标准化、部品工厂化、建造装配化；②创建了我国新型住宅工业化的内装部品架构；③系统整合了设计、生产、施工和维护等产业链的各个环节；④研发了具有建筑长寿化、品质优良化、绿色低碳化性质的部品设计，以及应用了相关工业化生产的集成技术①。

该项目实现了以标准化为基础的大规模部品的工厂化生产与供应，采用了大量干式工法等创新应用技术，形成了新型内装工业化通用体系。该项目的填充体内装采用了模块化部品设计，包括模块化的整体厨房、模块化的整体卫浴以及整体收纳等，这些对构成我国新型装配式内装填充体部品体系具有重要意义。填充体实现了部品化、模块化，使得日后工业化住宅产品的维护更新也更为方便可行。

通过对以上案例的研究我们认为，我国工业化住宅建设在吸收国外先进技术基础上，发展出具有中国特色的 CSI 住宅体系。该体系的最大特色就是

① 刘东卫，等. SI住宅与住房建设模式：理论·方法·案例[M]. 北京：中国建筑工业出版社，2016

对支撑体 S 和填充体 I 均提出了标准化要求,形成了支撑体结构的规格化设计,填充体建筑构件的标准化设计与部品化建造，以及综合性模块化集成技术等，这些不仅大大提高了我国工业化住宅建设的技术内涵，还为日后工业化住宅产品的可维护更新奠定了雄厚的技术基础。在 CSI 技术的基础上，东南大学建筑学院“正”工作室研发和运用协同合作的新型建造模式，进一步推进、充实了我国工业化住宅建造技术，并在工业化住宅产品可维护更新方面开辟了新的技术领域。在下一章中，我们将根据一些 SI 住宅的优秀案例，对其可维护更新的技术与设计方法进行深入研究，并结合东南大学建筑学院“正”工作室的一系列建造实例，建立关于构件维护更新可行性与便利性方面的相关技术应用系统。

## 本章小结

本章首先通过两个案例对荷兰的工业化住宅进行详细研究，认为荷兰对工业化住宅体系的贡献主要有两点：提出并发展 SAR 支撑体理论和 OB 开放建筑理论，SAR 支撑体理论将住宅的设计与建造系统分为支撑体和可分单元两个部分，可分别进行建造，并在现场进行装配；OB 开放建筑理论提倡以工业化的建造方式解决用户多样化的居住需求，提倡用户参与设计，采用开放式建造住宅。这两个理论开创了当代 SI 住宅的建设理念，也为工业化住宅产品的可维护更新理念开阔了视野。

其次对日本不同时期的工业化住宅进行了详细分析。随着日本百年住宅建设体系 CHS 计划的推动，具有日本特色的 KSI 住宅体系建立。日本 KSI 对工业化住宅发展方面的主要贡献是突出支撑体的耐久性设计对于保证质量要求的重要性；另一方面通过对设备管线的处理，将其与主体结构分离，以提高填充体的适应性和可变性，为日后工业化住宅产品的维护更新提供方便。

通过对我国几个产业化住宅实际案例的深入研究，对所述具有中国特色的 CSI 建造技术及其发展优势进行了详细介绍，阐述了我国 CSI 住宅体系的主要特色，即首次提出并运用了支撑体 S 与填充体 I 的标准化设计建造概念，特别是综合性模块化集成技术的运用，最终才得以发展形成具有中国特色的 CSI 建造技术。这种标准化的设计建造技术和模块化集成技术的运用对日后工业化住宅产品的可维护更新意义重大，对我们进一步研究 SI 住宅可维护更新的设计方法及其可行性与便利性也有重要的启示作用。

# 第 5 章　SI 住宅可维护更新的技术设计

SI 住宅体系的可维护更新研究，目前在文献检索中还没有查到相关资料，对这一创新性研究，我们将通过一系列案例，采用分析归纳法进行研究。上一章介绍了各国一些优秀 SI 住宅案例，特别是对其建造特色和技术优势进行了深入研究，重点分析阐述其具有的一些可维护更新性质。这些案例各具特色和优势，给人以深刻印象。本章我们将立足这些案例的建造技术和设计层面，从可维护更新的角度，采用分析归纳方法来具体研究其建造技术及设计特点，进而提出工业化住宅可维护更新的设计研究方法，即以支撑体 S 的耐久性为目标研究其维护，以填充体 I 的功能性及用户需求为目标研究其更新。在此基础上，本章还结合笔者所在工作室的具体案例进一步研究，分别论述其各自具有的可维护更新建造技术与设计特点，最终建立了可实现产业化运作的构件组关联技术和可逆的构件连接构造技术应用系统，实现了针对既有建筑构件易维护更新的关键技术。最后，提出了 SI 住宅的日常维护策略及其可维护更新的政策性建议。

## 5.1　SI 住宅体系的分类

SI 住宅的核心概念就是支撑体 S（Skeleton）与填充体 I（Infill）的分离设计与建造。研究 SI 住宅体系的可维护更新，就要弄清楚支撑体和填充体两大部分中，哪些部分可以更新更换，哪些部分只能维护维修而不可更新，这是我们需要重视的问题。

对于 SI 住宅的支撑体 S 和填充体 I，若按照可维护更新的范围类型来分，可分为四大部分，具体如下（图 5–1）：

第一，支撑体 S 中结构体部分，这部分承担着建筑长期荷载的任务，一般来说，只能维护维修，无法更新更换。

第二，支撑体 S 中公共管道设备部分，这部分既可维护维修，又可更新更换。

第三，填充体 I 中可扩建改建部分，这部分属于业主个人，但涉及结构整体以及产权等，虽不可随意变更，但仍属于可维护更新部分。

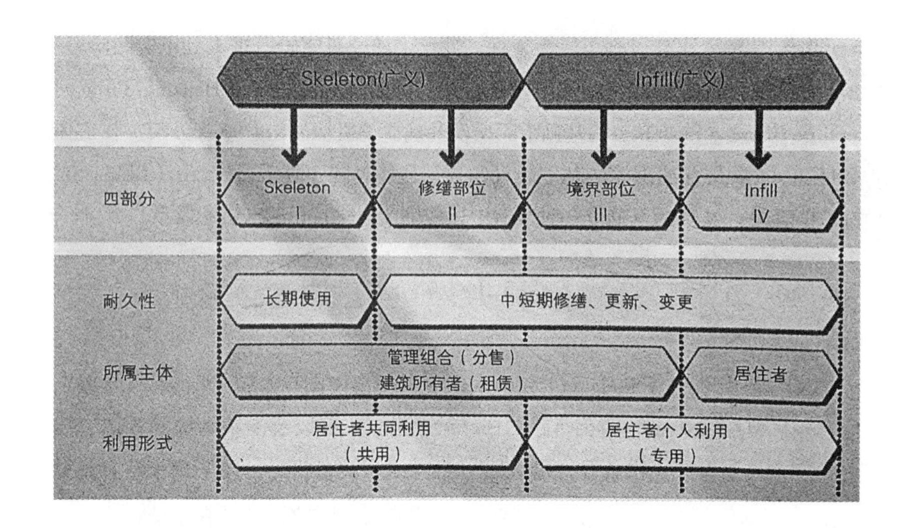


**图5-1 SI住宅分类**
图片来源：王笑梦，马涛.SI住宅设计：打造百年住宅[M].北京：中国建筑工业出版社，2016

第四，填充体 I 中其余部分，属于居住者个人使用区域，可由居住者自由变更，属于可维护更新部分。

支撑体 S 中的结构体部分应具有长期耐久性，由于其在住宅中的承载作用等原因不可更新和更换，只能进行日常维护和维修，这也是我国“百年住宅计划”的要求，如上一章中所介绍的 CSI 住宅，就很好地进行了这方面的考虑。支撑体 S 中的公共设备管线部分则是可维护维修和更新更换的部分，我们在支撑体 S 的设计、建造和装配方面应予以考虑。填充体 I 中的两部分都是可维护维修和更新更换的，在设计时可以共同考虑。因此，在项目前期设计阶段，我们认为应加入可维护更新方面的专门设计研究，将支撑体 S 中的结构体部分单独设计，而将其他可维护更新部分共同设计，这与传统住宅设计不同，值得我们注意。

## 5.2 SI 住宅支撑体的可维护更新设计研究

关于 SI 住宅的结构设计，具体还应按照我国目前的设计规范执行。本书主要针对这类结构的可维护更新要求进行设计研究，至于详细的结构设计过程，本书就不做具体介绍了。

### 5.2.1 结构选型

#### 5.2.1.1 结构的基本形式

目前国际上对 SI 住宅结构普遍按材料类型进行分类，主要有几下几种[①]：钢筋混凝土结构、钢与混凝土组合结构、钢结构、木结构等，其中以钢筋混凝土结构最为常用。若按照结构平面布置进行分类，则主要有框架结构、剪力墙结构、框架 - 剪力墙结构、板柱结构以及混合结构等。

① 欧阳建涛，任宏. 城市住宅使用寿命研究[J]. 科技进步与对策，2008(10):32-35

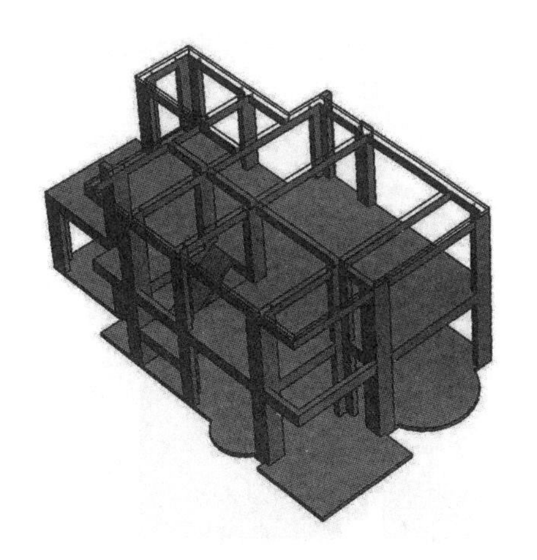

图5-2　框架结构
图片来源：http://blog.sina.com.cn

（1）框架结构

一般由梁柱以刚接的方式连接而成，梁柱组成的框架共同抵抗竖向荷载和水平荷载，构成抗侧力承重体系，框架中墙体一般不承重，仅仅起到围护和分割空间的作用。框架结构一般适用于多层、小高层及部分高层住宅（图 5-2）。

（2）剪力墙结构

主体结构采用剪力墙（结构墙、抗震墙），利用钢筋混凝土墙体承受竖向荷载和水平力，当墙体处于建筑物中合适的位置时，既能形成有效抵抗水平作用的承重结构体系，同时又能起到对空间的分隔作用。剪力墙结构一般适用于高层及超高层住宅（图 5-3）。

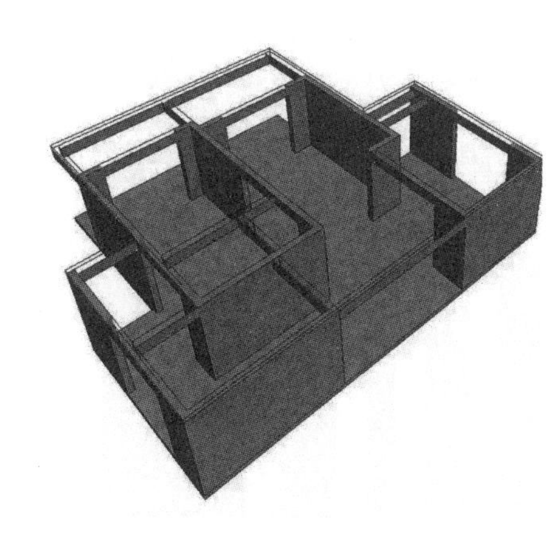

图5-3　剪力墙结构
图片来源：http://blog.sina.com.cn

（3）框架 - 剪力墙结构

框架 - 剪力墙结构也称框剪结构，是指将框架和剪力墙结构共同组合在一起形成的结构体系。房屋的竖向荷载主要由框架承担，而水平作用主要由抗侧向刚度较大的剪力墙承担。这种结构体系兼具框架结构布置灵活、使用方便和剪力墙结构具有较强的抗震能力特点，因而广泛应用于横向体量较大的高层办公建筑和旅馆建筑（图 5-4）。

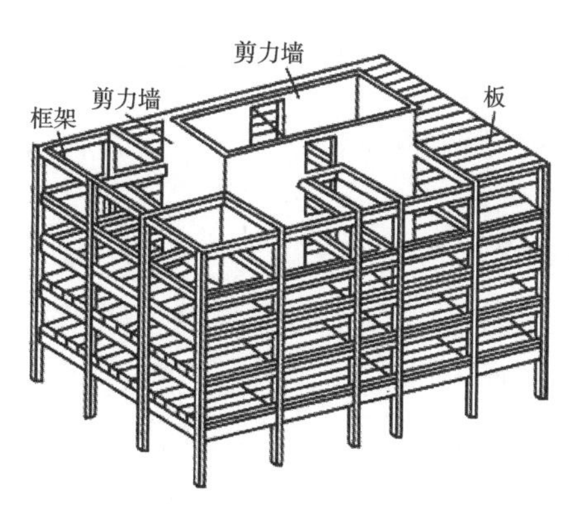


图5-4　框架-剪力墙结构
图片来源：http://www.ehsy.com

（4）板柱结构

由楼板、柱共同组成承重体系，其特点是室内楼板下没有梁，空间通畅简洁，平面布置灵活，能降低建筑物层高。可采用双向密肋板或双向暗密肋内填轻质材料的夹芯板或预应力空心板等，以减少楼板自重。在楼板与柱的连接处，可将柱顶部扩大成柱帽，以增强楼板在支座处的强度并减少楼板的跨度。板柱结构一般适用于层数较低的住宅（图 5-5）。

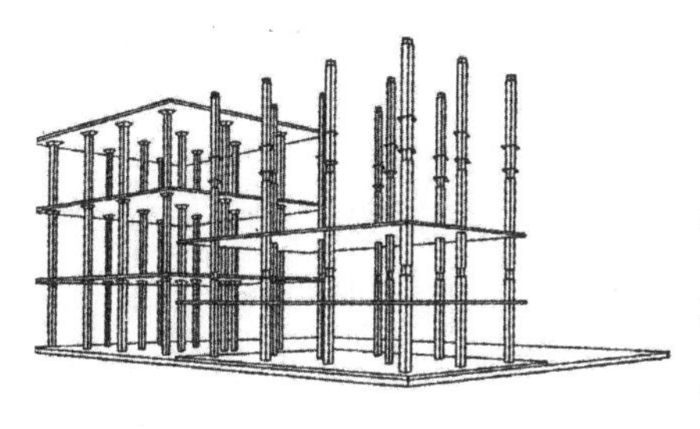

图5-5　板柱结构
图片来源：http://www.ehsy.com

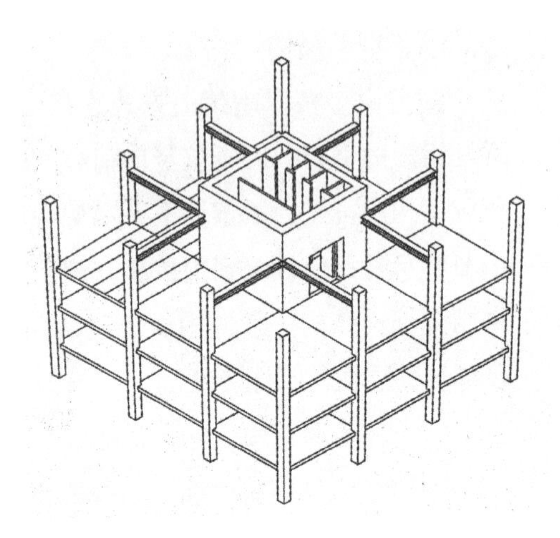

**图5–6　混合结构（左）**
图片来源：http://www.ehsy.com

**图5–7　装配整体式工厂预制生产（右）**
图片来源：作者自摄

（5）混合结构

由混凝土框架－核心筒剪力墙以及空心厚楼板所构成。这样的混合结构能保持室内空间较大程度的灵活性，同时又能增加抗侧向刚度和抗震性能（图5–6）。

在我国的SI住宅体系中，框架、剪力墙、框架－剪力墙、板柱等多种结构形式都曾得到运用，一般都是因地制宜，各有千秋，未能形成趋同性较强的结构体系[①]。

5.2.1.2　**结构施工方式**

SI住宅体系的建造方式有别于住宅的传统建造方式，SI住宅采用现代生产管理模式及设计标准化、部品构件工厂化、现场装配化的生产方式。针对混凝土结构的预制装配式住宅，目前的施工方式一般可归纳为全装配式和装配整体式两种[②]。

（1）全装配式

全装配式又称预制装配式，支撑体S的全部构配件在工厂或现场预制，通过可靠的连接方式进行装配。其优点是效率高、质量好，不受季节影响，施工速度快，但缺点是需要具备各种材料、构件的生产基地，一次性投入较大，构件、部品定型后灵活性较小，且结构的整体稳定性尚有欠缺。日本的装配式建筑预制率高，一般采用这种模式[③]。一般来说，六层或六层以下低层SI住宅的支撑体部分宜采用全装配式。如图5–7，笔者参与设计建造的一栋低层SI住宅就采用了全装配式，全部构件均在工厂预制生产。

（2）装配整体式

支撑体S的全部或部分构件在工厂或现场预制，现场装配，由后浇混凝土、水泥基灌浆料等连接形成整体，因此也称为半装配式。具体即为框架梁柱、楼板、剪力墙等主体结构采用现浇方式，楼梯及外墙、门窗、阳台等围护结构

① 李维红. 浅析21世纪建筑材料的再生循环与利用和可持续发展[J]. 大连大学学报, 2000 (4):56-60
② 颜歆. 推进我国住宅产业化发展的策略研究[D]. 重庆：重庆大学, 2010
③ 王笑梦，马涛. SI住宅设计:打造百年住宅[M]. 北京：中国建筑工业出版社, 2016

**图5-8 装配整体式施工现场（左）**
图片来源：作者自摄

**图5-9 合肥滨河安置房小区（右）**
图片来源：作者自摄

采用预制装配方式，结构节点一般是通过后浇混凝土及水泥基灌浆等方式进行连接（图 5-8）。其优点是具有较强的结构整体稳定性和适应性，并具有现场湿作业少的特征，但缺点是所用模板较多，施工易受季节影响等。我国香港地区的装配式建筑多采用此种模式。一般来说，多高层宜采用装配整体式，如上一章中介绍的上海万科金色里程，近年来一些高层 SI 住宅也普遍采用这种形式，如合肥市滨河安置房工程项目等（图 5-9）。

鉴于目前我国新建装配式建筑的预制率不高，仅为 50%～60%，故装配整体式建筑仍将是今后一段时期内我国住宅产业化的发展方向。

我国工业化住宅产品的结构形式主要由上述五类结构组成。近年来，国家相继出台多部有关工业化住宅建筑结构设计的技术规范和标准，如：《整体预应力装配式板柱结构技术规程》（CECS 52：2010）[①]、《CSI 住宅建设技术导则（试行）》[②]、《装配式混凝土结构技术规程》（JGJ 1—2014）[③]、《工业化建筑评价标准》（GB/T 51129—2017）[④]等。虽然当前我国建筑工业化的整体水平还有待提升，但正在国家政策扶持及地方政府大力支持下快速发展。

### 5.2.2 SI 住宅可维护更新的结构设计研究

一般来说，支撑体 S 在选型后，应根据相应的规范条例来进行结构设计，除上述有关装配式结构的设计规范外，还有先前颁发的相关专门规范如《住宅设计规范》以及钢筋混凝土、抗震、地基与基础等相关规范条例。根据上一章研究可知，支撑体 S 与填充体 I 应进行分离设计且构件的独立设计与生产是工业化住宅可维护更新的基础性条件。为便于组装，填充体 I 的室内单元应无柱和次梁，故支撑体 S 的主梁应采用大跨度空间形式，如上一章中图 4-10 日本 KSI 实验展示栋案例对此就进行了详细的说明。

SI 住宅体系的可维护更新研究，目前仍属于初创阶段，研究思路无章可

① 中国工程建设标准化协会. 整体预应力装配式板柱结构技术规程：CECS 52：2010[S]. 北京：中国计划出版社，2011
② 住房和城乡建设部住宅产业促进中心. CSI住宅建设技术导则（试行）[S]. 北京：中国建筑工业出版社，2010
③ 住房和城乡建设部. 装配式混凝土结构技术规程：JGJ 1—2014[S]. 北京：中国建筑工业出版社，2014
④ 住房和城乡建设部. 工业化建筑评价标准：GB/T 51129—2017[S]. 北京：中国建筑工业出版社，2018

循。上一章介绍了各国一些优秀SI住宅案例，我们将以此为基础，采用分析归纳方法对其建造特色特别是其所具有的一些可维护更新性质进行深入研究，再对这些各别性质及其技术设计方法进行综合。由于SI住宅的结构部分属于不可更新部分，故应以支撑体S的耐久性为目标研究其维护技术。文中根据案例归纳，提出支撑体S的耐久性设计方法，再从主体结构的分项设计及结构连接等方面来阐述连接及其连接设计方法，进而研究支撑体的维护及其质量保证等相关问题。

#### 5.2.2.1 SI住宅支撑体的可维护设计方法

SI住宅体系的支撑体S是建筑的主体部位，我们可以通俗地理解为承重结构。支撑体S部分的可维护设计主要体现在结构体的耐久性设计方面，支撑体S的耐久性设计应成为我国SI住宅可维护更新的设计基础。

支撑体S的耐久性设计首先应满足耐久性设计年限100年的要求，并具体强化落实国家相关标准的规定以及住建部有关工业化建筑百年住宅的强制性要求，如《百年住宅建筑设计与评价标准》(2018年8月1日起正式施行)①、《混凝土结构设计规范》(GB 50010—2010)②以及其他相关标准和规程，这对于支撑体的耐久性设计至关重要。

其次，通过前述一些优秀SI住宅案例的研究启示，我们认为，支撑体S的耐久性设计应通过严格各类建筑设计规范要求和加强构造措施等来予以保证和强化。如上一章中济南“明日之家二号”样板房，通过加固基础及结构、加大混凝土保护层厚度、定期涂装或装修等措施，以提高主体结构的耐久性能。

最后，支撑体与填充体应充分分离设计。我们针对支撑体S的耐久性研究认为，填充体部分如外饰面、非承重的分户墙、内隔墙、内装、设备、管线等，因为其寿命一般只有10～30年，要远远小于结构体。如图5-10所示，这是使用了30年后换下来的一段排水管，有些地方已经锈穿，如果不及时更新更换，则可能会出现问题和隐患。因此，只有对二者进行分离设计建造，才能保证百年住宅的耐久性。这应作为CSI住宅设计的基本要求。

图5-10　锈蚀的排水管

图片来源：https://house.focus.cn/

#### 5.2.2.2 SI住宅支撑体可维护设计方法的注意事项

（1）保证整体结构的耐久性及安全可靠

结构是建筑物中起骨架作用的空间受力体系，其承载了各种荷载。结构设计首先应保证结构在正常承载状态以及在风、雨、雪、火灾、水灾及地震等恶劣自然条件下，能保持平衡、不倒塌，并在设计年限内一直能够保持这种状态。因此，在SI住宅的结构设计中，我们应从整个结构体系出发，进行力学分析、单体和整体截面设计及性能分析等，以确保整体结构的耐久、稳固、可靠及抗震性等，如图5-11所示的阻尼结构就能起到很好的减震作用。

① 中国建筑标准设计研究院有限公司. 百年住宅建筑设计与评价标准：T/CECS-CREA 513—2018[S]. 北京：中国计划出版社，2018

② 住房和城乡建设部. 混凝土结构设计规范：GB 50010—2010[S]. 北京：中国建筑工业出版社，2011

**图5-11　起减震作用的阻尼结构（左）**
图片来源：作者自摄

**图5-12　楼板与框架的衔接（右）**
图片来源：作者自摄

（2）保证结构构件的良好衔接

应注重结构各构件的模数设计，采用预留洞口＋预埋金属件的连接方式，通过对构件进行独立设计与生产，进而形成完善的连接构造，以确保与主体结构的准确衔接及与其他构件的正确组合，如图 5–12 就展示了住宅楼板与框架之间的良好衔接。

（3）施工应注意结构设计和装配要求的互容性

对于支撑体 S 的设计，要最大限度地减少结构所占空间，使得填充体部分的使用空间得到最大化利用。应充分考虑包括混凝土浇筑在内的现场施工的可行性，使局部结构设计和装配要求具有互容性。还要预留单独的配管配线空间，以方便检查、更换和增加新设备，可参见上一章中图 4–21“明日之家二号”对公共管线设置的处理介绍。

此外，还应具有能够综合应对各种材料、机具等具体工艺要求的施工技术。对于特殊结构部分，则应采取相应措施，如上一章中“明日之家二号”就使用了空心刨花板、SMC 新型热固化材料等新材料，并运用了梯间管束技术、活动架空地板技术等当时最先进的施工技术①。

### 5.2.2.3　结构的分项研究

工业化建筑的可维护更新的耐久性设计也应体现在结构的分项设计中，我们对此一一提出，予以高度重视。

（1）基础

基础是住宅建筑最下部（一般为地下室之下的部分，但有时也包括地下室）的承重构件。基础必须具有足够的强度和稳定性，同时还必须能抵御土层中各种有害因素的影响。基础按构造形式主要分为以下几种：独立基础、条形基础、筏板基础、箱形基础、桩基础及混合型立体基础等等。其中，箱型基础是一种由钢筋混凝土底板、顶板、侧墙及一定数量的内隔墙所构成的箱形立

① 赵倩. CSI住宅建筑体系设计初探[D]. 济南：山东建筑大学，2011

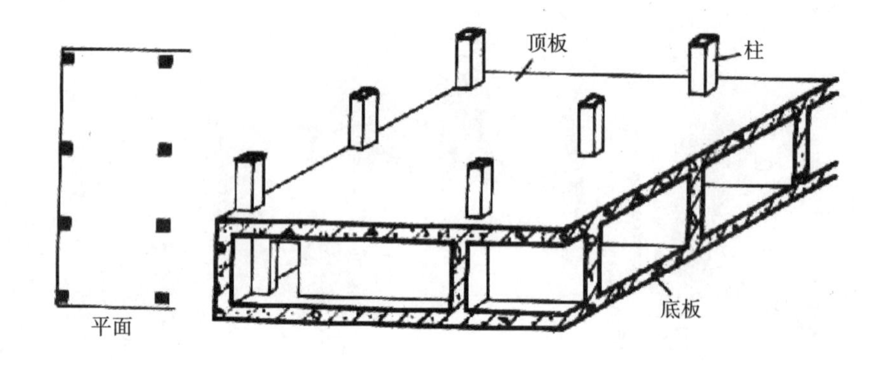


图5-13　箱型基础示意图
图片来源：http://www.jianshe99.com

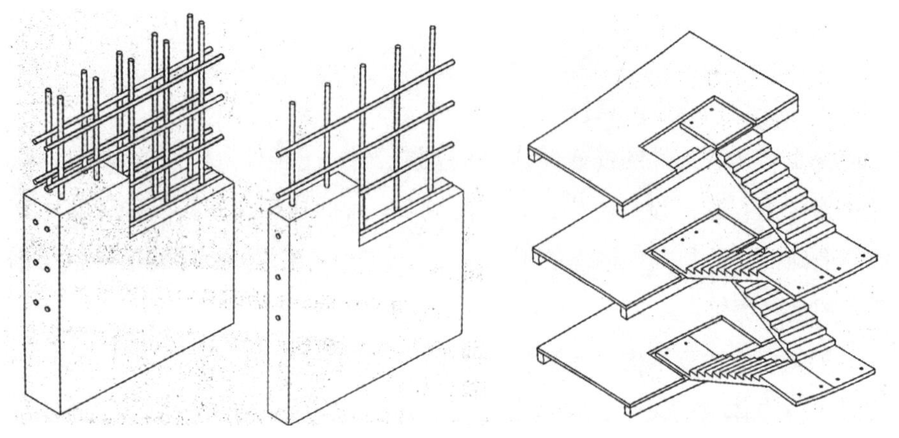

图5-14　双筋墙体和单筋墙体（左）
图片来源：作者自绘

图5-15　SI住宅的楼梯部品（右）
图片来源：作者自绘

体基础（图 5-13）。高层 SI 住宅常采用箱形基础，其刚度和整体性较好，抗震性较强，且基础的中空部分可以作为地下空间而得到有效利用。

（2）墙体

墙体结构是住宅建筑的竖向围护结构，有时也是承重结构，如剪力墙等。墙体需承受屋顶、楼板、楼梯等构件传来的荷载或地震荷载，并将这些荷载最终传给基础。

我们这里针对 SI 住宅所阐述的墙体结构主要是指外墙，其主要起到围护与承载的作用，抵御来自自然界对建筑主体的各种侵袭。在 SI 住宅中，钢筋混凝土外墙也是一种部品，包括单筋墙体和双筋墙体等类型（图 5-14）。从耐久性和抗震性方面来看，双筋墙体都要强于单筋墙体，因而比单筋墙体更适用于 SI 住宅的外墙体系。

（3）楼梯

楼梯是住宅建筑的垂直交通设施，主要起到通行和疏散作用。在设计上，楼梯应保证规范要求的数量，并具有足够的宽度便于通行和疏散。

我国对于预制装配式楼梯的研究和应用已较为成熟，因此 SI 住宅的楼梯均可以作为部品构件，采用预制装配式生产及组装（图 5-15）。在连接方面，可通过预埋金属件和铆接等方式，与主体结构进行连接。

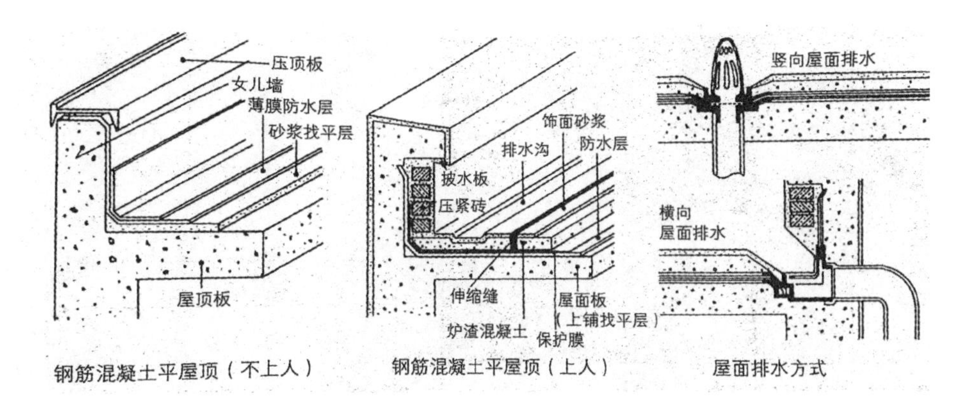


**图5–16　平屋顶的剖断面**
图片来源：王笑梦，马涛.SI住宅设计：打造百年住宅[M].北京：中国建筑工业出版社，2016

（4）屋顶

屋顶是覆盖在住宅建筑顶部的围护构件，也是承重构件，需承受其上的全部荷载。因此，屋顶必须具有一定的结构性能，包括足够的强度、刚度、耐久性及保温、隔热、排水、防火、防水、防潮等等。

SI 住宅多采用平屋顶，主要由钢筋混凝土梁、桁架和搁置在二者之上的钢筋混凝土屋面板构成（图 5–16）。从强度和耐久性角度考虑，屋顶一般采用整体现浇的施工方式。

（5）其他结构构件

①门窗：门窗作为常用的部品构件，经常需要开关，应具有一定的强度及耐久性。

②阳台：按照建筑形式，阳台可分为全凸式、半凸式和全凹式三种，其承重构件可分为楼板外伸式、挑梁外伸式、楼板压重式及压梁式等。

③分户墙基础：是支撑分户墙的受力结构，也是其装配与组合的接口部分（图 5–17），因此从强度和耐久性上考虑，应与基础达到一样的标准和规格。

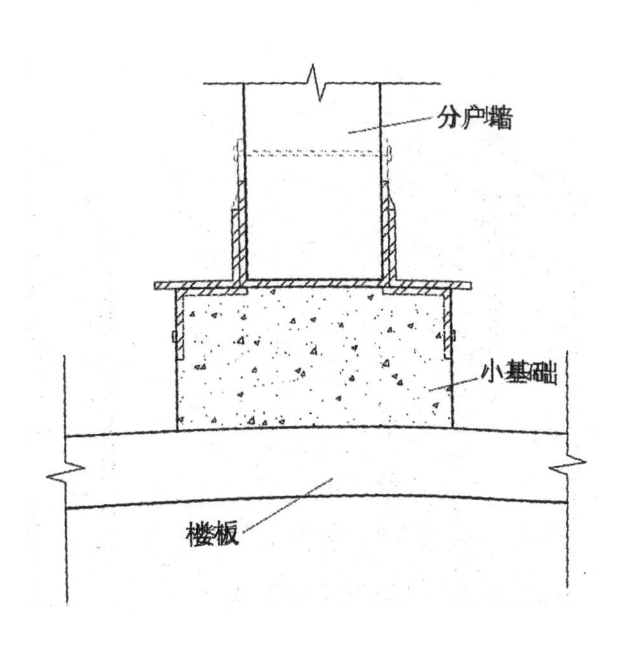


**图5–17　分户墙基础剖面图**
图片来源：王笑梦，马涛. SI住宅设计：打造百年住宅[M].北京：中国建筑工业出版社，2016

图5-18 干式连接方式（上左）
图片来源：作者自摄

图5-19 湿式连接方式（上右）
图片来源：作者自摄

SI 住宅的门窗（包括外窗台）及阳台等，均作为 SI 住宅的支撑体 S 部分进行设计。

### 5.2.3 结构的连接设计研究

工业化住宅部品构件的连接应做到方便拆卸，这是可维护更新很直观的技术要求。因此，构件的可逆式连接应是可维护更新重要的应用研究内容。对此，我们对上一章案例中各类部品构件的连接一一进行研究，以强调其可逆式连接效应。

#### 5.2.3.1 连接的分类

在现浇混凝土主体结构与预制装配式填充体相结合的住宅中，结构构件之间主要采用现浇或等效现浇连接方式，以增强整体结构耐久性和稳定性。主要包括干式连接和湿式连接两种方式。

干式连接指通过预埋金属件或预留洞口，使得构件与主体结构进行螺栓连接、套筒连接和铆接等方式（图 5–18）。

湿式连接指预制构件与现浇结构的连接节点采用现浇混凝土灌注的方式（图 5–19）。

#### 5.2.3.2 连接设计的原则与方法

好的连接，是装配式建筑坚固耐用的必要条件。为保证支撑体 S 的耐久性和可维护性，从上一章案例中的连接可归纳出以下几点：

（1）支撑体 S 的主体结构（主要指基础、梁、柱及楼板）应采用整体现浇方式，形成一体化结构，提高整体稳定性及耐久性。

（2）支撑体 S 的主体结构与构件之间可通过小混凝土工程过渡，并预留洞口和预埋金属件（图 5–20）。

（3）支撑体 S 与内装部品之间可通过预留洞口及预埋件相连接。

（4）装修部品构件之间应全部采用干式工法进行连接，以保证施工简便，方便拆卸（图 5–21）。

**图5-20　结构构件与建筑部品连接的预留洞口(上左)**
图片来源:作者自摄

**图5-21　装修部品间的干式工法连接(上右)**
图片来源:作者自摄

### 5.2.3.3　构件分类与连接技术

(1)构件分类

构件的分类是构件法设计的基础，合理的构件分类方式可以高效地组织设计、生产、运输、装配与维护更新等过程，有效提高建造效率。构件分类方法应适应工业化生产和装配化施工，符合设计标准化、构件部品化、施工机械化等发展趋势，从而实现建筑产业的可持续发展。

构件的分类方法可以根据构件在建筑中的结构作用来进行划分，主要包括结构构件与非承重结构构件。承重结构主要包括墙、柱、梁和板等；非承重结构构件可以进一步划分为自重较大的构件和自重较轻的构件，前者譬如外挂混凝土墙板，虽然不起结构作用，但是因自重大对结构影响较大，后者譬如轻钢龙骨玻璃幕墙，对于结构的影响主要在于构造连接，对结构的强度计算影响较小。

构件的分类方法还可以根据构件在建筑中的使用寿命来划分。有些构件与建筑是同生命周期的，譬如主要的承重结构，应设计为 50 年以上，甚至是达到 100 年的使用寿命。有些构件的使用寿命应设计为建筑的半生命周期，可以在中途进行修缮或更换，譬如建筑外围护结构或者是不重要的承重结构。有些构件的使用寿命可以考虑为一代人的使用时间，譬如住宅中的内隔墙等，随着时代的发展必然会被更替，在设计时就预先考虑如何拆除。还有一些构件限于材料等因素，其使用时间本身就不长，譬如露明的管线、墙体填缝剂等，在设计时应充分考虑到使用时间的因素。

构件的分类原则应当既能区分开不同性质的构件，同时又有利于构件之间的连接。通常，我们同时考虑构件的承重性质与寿命周期，并结合其在建筑中的不同作用与生产条件，将建筑构件主要划分为结构体、外围护体、内分隔体、装修体和设备体五个部分。这五个部分在承重性质与使用寿命上均无必然联系，因此在设计、生产与装配中应尽量保证各自的独立性，同时充分考虑各部分之间的连接关系。

（2）构件连接技术

建筑中连接构造的发展离不开材料的发展与探索，人类所使用的建筑材料经历了从最早的木材和石材，到后来的砖和钢材，再到现在最常见的钢筋混凝土材料这一发展过程，而连接构造的发展也是与之同步进行的。许多建筑材料有其相对应的最佳连接构造可以采用，当然有些连接构造类型也是可以使用在不同材料上的。如螺栓连接，既可以用于钢结构的连接，也可用于木结构的连接，还可用于预制混凝土构件的连接，是一种广泛应用的连接方式。

在连接构造的发展进程中，可以总结出一些经典的连接构造类型：浇筑、焊接、螺栓、绑扎、编织、叠砌、榫卯、粘接连接等等。有些连接方式在目前的工程中大量采用，有些连接方式却在逐步地退出历史的舞台或采用新工艺后重获新生。这里我们主要介绍螺栓连接。

螺栓连接是一种可反复进行拆卸的连接构造方式，螺栓穿插入两个或两个以上带有通孔的构件，然后用螺母进行紧固，使多个构件连接成整体。螺栓一般可以分为普通螺栓和高强度螺栓两种[①]。二者不同之处在于螺栓的受力与传力不同，高强度螺栓通常会被施以很大的预应力，用来提高连接强度。

螺栓连接方法具有施工简便、连接可靠、方便拆卸等优势。可以根据不同的项目要求，来选择不同的螺栓直径、螺栓排列形式、螺栓个数、螺栓孔质量来完成安全可靠的构件连接。

木材、钢材和预制混凝土都能较好地适应螺栓连接，首要原因是其都具有良好的可加工性能，可钉可钻。其次是两者的内部材料结构具备一定的韧性，能够承受螺栓对结构材料的弯、剪作用，韧性差的结构材料在使用螺栓连接时可能会发生脆性破坏。就工业化建筑来说，使用钢结构和预制混凝土结构的较多，因此螺栓连接可广泛应用于这两类材料。此外，一些轻型结构如铝合金结构，也广泛采用螺栓连接（图 5–22）。

**图5–22 铝合金型材之间的螺栓连接**
图片来源：作者自摄

① 段伟文. 连接–结构构件及其与围护构件的连接构造设计与工程应用研究[D]. 南京：东南大学，2016

螺栓连接靠螺栓将开有通孔的构件连接在一起，通过螺栓的抗拉、抗剪能力来传递连接件之间的拉力或压力。抗剪螺栓和抗拉螺栓都是通过螺杆承受剪力或拉力来完成作用力的传递，并同时限制构件的形变。在螺栓连接既参加传力又进行形变约束的情况下，有些受拉的螺栓对其螺帽的抗松动能力要求较高，因此要做好防止螺帽松动的措施。而螺栓连接的节点处受压时，螺栓是不传力的，只起约束的作用。

螺栓连接符合现代工业化的建造逻辑，无论是在工位上，还是在工厂里都能方便高效地操作，配合使用的机械也取得了长足的进步。因此，螺栓连接的使用也在不断地拓展，比如高强螺栓连接的使用，螺栓连接与其他方式结合使用等等。此外，螺栓连接除了应用于结构连接，还进一步发展到了建筑外立面装饰构件、设备管线等等。

螺栓连接由于其可反复拆卸性能，不仅拆装方便，拆卸之后的材料还可反复使用，因而是一种可逆的连接方式。这种连接方式从设计制造、施工装配到日后的拆卸和维护更新都具有操作方便、安全可控、绿色环保等特性，且相对于混凝土浇筑以及焊接等连接方式，不受时间、地点和天气的约束，大大有利于提高施工装配的便利性，也使得日后的维护更新工作更加方便和高效。

#### 5.2.3.4　结构与墙体部品的连接

当 SI 住宅支撑体 S 中的结构部分现浇完成后，墙体的连接安装在装配式建筑的组装中最为重要。外墙应采用工厂预制、现场装配的施工方法，目前主要有日本广泛采用的“后安装法”以及在新加坡和中国香港等地广泛采用的“先安装法”等两种主流安装方法①。

“后安装法”即等待建筑的主体结构施工完成后，再将预制好的 PC 墙板作为非承重结构安装在主体结构上，一般采用干式连接，其中主体结构可以是钢结构、现浇混凝土结构或预制混凝土结构（图 5–23）。“后安装法”的主要特点是装配化程度高及现场施工效率高。

但“后安装法”在安装过程中会产生误差累积，因此对主体建筑的施工精度和 PC 构件的制作精度要求都非常高，由此可能会导致主体施工费用、构件模具费用及人工费用很高。其次由于构件之间多采用螺栓、预埋件等机械式连接，较易产生“缝隙”而影响美观，必须进行填缝处理或是密封打胶，往往会产生防水防潮和隔声等问题。

“先安装法”即是在进行建筑主体施工时，先将 PC 墙板安装就位，用混凝土直接将 PC 墙板现浇连接为整体结构（图 5–24）。用此种方法安装的 PC 墙板由于其整体性强，既可以是非承重墙板，也可以是承重墙体，甚至是起抗震作用的剪力墙。

① 深尾精一，耿欣欣. 日本走向开放式建筑的发展史[J]. 新建筑，2011(6)：14–17

图5-23

图5-24

图5-25

图5-26

**图5-23　PC墙板后安装法**
图片来源：作者自摄

**图5-24　PC墙板先安装法**
图片来源：作者自摄

**图5-25　现浇楼板**
图片来源：作者自摄

**图5-26　楼板与地面部品的连接**
图片来源：作者自摄

“先安装法”的特点是在施工过程中用现浇混凝土来填充PC构件之间的缝隙从而形成“无缝连接”，虽不易形成误差累积，但从可维护更新角度，由于其用混凝土直接将PC墙板现浇连接为整体结构，难以拆卸，故不提倡。

由于外墙属于非承重件，为较大的部品构件，为便于可维护更新，笔者建议采用后安装法。后安装法普遍采用干式连接，以方便日后维护更新。

### 5.2.3.5　结构与地面部品的连接

结构与地面部品的连接是指支撑体S与地面楼板的连接。其采用干式连接，具体做法如下：

（1）采用现浇楼板，包括测量放线、支模、绑扎钢筋、浇筑混凝土、养护、拆模、继续浇水养护等步骤（图5-25）。

（2）应预留金属件和预留洞口，以便与其他地面部品相连接（图5-26）。

（3）双层地板：采用螺栓支脚和承压板的组合体系，采用干式连接施工架空地板（图5-27）。其特点是采用点式支撑体系，使干式地暖、给水排水等设备管线敷设灵活，穿行不受支撑的制约，且承压板安装前只需简单调试，可架空安装后再进行精细调试，操作较为简易[①]。

① 王笑梦，马涛. SI住宅设计：打造百年住宅[M]. 北京：中国建筑工业出版社，2016

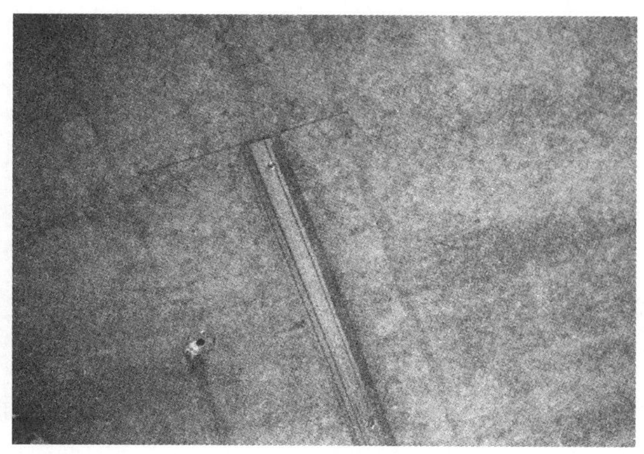

**图5-27　双层地板的干式施工（上左）**
图片来源：作者自摄

**图5-28　顶棚部品连接的预留金属件和洞口（上右）**
图片来源：作者自摄

### 5.2.3.6　结构与顶棚部品的连接

结构与顶棚部品的连接是指支撑体 S 与顶棚天花部品的连接。由于我国 SI 住宅多采用现浇式楼板，因此也需要预留金属件和洞口，方便与顶棚天花部品相连接（图 5-28）。

结构与顶棚部品的连接方式一般可分为三大类①：

（1）单层顶棚，是传统住宅中的一般做法，即顶棚部品直接安装在结构层，部分电气管线隐藏在结构层内部，只露出外部接口。

（2）双层顶棚，是 SI 住宅中的标准做法，即通过金属龙骨或木龙骨等，形成架空吊顶空间，其内部包含电气管线、通风换气配管等管线，这些管线可以充分利用此吊顶空间到达所需位置，方便日后的维护更新。

（3）凹进式顶棚，是 SI 住宅中的特殊做法，即综合了前两种做法，部分直接安装（一般为中央部分），部分为吊顶空间（一般为周边部分）。这种做法既可利用吊顶空间进行维护更新，又因吊顶空间位于周边而不至于影响中央部分的使用和美观，可谓一举多得。

在后两种 SI 住宅的做法中，吊顶龙骨应符合模数要求，且现场切割较少，绿色环保（图 5-29）。龙骨的选型包括 U 形龙骨、吊件式龙骨、低空间龙骨等，可根据结构条件和功能需求，选用适当的类型，通过膨胀螺栓或直接固定于顶棚结构上。由于其具有吊顶空间，也方便日后构件的维护更新。

**图5-29　吊顶龙骨**
图片来源：作者自摄

① 王笑梦，马涛. SI住宅设计：打造百年住宅[M]. 北京：中国建筑工业出版社，2016

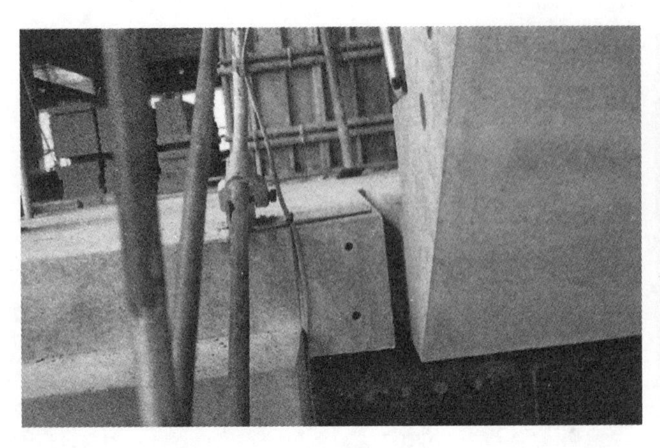

图5-30 结构与楼梯部品的连接(上左)
图片来源：作者自摄

图5-31 结构与分户墙的连接(上右)
图片来源：作者自摄

#### 5.2.3.7 结构与其他部品的连接

主要包括支撑体S与预制楼梯、竖向管井以及分户墙的连接。

（1）结构与楼梯部品的连接：主要分为两大类，一类是整体现浇式，另一类则是楼梯本身预制，并在结构主体和楼梯部品上预留金属构件，固定安装后再进行少量湿作业（图5-30）。我国的CSI住宅主要选择第二类连接方式，在保证强度和耐久性的前提下，尽量减少成本和现场湿作业量。如上一章中济南“明日之家二号”样板房就是如此。

（2）结构与竖向管井的连接：一般竖向管井在结构主体上直接现浇，强调整体结构的稳定性，在安装配管前需要在预定位置上切出口径，并在安装后用胶密实。

（3）结构与分户墙的连接：一般采用干式连接，在分户墙的位置做混凝土小结构体，预埋金属构件，以方便分户墙通过螺栓与主体结构牢固连接（图5-31）。

### 5.2.4 支撑体的质量保证及其维护

#### 5.2.4.1 高强度混凝土的应用

要使SI住宅结构体的耐久年限达到设计要求，应采用具有高强度的混凝土。按照我国《高强混凝土结构技术规程》（CECS 104：99）的定义，高强度混凝土为采用水泥、砂、石、高效减水剂等外加剂和粉煤灰、超细矿渣、硅灰等矿物掺合料，以常规工艺配置成C50～C80级混凝土（表5-1）。

表5-1 我国高强度混凝土强度标准（抗压、抗拉强度单位：牛/毫米$^2$，作者自绘）

| 强度种类 | 符号 | 混凝土强度等级 | | | | | | |
|---|---|---|---|---|---|---|---|---|
| | | C50 | C55 | C60 | C65 | C70 | C75 | C80 |
| 轴心抗压 | $f_{ck}$ | 32.0 | 35.0 | 38.0 | 41.0 | 44.0 | 47.0 | 50.0 |
| 轴心抗拉 | $f_{tk}$ | 2.65 | 2.75 | 2.85 | 2.90 | 3.00 | 3.05 | 3.10 |

除采用高强度混凝土外，还应采用高强度的主筋、横补强筋等受力钢筋，

图5–32　空心厚楼板的现场施工
图片来源：作者自摄

使其具有更好的承载力及耐久性。

#### 5.2.4.2　良好的抗震性能

（1）结构的抗震能力取决于结构的静承载能力和结构的延性特征。一般应根据我国《住宅设计规范》和《装配式混凝土结构技术规程》针对 SI 住宅支撑体结构进行抗震性能设计，特别是对于多、高层结构，应根据结构特点，可在传统抗震结构的基础上，设置避震、减震等多道防线，如在基础中加入铅芯积层橡胶、在结构中设置油压减震器等。

（2）在注意场地因素的同时，尽量保证结构刚度在平面和竖向分布均匀，浇注时应加强对混凝土的约束，防止剪切、锚固等脆性破坏，保证施工质量。

（3）合理控制结构的弹塑区部位，加强结构构件的连接，保证抗侧力构件具有足够的刚度、强度、耐久性和延性等①。

#### 5.2.4.3　空心厚楼板技术

（1）SI 住宅应采用埋置管状内模现浇混凝土的空心厚楼板技术（图 5–32），楼板厚度一般为 250～350 毫米，适用于大跨度、大开间的住宅。

（2）与传统楼板技术相比，空心厚楼板可避免室内小梁的出现，形成大空间，便于日后使用时对室内空间进行调整和更新。空心厚楼板还可以节约建筑材料，降低造价，并大大减轻自重，增加耐久性，以及具有良好的抑制震动与吸声效果②。

#### 5.2.4.4　同层排水

（1）SI 住宅采用同层排水方式，即在同楼层平面内敷设排污、排废横管，不穿越楼层，然后汇总到公共立管（总排水管）的排水方式。一旦发生堵塞

①② 王笑梦，马涛. SI住宅设计：打造百年住宅[M]. 北京：中国建筑工业出版社，2016

**图5–33 同层排水的降板处理**
图片来源：作者自摄

或其他故障，在本楼层内即可将问题解决，不影响相邻楼层。

（2）相对于传统的隔层排水方式，同层排水方式通过本层内管道的合理布局，彻底摆脱了相邻楼层间的束缚，避免了排水横管侵占下层空间而造成的麻烦和隐患①。

（3）同层排水主要采用降板方式，造成自然高差，便于流向公共立管（图5–33）。其优点主要是堵漏维修方便，卫生间无须吊顶，且减少了楼板的荷载。

#### 5.2.4.5 维护管理与质量检验

SI住宅的可维护更新性质，最后还应体现在住宅产品的维护管理与质量检验上。

（1）SI住宅在施工建设过程中，涉及众多的工种、工艺、工序及部品、构件等，需要有严格的维护管理制度，才能保证施工的顺利进行。

（2）为了保证住宅产品的质量，要根据各项基准以及标准图集、标准施工程度来完成不同的施工工序，包括在每道工序完成后针对建筑、结构、设备、部品等的维护与保养，且在工程交付后，仍须有定期的维修、保养。

（3）应对SI住宅的技术工作及现场施工进行质量监督管理，形成一整套管理体系，确立系统的验收标准，确保工程质量和安全等。

（4）要保证SI住宅结构体系的耐久性，还应建立完善的质量检验和安全控制系统，针对结构主体、结构构件、结构节点及其连接等，进行无损检测，并应做出评价。

## 5.3 SI住宅填充体的可维护更新设计研究

上一章介绍了各国一些优秀SI住宅案例，以及填充体的一些可维护更新性质。本节我们将以此为基础，采用分析归纳方法对这些各别性质及其技术

① 王笑梦，马涛. SI住宅设计：打造百年住宅[M]. 北京：中国建筑工业出版社，2016

设计方法进行综合，提出以填充体 I 的功能性及用户需求为目标研究其更新，并具体提出了填充体的适应性设计方法。

### 5.3.1 SI 住宅填充体可维护更新的主要设计方法

相对于支撑体部分以耐久性设计来保证 SI 住宅的长寿化，填充体部分则应采用适应性来满足住宅的长寿化。所谓适应性是指填充体 I 的部品构件应具有方便可更换性质，借以维护、完善、提升住宅功能。在对各国一些优秀 SI 住宅案例研究基础上，在此具体提出填充体 I 的适应性设计方法：

第一，填充体 I 应单独设计。与支撑体 S 不同的是，填充体 I 部分更为直接地应对使用者的需求变化和个性化要求，其使用周期会短至只有十几年甚至某些部品构件的更换会更为频繁，在支撑体的全部生命运行周期内可能要进行多次更换①。因此填充体 I 相对于支撑体 S 应进行分离并单独设计。

第二，标准化设计是适应性设计的基础。只有采用标准化设计方案，才有可能实现填充体部品构件的部品化生产，才能真正形成工业化住宅建设产业链。

第三，填充体部品构件能否方便更新是填充体适应性设计的主要目的。填充体对建筑长寿化的影响因素，主要在于其部品构件能否方便更新。模数协调以及干式施工连接技法应成为解决这个问题的有效技术手段。

### 5.3.2 SI 住宅填充体的模数协调

模数协调是住宅产业标准化的基础，通过模数协调，可以解决支撑体和填充体部品构件的标准化设计和尺寸协调问题，进一步提高填充体部品构件的通用性。模数协调是住宅产业标准化的基础，可以协调构配件之间及其与建筑物之间的尺寸关系。

20 世纪 50 年代我国即开始研究模数数列，并于七八十年代对模数数列进行两次修订，逐渐建立起统一的模数标准化体系，在工程建设的各环节发挥了重要作用。

#### 5.3.2.1 模数协调体系

建筑模数协调是指应用模数及模数数列。建筑设计应依据模数协调的原理和方法，规范建筑物建设的各个构件尺寸，制定相应的技术要求和规则，并应全面实现各环节之间的尺寸协调，在功能、质量、技术和经济等方面才能全面获得优化。

模数协调具体包含两方面的作用：首先，模数数列可以协调部品构件组合的尺寸和规格，减少部件数量，优化部件种类。目前国际上普遍采用

① 刘长春，张宏，淳庆. 基于SI体系的工业化住宅模数协调应用研究[J]. 建筑科学，2011(7)：59-61，52

100毫米=1M作为基本模数，并在此基础上提出扩大模数和分模数的概念。分模数主要用于控制构配件的外形尺寸、缝隙和构造节点。扩大模数采用300毫米数列进级，主要用于建筑物的开间、进深、层高、门窗洞口等处；其次，模数协调在部件或组合件与基准面关联时，可以明确部件或组合件的位置，使设计、制造、安装各个环节配合起来更简单、直接。

建筑工程的模数协调应包括以下内容：

（1）首先有一个由网格组成的空间。建筑物是由很多构配件组成，模数协调就是确定其构配件在空间的位置，进行定位。

（2）构配件有固有的尺寸表达方式(用于工厂生产)和定位方式(用于安装定位)，二者的表达尺寸在设计时应予协调。

（3）构配件在网格空间内的定位分为中心线定位和界面定位两种类型，具体做法可以根据构配件的轮廓特征和安装习惯来确定，两种做法的区别在于基准线与网格线的距离和角度不同。

（4）空间网格线的距离应当符合模数数列，从而减少构配件的种类，提高互换性和包容性，某些形状特殊的构配件定位，应采取“中断区”或不同网格模数并存的做法。

（5）由于工厂生产存在误差，会导致构配件精度不够，无法满足安装需要等情况，因此，在安装时应留有一定空间，即所谓的“公差”概念，预留的公差应考虑生产工艺和施工水平等因素。

#### 5.3.2.2 填充体部品模数协调体系

内装部品的模数设计可以使建筑部件尺寸规格化、标准化，便于实现工业化生产制造，通过各部品构件或组合之间的尺寸协调，可有效提高填充体部品构件的通用性和互容性，这对于填充体部品构件的可维护更新尤为重要。在设计阶段，部品模数设计首先应明确各部品构件的功能和尺寸规格、部品构件在空间的位置、生产部件所需材料及其利用率、部品构件与周围空间环境间的尺寸关系、相互比例关系等众多问题，在此基础上建立填充体部品构件的标准化尺寸规格体系。

在目前的实施标准中，大多以基本模数1M=100毫米为标准规范建筑部品尺寸规格，例如在《住宅厨房模数协调标准》中，厨房橱柜部品的尺寸采用5.5M、6.5M、8.5M等尺寸标准，但却难以表达橱柜与厨房空间的尺寸联系，通用性较差，使用过程也较为烦琐。

若将“1/10×3M=30毫米”作为进级单位以确定填充体部品构件的模数体系，则可进一步带来方便①。理由是使用分模数基数1/10M、1/5M、1/2M对空间应用尺寸单位3M（300毫米）进行分解时，会产生以下三个公式：

① 李晓明，赵丰东，李禄荣，等. 模数协调与工业化住宅建筑[J]. 住宅产业，2009 (12):83–85

1/10 × 3M=30 毫米 （5–1）

1/5 × 3M=60 毫米 （5–2）

1/2 × 3M=150 毫米 （5–3）

由此我们可以看出，30 毫米与建筑空间标准单位“300”形成十进制关系，并且 30 可与 60、150 形成倍数关系，这一点对于模数协调体系具有重要意义。把“30”作为进级单位首先可以满足建筑空间模数与部品模数之间分解与叠加的关系，部品尺寸通过叠加构成建筑空间尺寸，建筑空间尺寸可以分割成部品尺寸，“30”与“300”间十进制的关系使得这种分解与叠加更加简单直观，空间层级结构更加清晰明确，有利于满足空间与部品尺寸比例的协调；其次，“30”与分模数“60”“150”之间的倍数关系有利于部品尺寸规格的进级要求，这样便可提高空间与构件材料的利用率，减少损耗，促进部品构件的尺寸系列化和通用性；在建筑模数系统中，最小的分模数包括 1/100M、1/50M、1/20M，用于规范部件截面较小的尺寸，“30”作为进级单位可以使较小尺寸的模数层级纳入部品构件的模数体系，满足标准化设计中对于较小的尺寸要求，提高设计的精度和准确性。

目前，将公式（5–1）作为进级单位确定部品的模数体系这一理论在我国已得到确认和广泛的应用①，现在已将填充体部品的扩大模数选择为 3M，基本模数为 1M、分模数为 1/2M，并将“30”作为部品的进级单位。在模数设计阶段还应注意住宅的开间和进深应遵循建筑空间的模数原则，采用 3M 模数，使住宅平面布局整齐规则。

### 5.3.3 SI 住宅的标准化设计及其多样化拓展

标准化设计是 SI 住宅的基础。《CSI 住宅建设技术导则（试行）》要求按照模数协调标准设计部品和构配件，采用标准化的设计方案，形成标准化、系列化的产品，不仅可以提高填充体部品构件的通用性，也使日后的维护更新方便可行。我们在 SI 住宅标准化设计的基础上，对各个业主进一步的个性化需求也进行了拓展研究，在模数协调体系的基础上，进一步提出开放建筑模式的多样化设计方法，以尽可能满足用户更多的个性化需求，这对于住宅产业化发展具有重要意义。

#### 5.3.3.1 SI 住宅的标准化设计

只有采用标准化设计方案，才能实现填充体建筑构件的部品化生产。标准化设计包括设计标准化、住宅体系定型化以及部品的通用化、系列化。在确定内装部品的模数以后，即可根据模数标准规范部品构配件，形成填充体部品构配件生产建造的标准化和系列化。这不仅对实现 SI 住宅标准化设计意义

① 刘长春，张宏，淳庆. 基于SI体系的工业化住宅模数协调应用研究[J]. 建筑科学，2011，27（7）：59–61，52

重大，也是SI住宅日后的维护更新形成产业化发展规模的重要基础。

（1）部品标准化

SI住宅的部品构件具有特定功能，它是建筑的独立组成单元，由建筑设备、建筑材料以及相关配套产品组成。部品构件在工厂生产加工并装配成为半成品，再运至施工现场经过简单的组装加工，达到规定的技术和质量要求后进行组拼。部品标准化程度的高低直接决定住宅工业化程度，影响建筑的施工效率和工程质量。标准化的部品体系应满足统一的模数协调规则，部品构件间的连接方式应规范化，应尽可能采用干式连接，安装应具有兼容性、通用性，这是SI住宅日后可维护更新的重要保证。

（2）节点标准化

住宅建筑中包含多个节点的连接，涉及给排水、供电、供暖、供气、通风、制冷等设备管线系统的布置协调与接口处理，以及日后的维护更新。在填充体设计阶段，就应根据功能需求预留住宅设备管线的端口，并应在这一阶段完成详细的管线布置设计图。要确保室内管线设备与室外管线设备的紧密连接，室内外各界面节点密切结合。同时，各功能端口应根据室内功能布局安装在节点表面，尽量减少对住宅结构的损坏，以便于日后的维护更新。

（3）产品标准化

应建立填充体部品构件的标准化设计体系，包括确定模数协调与合理参数，尺寸配合与公差参数，连接构造方式以及连接规格等，使部品构件通用化、系列化、标准化、目录化，在设计、生产、安装、维护更新等阶段都能达到统一标准。

5.3.3.2　**公差配合尺寸**

公差是在部品生产、定位和安装过程中的误差引起的，大多数情况下不可避免。根据造成公差的原因，可以分为制作公差、位置公差和安装公差三种，是部品安装的上限值与下限值之间的差值。在设计阶段，应当充分考虑公差的大小允许值，使其控制在可接受的范围内。在充分考虑各项因素的前提下，通过公差配合尺寸与部品尺寸之间的关系（图5-34），从而明确部品构件实际尺寸与制作尺寸的差异允许。如图5-34所示，制作公差为$t_m$，安装公差为$t_e$，位置公差为$t_s$，连接空间为$e_s$。部件基准面与安装基准面间的容许误差为$d$，则$d$值的大小直接决定了部品部件的最小尺寸和最大尺寸，$d$与制作公差$t_m$、安装公差$t_e$、位置公差$t_s$，以及连接空间$e_s$之间的关系应满足以下公式[①]：

$$0 \leqslant e_s \leqslant d \leqslant e_s+t_m+t_e+t_s \qquad (5\text{-}4)$$

5.3.3.3　**SI住宅的多样化设计**

虽然对于SI住宅设计已经运用OB开放建筑理论，但对于各个业主的个

① 李志刚. 扎根理论方法在科学研究中的运用分析[J]. 东方论坛, 2007(4): 90–94

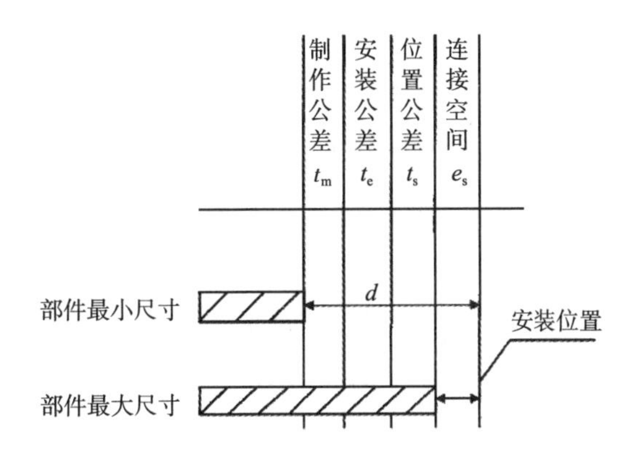


**图5-34　部品的公差**
图片来源：作者自绘

性化需求，标准化设计的产业化住宅也常常无法满足。有鉴于此，在标准化设计的同时进一步实现产品多样化，以进一步满足用户需求，这对于住宅产业化发展亦具有重要意义。对此，我们可进一步参照开放建筑的模式，尽可能吸收采纳住户意见，在设计阶段，填充体的设计应在模数协调体系的基础上，尽可能增加空间的灵活性和设计的细节化处理，为住户提供更多的个性化空间。SI 住宅的多样化设计一般分为针对特定人群的设计和住户全过程参与的设计两种。

（1）针对特定人群的设计

它是指满足不同人群需求的相应设计，通过大量的住宅需求调查，若能够进行市场定位，即能够确定住宅的整体档次以及相应的模式协调体系，然后再进行相应的设计，即可以最大化地满足不同层次、不同类型人群的个性化需求。如上一章介绍的上海崴廉公馆 11 号楼项目就针对不同年龄的人群设计了几种不同的户型。

对于户内面积较大的住宅，应预留一定的可变空间，以改善住宅的空间布局；对于户内面积较小的住宅，应最大限度地利用竖向空间，做好细节处理，尽量为住户预留个性空间。故在设计阶段，应根据住户家庭情况做进一步目标设计，如进一步划分工作型、娱乐型、学习型、生活型等户内空间，以满足不同用户需求。

（2）住户全过程参与的设计

它是指类似于完全实现 OB 开放建筑模式的设计方法，这通常需要设计师的引导和帮助，使住户真正能够全面参与住宅的策划与设计，这种方式最能够满足住户个性化需求。在住户参与过程中，设计师根据住户的要求，提出相应的设计方案并进行相应的模数协调。住户还可以根据自己的喜好进一步设计住宅空间，这是未来住宅工业化设计满足多样化需求的有效途径。如上一章介绍的日本 NEXT21 实验住宅项目在填充体方面就做了自由的内部分隔设计，使住户自主参与设计成为可能。

SI 住宅在设计阶段就应将支撑体与填充体进行分离处理，支撑体 S 为公有部分，不可随意改变；填充体 I 属于私有部分，可在一定程度上根据住户的需求改变。但是在具体的工程项目中，由于住宅的部品构件种类繁多、构成复杂，导致可变部分与不可变部分之间的界限较为模糊。为使建筑设计的过程更加透明，进一步发挥住户参与设计的主动性和目的性，需对 SI 住宅的公私属性进行细分，如表 5-2 所示。

表5-2　SI住宅的公私属性划分（作者自绘）

| 公私属性 | 层级划分 | 包含内容 | 备注 |
|---|---|---|---|
| 公共部分（支撑体 Skeleton） | 长期固定、不可更新的公共部分 | 梁、柱、混凝土楼板、承重墙等 | 不可随意更改 |
| | 可维修更换的公共部分 | 屋面、外墙、外部装饰、公用管线设备等 | 应由专业人员进行维修更换 |
| 私有部分（填充体 Infill） | 不可随意变换的私有部分 | 阳台、分户墙、入户大门等 | 如需维修或变更，须经相关部门批准 |
| | 可自由变换的私有部分 | 住房内装修、厨房、卫浴、水暖电等 | 可根据用户需要自行变换 |

### 5.3.4　基于可维护更新的填充体部品定位

只有采用标准化的设计方案，才能实现填充体建筑构件的部品化生产，这是 SI 住宅日后可维护更新的重要保证。要实现工业化住宅日后的可维护更新，填充体部品构件就必须实现标准化和系列化。填充体部品构件的安装定位是实现这一目标的重要环节。本书将阐述采用模数协调的各种集成手段，正确布置填充体模数网格以保证其顺利安装的技术方法，这对日后的维护更新具有重要意义。

#### 5.3.4.1　安装定位法

填充体部品构件在空间网格的定位方法分为中心线定位法和界面定位法。中心线定位法是通过网格线定位两个或两个以上部件位置的方法，使模数网格线位于部件中心线（图 5-35）。中心线定位法有利于支撑体结构部件的预制、

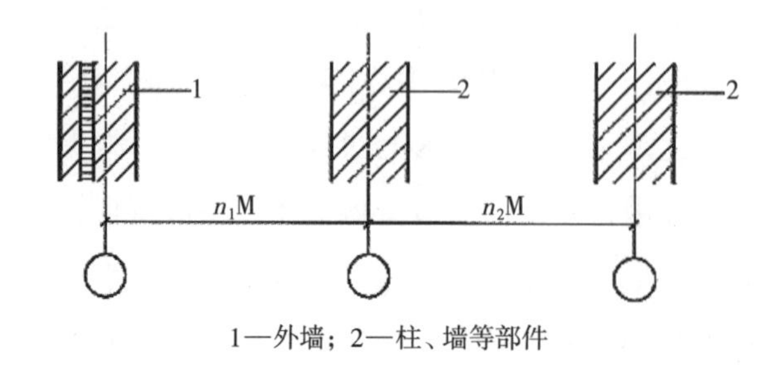


图5-35　中心线定位法

图片来源：作者根据住建部《建筑模数协调标准》（GB/T 50002—2013）绘制

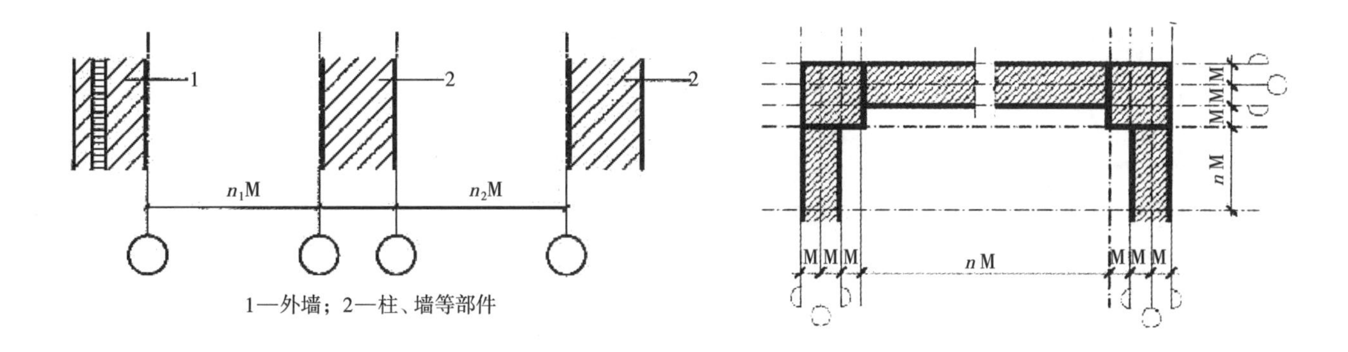


**图5-36　界面定位法(上左)**
图片来源：作者根据住建部《建筑模数协调标准》(GB/T 50002—2013)绘制

**图5-37　中心线定位和界面定位的叠加(上右)**
图片来源：刘长春,张宏,淳庆.基于SI体系的工业化住宅模数协调应用研究[J].建筑科学,2011(7):59-61,52

定位和安装，但应避免支撑体结构出现非模数的情况，否则会影响部件安装。

界面定位法是使模数网格线位于部件边界面，并通过网格限定部件或组合件的空间区域（图 5-36）。界面定位法有利于内装部件与外部结构体部件的组合、定位和安装，提高部件或组合件安装的灵活性，空间界面平整，符合空间基本的模数要求。但界面定位法不便于支撑体结构部件的预制、定位和安装。

中心线定位法与界面定位法叠加，形成统一的模数网格，可充分发挥各自的优势，使主体结构部件和内装结构部件同时满足基准面定位要求和模数尺寸要求（图 5-37）。

#### 5.3.4.2　填充体部品定位

填充体的隔墙部件包括隔墙内的构造柱、面板材和龙骨等，隔墙部件以整体定位，通常采用中心线定位法，但是，当隔墙一侧或双侧对模数空间有较高要求时，应使用界面定位法①。填充体部件的基层板和面层板等都属于板材部件，具体定位方法分为两种情况：当板材部件的厚度方向与其他的部件不结合或者对模数空间没有要求时，采用中心线定位法；当一组板材部件汇集在一起进行安装时，应使用界面定位法。对于整体卫生间这种多板状部件的安装，可根据《建筑模数协调标准》(GB/T 50002—2013)，采用中心线定位法或界面定位法②。

#### 5.3.4.3　填充体模数网格设置

填充体的模数网格应当与支撑体的模数网格建立对应关系，在多层填充体部件进行叠加的情况下，住宅内空间的装修模数网格、支撑体模数网格和不同板材部件的模数网格应进行适当叠加（图 5-38）。

如图 5-39 所示，填充体的模数网格应当设置在模数网格中断区或者装配空间上，该中断区尺寸可以是模数，也可以是非模数，依情况而定。设置填充体网格中断区，目的是便于板材部件或设备的模数定位。

① 刘长春, 张宏, 淳庆. 基于SI体系的工业化住宅模数协调应用研究[J]. 建筑科学, 2011, 27(7):59-61,52
② 住房和城乡建设部. 建筑模数协调标准: GB/T 50002—2013[S]. 北京: 中国建筑工业出版社, 2014

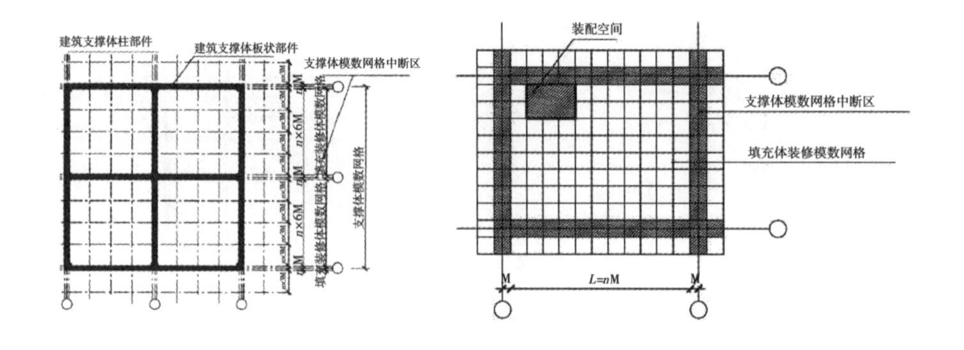


**图5-38 支撑体模数网格和填充体模数网格叠加(左)**

图片来源：刘长春，张宏，淳庆.基于SI体系的工业化住宅模数协调应用研究[J].建筑科学，2011(7)：59-61，52

**图5-39 填充体模数网格的配置(右)**

图片来源：刘长春，张宏，淳庆.基于SI体系的工业化住宅模数协调应用研究[J].建筑科学，2011(7)：59-61，52

## 5.3.5 基于可维护更新的填充体部品安装

### 5.3.5.1 工业化内装的施工工序

内装工业化的实现在技术层面上，包括内装部品体系、内装施工工法和施工质量管理等几方面。内装施工工法是施工组织的规程，主要进行施工工序的协调，以控制施工质量，保证施工验收标准。工业化住宅考虑日后的可维护更新，应从填充体内装的施工工序方面着手，充分利用施工工作面，将内装的项目按照专业类型与施工工法相结合。施工工序是根据具体项目的工程规模和特点对施工过程进行次序分项管理，目的是加强施工组织管理，对施工工艺和施工流程进行科学安排与合理组织。工业化内装采用标准化设计、部品化生产以及干式施工，所有部品构件全部在工厂加工完成，各项工序可同时进行，不仅施工速度快，效率高，而且便于日后的维护更新。基于可维护更新的内装基本施工工序如图 5-40 所示。

### 5.3.5.2 基于可维护更新的填充体与支撑体连接

填充体与支撑体的连接，在可维护更新的前提要求下，首先应当注意安装顺序和各部位的安装方法。住宅总体安装顺序是完成住宅内外墙体的装修工作之后再安装住宅内部空间，内部空间包括安装内隔墙、整体厨房、整体卫生间，铺设架空地板和户内管线。内部空间的安装顺序应先安装整体厨房和整体卫生间，再安装内隔墙体。应特别注意模数协调体系设计，并为日后部品的可维护更新留下足够空间。如上一章介绍我国济南“明日之家二号”中图 4-24、图 4-25、图 4-26 所示，该案例的内隔墙系统就充分运用模数协调体系提前制定好各种墙板的规格尺寸，不仅具有良好的统一性和规律性，也更加适应住宅部品的工业化建造，便于日后的可维护更新，可谓是良好的示范。整个安装过程应尽量采用干式连接，以方便拆卸维修和更新。各部位的安装方法应注意：整体厨房和整体卫生间使用拼接式安装方法，与地面的连接是通过部件下部的螺栓，完成与地面的连接之后再连接管线设备；内隔墙的固定安装不需要通过特殊的结构，原因是内隔墙采用升降脚结构，调节升降脚

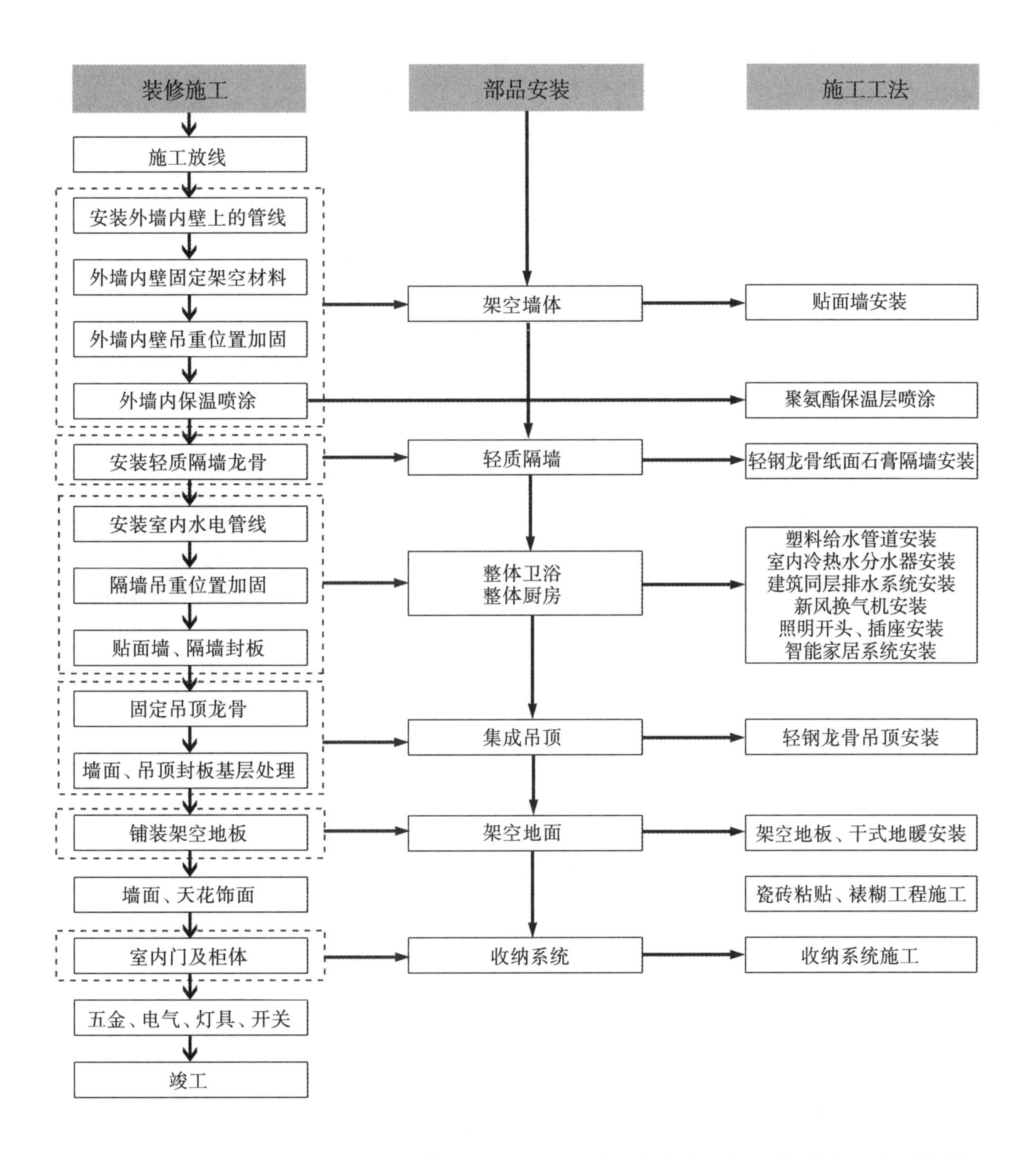


**图5-40　内装的基本施工工序**
图片来源：作者自绘

即可使内隔墙体与上下楼板通过挤压的方式固定，墙板之间通过凹槽进行连接，墙体要做好保温和密封工作；架空地板与支撑体框架的连接是通过四周的龙骨实现的，双层地脚螺栓可加强地板与楼板的锚固，同时实现与基层板的连接。这就是在方便拆卸维修和更新情况下填充体与支撑体的连接过程。

## 5.4 CSI 住宅可维护更新案例研究——以东南大学建筑学院“正”工作室项目为例

东南大学建筑学院“正”工作室从 2011 年起，便着手投入该校与苏黎世联邦理工学院（ETH）联合教学“紧急建造”课题。该课题采用东南大学自主研发的工业化预制装配体系，以工业铝型材或轻型钢材为结构，开展系列住宅产品设计与建造研究，分阶段、分类型逐步完成了针对不同需求的系列产品研发：①铝合金结构单元房；②灵活组合的多功能铝合金住宅产品；③功能完善、性能突出的“零能耗居住单元”住宅产品[1]；④多用途、高性能的轻钢结构装配式住宅（图 5–41）。

第一代

第二代

第三代

第四代

**图5–41 东南大学建筑学院历代轻型房屋系统产品**

图片来源：张宏,张莹莹, 王玉，等. 绿色节能技术协同应用模式实践探索：以东南大学“梦想居”未来屋示范项目为例[J].建筑学报,2016( 5 ):81–85

这四代产品中有超过 2/3 的建筑构件为工厂部品化建造（包括墙板、柱、梁、地板、屋面板等），采用干式装配施工完成。该系列产品不仅对于普通装配式住宅在设计和建造等方面有所提高，而且在可移动养老住宅以及住宅产品的维护更新等方面均有所突破。

第一代产品铝合金结构单元房采用散件装配方式建造，验证房屋系统的可行性和可靠性，是“正”工作室在工业化预制装配系统方面的首次尝试。第二代多功能铝合金住宅产品（又称“大空间多功能房屋”）采用空间大构件预组装的工业化生产装配方式，实现了通用大空间建筑，其可变布局可灵活布置建筑空间以适应各种不同功能需要，较第一代产品有一定的进步。从第三代产品开始，“正”工作室在工业化住宅的构件集成化与可拆装性方面取得了较大的突破。现对该系列的第三代产品“零能耗居住单元”住宅（又称“微排”未来屋）和第四代产品轻钢结构装配式住宅（又称“梦想居”未来屋）以及现浇工法钢筋混凝土框架结构住宅——“揽青斋”示范项目[2]进行详细介绍。

### 5.4.1 “微排”未来屋

东南大学建筑学院“正”工作室自主研发设计的轻型结构铝合金可移动住宅——“微排”未来屋，是该系列研发成功的第三代产品。该产品采用自主研发的工业化预制装配系统进行设计和建造，项目设计研发的主要目标为：

① 张宏，张莹莹，王玉，等. 绿色节能技术协同应用模式实践探索：以东南大学“梦想居”未来屋示范项目为例[J]. 建筑学报，2016（5）：81–85

② 张宏，朱宏宇，吴京，等. 构件成形·定位·连接与空间和形式生成：新型建筑工业化设计与建造示例[M]. 南京：东南大学出版社，2016

**图5-42 “微排”未来屋外观（上左）**
图片来源：干申启，张宏．“微排未来屋”的现代建造技术及其发展[J].建筑技术，2014（4）:933-936

**图5-43 “微排”未来屋的屋顶太阳能光电板（上右）**
图片来源：作者自摄

要全面实现工厂化制造、机械化装配的工业化建造方式，并要初步实现内装集成化，按整体大构件进行装配，为将来全面实现构件组关联技术做技术支持。预制构件和空间部品模块全部在工厂生产组装完成，施工现场只需进行拼装。项目从工厂生产建造到现场施工装配，共用 16 天建成，特别是现场施工方便快捷，7 小时便完成全部组装并投入使用。

“微排未来屋”（以下简称“微排屋”），是一栋充分实现支撑体与填充体分离建造的可拆卸单元住宅，也是一栋真正实现低碳排放，能源基本做到自给，造型现代化，并且代表了未来住宅发展趋势的新型 CSI 住宅（图 5-42）。整个房屋能源理论上可全部由太阳能收集及转换装置提供，基本做到自给自足，甚至可供给市政电网系统，大大节约了能源和资源（图 5-43）。“微排”主要体现在自主污水处理方面，“微排屋”建有集成污水处理系统，可基本解决住宅污水处理问题①。

“微排屋”的最大特色是其建造技术，首先是在项目领衔团队东南大学“正”工作室的带领下，组建了产业联盟，共同致力于产品研发建造工作；其次是东南大学“正”工作室为共同建造的高效性进行了集成化等相关技术研发，大大提高了装配效率和便利性。笔者基于这一研发目标进一步研究，发现了针对既有建筑构件易维护更新的关键技术。

#### 5.4.1.1　构件集成化装配的控制管理系统

“微排屋”项目伊始就由领衔团队东南大学“正”工作室牵头，集聚了多个工业化住宅产品相关的设计单位与生产厂家的力量，如东南大学土木学院、东南大学能环学院、东南大学建筑设计研究院有限公司、南京思丹鼎建筑科技有限公司、苏州科逸住宅设备股份有限公司、皇明新能源产品有限公司等，并在领衔团队东南大学“正”工作室的带领下，研发团队帮助相关企业改进组件、构配件生产供应，并与其构建了紧密的伙伴关系，组建了产业联盟，共同致力于产品研发建造工作，这种合作模式就是后文介绍的协同技术的初始模式，它

① 干申启，张宏．“微排未来屋”的现代建造技术及其发展[J]. 建筑技术，2014（10）:933-936

解决了以往项目团队之间沟通不畅、效率低下等问题，不仅使得“微排屋”项目团队的工作效率大大提高，也为今后形成协同合作模式奠定了坚实的基础。

“微排屋”项目的技术设计。首先对“充分实现”支撑体和填充体的分离技术进行深入研究，认为正是由于在建造中实现了这种充分分离，才可将各个部品构件进行预组装，使之成为具有内装集成性的整体大构件进行装配，大大提高了建筑的装配化程度。内装集成化的主要技术内涵为：①首先要求所有部品构件均独立设计与生产，以充分保证构件制造质量，并尽可能减小公式（5-4）所示的公差尺寸；②将房屋主体按功能要求分为独立结构体、独立围护体和独立空间体等三大独立单元模块，以提高房屋的整体集成性和装配质量，大大方便施工装配；③单元模块的所有构件均单独在工厂预制生产，并集成为构件组即大构件单元，然后再施工装配。项目全部采用螺栓连接的方式进行组装，极大地提高了建筑的装配化程度和装配效率。这里大构件单元的组成，是构件集成化装配的关键性控制技术。

集成化装配是指将建筑的构配件按照一定关系进行集成整合，并进行装配的过程。所谓集成，就是指将一些孤立的事物或元素通过某种方式改变原有的分散状态集中在一起，产生联系，从而构成一个有机整体的过程[①]。集成化装配通过对构件的有效集成，实现了快速装配，大大提高了装配化施工的便利性与高效性。

在项目实施过程中，项目团队在领衔教授指导下，通过施工组织集约化理论和现代控制理论，研发制定了分层级的表系统来严格控制构件设计生产和集成化组装的施工流程。这里施工的组装集成化是指在施工组织过程中，运用集约化理论，将构件集成为大构件单元，并通过现场对所组成的大构件单元进行集约化装配，以提高施工效率和便利性[②]。现代控制理论主要是指通过表系统进行建造单元状态变量的描述，并通过计算机技术对时间变量进行分析，以此对建造过程进行具体调配与控制管理。

分层级的表系统（简称表系统）是东南大学“正”工作室为了进行构件信息化管理和建造流程管理而研发的控制管理系统。该系统运用施工组织集约化理论和现代控制理论，将产业联盟的各个成员纳入系统，由东南大学作为领头团队，对各成员统一调度。具体而言，表系统通过对时间进度的严格控制，制定项目整体进度和建造流程方面的详细计划，并将CAD平面制图软件、Sketch Up三维建模软件等绘制出的构件相关图纸和详细的构件明细表、建造流程图等大量成果集成到Excel表格中，形成了集构件信息、建造流程、人员物资管理等众多信息在内的复杂表系统，由图表的运行状态则可确定下一阶段的控制管理目标（图5-44）。这样即可实现包括构件的信息化管理和建造

① 王一. 保障性住房工业化水平评价指标体系构建[J]. 住宅科技, 2017(12):18-21

② 干申启, 张宏. “微排未来屋”的现代建造技术及其发展[J]. 建筑技术, 2014(10): 933-936

| 工序流程 | | | 安装工法 | 工具明细 | | | | 工厂分项负责 | 东大分项负责：刘聪 | |
|---|---|---|---|---|---|---|---|---|---|---|
| | | | | 工具名称 | 必备数量 | 备用数量 | 总量 | 操作员：工人 | 预备员 | 递送员 |
| 单元体标号 | 工厂 | 按现场序号标号 | 在现场实际单元体靠路一侧添加单元体编号 | 记号笔 | 1 | 1 | 2 | 2 | ** | ** |
| | | | | 胶带纸 | 2 | 1 | 3 | 2 | | |
| | 现场 | 按现场序号标号 | 在基座框架上按单元体序号编号 | 记号笔 | 1 | 1 | 2 | 2 | | |
| 安装 7# 单元体 | 工厂吊装 | 1. 安装中间单元体吊具 | 在钢扁担靠近单元体墙体侧，安装 3 个卸扣，以保持前后平衡 | 吊装带，卸扣 | 吊装带 2，卸扣 4 | 各 1 | 吊装带 3，卸扣 5 | 2 | ** | ** |
| | | 2. 试吊 | 检查单元体重心是否与吊具一致 | 吊车，吊具 | 各 1 | 各 1 | 4 | 1 | | |
| | | 3. 试吊 | | 吊车，吊具 | 各 1 | 各 1 | 4 | 1 | | |
| | | 4. 落位至运输车 | 编号朝向车尾 | 对讲机，运输车 | 对讲机 2，车 1 | 各 1 | 5 | 1 | ** | ** |
| | | 5. 固定单元体 | 用两组麻绳，分别将两端与运输车固定 | 麻绳 | 10 米 | 10 米 | 20 米 | 4 | | |
| | | 6. 吊装 12# 单元体（参照下一流程） | | | | | | | | |
| | | 7. 固定吊具，运至现场 | | 运输车 | 1 | 1 | 2 | 4 | ** | ** |
| | 运输 | | | 运输车 | 1 | 1 | 2 | 1 | | |
| | 现场吊装 | 1. 安装中间单元体吊具 | | | | | | 2 | | |
| | | 2. 起吊 | 与吊车司机沟通 | 吊车，吊具 | 各 1 | 各 1 | 4 | 1 | ** | ** |
| | | 3. 落位至滑块 | 编号朝向道路 | 对讲机，吊车，吊具 | 对讲机 2，其他各 1 | 各 1 | 7 | 1 | | |
| | | 4. 拆卸吊具，随运输车返回工厂 | | 运输车 | 1 | 1 | 2 | 1 | | |

**图5-44　“微排”未来屋的表系统示意图**
图片来源：作者为项目研发绘制

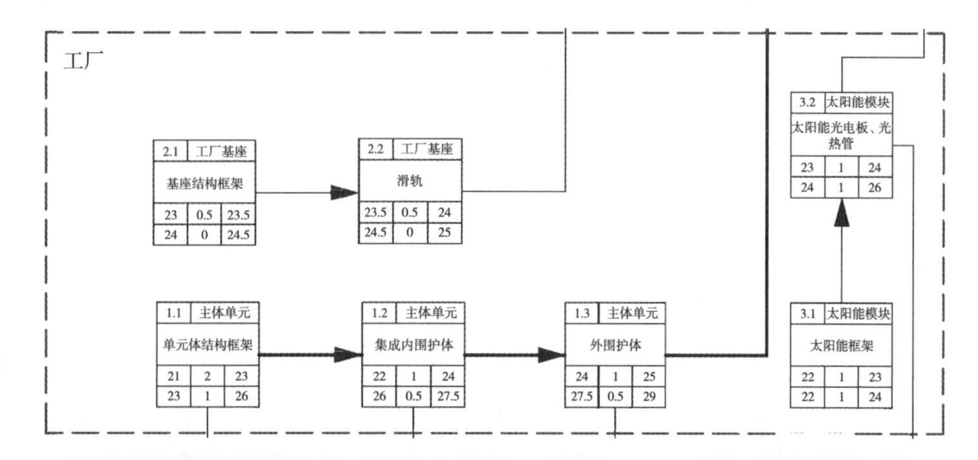


**图5-45　根据表系统制定的项目进度图**
图片来源：作者为项目研发绘制

**图5-46　“微排”未来屋的集成化部品（左）**
图片来源：作者自摄

**图5-47　装配后的“微排”未来屋单元体（右）**
图片来源：于申启,张宏.“微排未来屋”的现代建造技术及其发展[J].建筑技术,2014(10):933-936

流程管理在内的工业化管理模式。这种管理模式通过对构件信息的精确管理，大大提高了项目实施的准确性和高效性，也使得装配化施工更加便利和精确（图 5-45）。

表系统的创新性应用在于，它构建了集构件信息、建造流程、人员物资管理等众多信息在内的信息控制与管理系统，实现了房屋部品构件的集约化装配，有效提高了装配的集约化程度，如图 5-46 就是项目在制造厂房内进行集成化装配的过程，这样即可快速实现如图 5-47 的装配成果，大大提高装配化施工的高效性与便利性。

正是这种装配化施工的高效性与便利性对工业化住宅的维护更新及其形成产业化运作规模至关重要。我们先前关于工业化住宅维护更新的研究，关键在于这种维护更新的工程可行性与便利性。表系统实现的集约化装配以及可逆的连接技术，充分解决了这种工程便利性问题。通过对表系统信息控制与管理机制的研究可知，构件之所以能够便利地形成集成化装配，关键在于表系统所提供的各个构件的关联性质。据此，我们建立了可逆的构件连接构造技术系统，初步掌握了针对既有建筑构件易维护更新的关键技术。对于工业化住宅维护更新的工程可行性与便利性而言，这也是一种真正意义上的技术创新。

#### 5.4.1.2 构件组关联技术与构件法

构件组关联技术的基础是构件法。构件法是“构件设计法”的简称，其主要内容就是将建筑划分为各个构件，并按照一定的逻辑进行组织，形成构件组，再以构件组为单位进行设计，目的是让设计过程中的目标、顺序和逻辑更加清晰。用构件法进行设计，是一种新型建筑设计方法。

依据构件法可将建筑的全部构件按照功能、性质及用途进行集成，并划分为功能构件组、性能构件组和文化构件组等。其中功能构件组是指将房屋的钢筋混凝土结构体构件组部分规整地组织起来，形成最基本的使用部分，大体限定了建筑的空间与使用，即称为功能性构件组。性能构件组是指与房屋性能相关的部分构件组的组合，如外围护构件组、内装构件组等。文化构件组是指将独立附加的钢结构构件组部分组合起来，在此基础上做建筑外形的变化，钢结构部分与文化寓意息息相关，表达了建筑文化的寓意形象等，这些即是文化构件组，如门头构件等。

按照这样的逻辑将构件进行重组分类，利于从方案阶段整合各协同单位的构件产品，规避不利因素，可以清楚地划分协同设计的工作界面，避免后期构件与构件之间的关系和衔接产生问题。此外，对同一组中的建筑构件进行统筹设计与研发，互相协调，可达到事半功倍的效果。在大型建筑设计中，每个小组负责一个构件组的设计与协同，进而整合为一个完整的建筑设计，可做到多组同时推进，高效地协同设计，进而为下一步的协同建造和装配化施工奠定良好的技术和产品基础。

将建筑划分为构件，再进行构件法设计，不仅便于设计、建造、装配及维护更新的一体化，也有利于实现新型建筑工业化构件的建筑产业现代化目标。构件法建筑设计是协同设计的基础，大大有利于整个工程项目的高效实施。

从新型工业化建筑设计的角度出发，建筑是由构件组合而成，而建筑构件产品是由建筑材料、制品、零配件等组合而成。因此，产品化的建筑构件可以分解为一个个相对独立而又标准协调的部品和部件，这些建筑构件产品可以单独进行设计、制造、调试和完善，并且便于不同的专业化企业进行生产，即“制成一个独立建筑构件的产品，用于完成一种或多种功能”[①]。

构件法建筑设计提供了一个针对工业化建造系统的设计方法，将建筑划分为构件，使得协同设计有了基础，并使得所有参建单位在工程早期就参与进来共同设计研发成为可能，也为实施协同建造奠定基础。因此，协同模式也是新型建筑工业化产业联盟的基础。以此为基础，我们将通过产业联盟的协同合作，建立和完善分类建筑构件产品库，不断提高建筑标准化水平，进一步提高工业化住宅工程实施的便利性。

表系统集成化装配过程的核心技术是构件组关联技术。对于工业化住宅产品的功能性维护更新而言，通常是针对功能性的构件组单元部品，故构件组的概念对维护更新而言尤为重要。构件组关联技术，指的是将建筑所有构件按一定的关系（如功能关系等）组合成较大的部品构件单元，从而初步形成构件组的概念，如结构体构件组、围护体构件组、内装体构件组等，每个构件组由研发团队分配不同的小组独立负责。正是这种直接针对构件的关联技术，在坚持构件独立提高建造质量与效率的基础上，形成构件集成组装的关联性，打破了传统建筑设计和建造模式，大大提高施工装配的便利性与准确性。对于工业化住宅的维护更新形成产业化运作规模而言，不愧为一种技术突破。

由于表系统受到图纸的平面表达及相关操作面的局限，故我们针对下一代产品开展了更高一级相关软件的研发工作[②]。但无可置疑，正是表系统的研发运用，有效构建了工业化建筑产业联盟的建造模式，奠定了工业化住宅装配集成化的管理理论和技术基础。

此外，“微排屋”的所有部品构件均在工厂预制生产，且在组装时全部使用螺栓连接。这种连接方式能精确固定被连接件的相对位置，且结构简单，拆装方便，并可反复多次周转使用，是一种可逆的连接方式（图 5–48）。通过“微排屋”建造的实施过程，我们认为这种连接方式不仅对于建造的高效性与便利性至关重要，当构件出现问题时也可以很方便地将其拆卸并更换，且不影响其他构件的正常使用。正是这种可逆的连接方式，才使得日后维护更新的方便实施成为可能。

“微排屋”项目通过产业联盟的通力合作和表系统的集成化管理，较好地适应住宅产业化的发展要求，在实现工业化住宅装配化施工的高效性与便利性方面迈出了关键性的一大步。我们针对工业化住宅构件易维护更新所提出的构件组关联技术和可逆的部品构件连接技术，不仅作为这一研究的主要成

① 张宏, 朱宏宇, 吴京, 等. 构件成型·定位·连接与空间和形式生成：新型建筑工业化设计与建造示例[M]. 南京：东南大学出版社, 2016

② 张宏, 张莹莹, 王玉, 等. 绿色节能技术协同应用模式实践探索：以东南大学“梦想居”未来屋示范项目为例[J]. 建筑学报, 2016(5):81–85

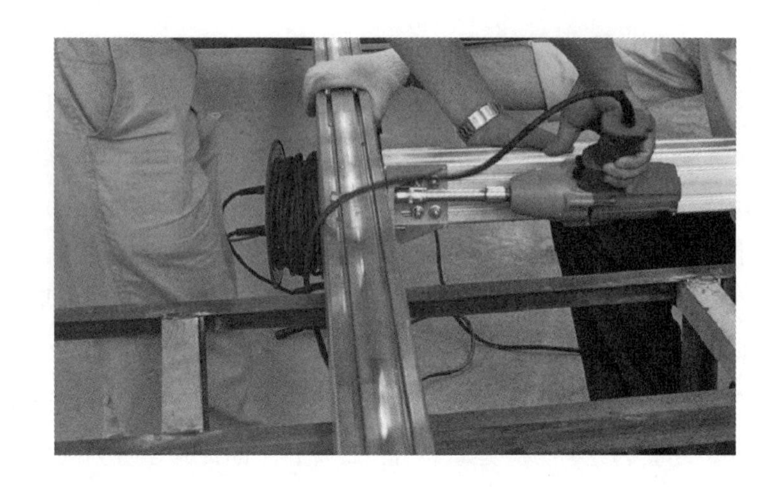

**图5–48 “微排”未来屋部品构件的螺栓连接**
图片来源：作者自摄

果，也是一种工程可行性方面的技术创新。“微排屋”作为轻型可移动住宅，该建筑内装部品及构件拆装方便，更换灵活，拆过之后的型材、构件等均可反复周转使用。经测试及实践，其内装部品构件可经过30次以上的正常拆装周转而不损坏，总寿命甚至能达到50年以上，对工业化住宅的维护更新不啻为一良好的工程示范。

#### 5.4.1.3 长寿化设计和自主化设计

“微排屋”的设计优势还有以下几点：

（1）建筑构件的长寿化设计

运用低碳建筑材料是降低建筑对环境影响程度的最重要环节。本项目均采用低碳环保建筑材料进行部品化建造，建筑材料可反复拆装重复使用30次以上，提高了建筑的耐久性和资源循环利用水平[①]，这对于工业化住宅的可维护更新具有重要意义。建筑的长寿化设计集中体现在构件的独立性与耐久性技术等方面。

①构件的独立性技术，是指构件的独立设计与生产，其对建筑长寿化的意义前文已陈述。

②构件的耐久性技术，即在构件层面展开设计，选择耐久性高的建筑材料，实现构件独立设计的规格化与标准化，并将连接方式作为关键问题处理，从构件连接的角度提高建造质量。

③组装与拆卸技术，即以方便组装与拆卸为出发点，优化构件设计和节点设计，充分实现装配技术的干式连接，即所有构件全部采用螺栓连接，实现建设行为可逆，从可维护更新的角度以充分保证建筑的长寿化设计。

（2）自主化设计

①自主产能系统

经过前两代产品的进一步研发和改进，可移动轻型房屋系统产品在科学

① 张宏，戴海雁，韩春兰. 移动养老模式与可移动住宅产品设计[J]. 城市住宅，2016(5):81–84

**图5-49 “微排”未来屋的太阳能光伏发电系统**
图片来源：于申启,张宏.“微排未来屋”的现代建造技术及其发展[J].建筑技术,2014(10):933-936

**图5-50 “微排”未来屋的可调式基础**
图片来源：于申启,张宏.“微排未来屋”的现代建造术及其发展[J].建筑技术,2014(10):933-936

分析能源需求的基础上进一步确定了能源供给方式，已通过使用太阳能光伏电板达到自主产能,基本解决了轻型可移动式住宅的能源来源问题(图 5-49)。通过建立自主产能系统，以适应住宅集中布局和分散布局的多种可能，进一步提高可移动轻型住宅的社会接受程度。

②自主污水处理系统

经过近两年的研发和改进，“微排屋”运用了东南大学能源与环境学院团队设计研发的小型分散式生态污水处理系统，通过污水处理实现高效和稳定的出水水质。该系统通过灰水、黑水分离技术，将生物、生态处理工艺相结合，设计研发出新型生物生态组合式污水处理工艺，达到去除生活污水中的氮磷营养盐等物质[①]。

### 5.4.1.4　绿色建造技术

“微排屋”项目的特色还体现在最新绿色建造技术的运用，包括以下几点：

(1) 绿色低碳技术

在上述过程中，每个环节都力求低碳环保，坚持将可持续发展理念渗透到设计阶段的各种细节，其主要措施有：①绿色施工，做到资源低耗、节能环保；②精益施工，做到精确智能、节材降耗化；③集成施工，做到组合装配、高效快捷；④安全施工，尽可能提高自动化程度，减少土方量。

(2) 基础构件可调节技术

该技术是专门为“微排屋”这类轻型可移动住宅设计研发，目的是实现住宅的可移动性。“微排屋”的基础不同于传统建筑的固定基础，首先，其位于地表，并将之固定（图 5-50）；“微排屋”的基础由螺纹千斤顶、特别定制的钢筋混凝土圈以及一些碎石等组成，可适用于地耐力大于 6 吨的各种地形，包括硬地、土地和草地等，并且该基础具有自我调平的功能，可适用于坡度不太大的坡地。

① 张宏, 张莹莹, 王玉, 等. 绿色节能技术协同应用模式实践探索：以东南大学“梦想居”未来屋示范项目为例[J]. 建筑学报, 2016(5): 81-85

图5-51 “微排”未来屋的内保温板材（左）
图片来源：干申启，张宏.“微排未来屋”的现代建造术及其发展[J].建筑技术，2014（10）：933-936

图5-52 “微排”未来屋室内露明布置（右）
图片来源：作者自摄

（3）围护结构绿色节能技术

“微排屋”的围护结构采用了三聚氰胺板材，内部填充岩棉，形成建筑物的“内胆”（图5-51）。据测试数据证明，“微排屋”的围护结构的保温隔热性能非常优越，厚度为26厘米的墙板，可以达到普通1米厚的混凝土墙所达到的效果。这种三聚氰胺保温板由于其材质轻、保温效果好，至今一直受到建筑业广泛的应用。

（4）智能化节能设计

“微排屋”室内采用空气净化系统和直饮水系统，并实时监控室内PM2.5的数值，智能启动室内空气净化系统，为居住者提供舒适健康的生活环境。室内管线、设备及灯具采用露明布置，以方便日后的维护维修和更新更换（图5-52）。“微排屋”还采用了最先进的智能控制系统，通过智能终端与手机App应用相结合，可远程控制遮阳、灯光、门禁、监控和空调的使用，实现节能减排，为用户提供“互联网+”模式下的未来生活。

“微排屋”运用了多项绿色建造技术，并通过多学科联合研发，以及与多家厂家与制造商的通力合作，初步形成了一条从设计研发到生产、制造、装配的产业链，为今后轻型可移动的CSI住宅发展做了良好的尝试与铺垫。

“微排屋”建造成功最重要的贡献在于：①在东南大学领衔团队的带领下建立产业联盟，并通过产业联盟各成员间的努力合作，以及自主研发出分层级表系统的控制管理系统，对构件进行信息集成化管理，为将来协同技术的研发奠定了基础；②通过表系统的集成化管理，形成构件组即功能性大构件单元，实现了房屋部品构件的集成化装配，大大提高了装配化住宅的工作效率和便利性；③建立了可逆的构件连接构造技术系统，初步掌握了针对既有建筑构件易维护更新的关键技术，这是对工业化住宅产品维护更新的便利性方面所取得的重要技术突破。

**图5-53 “梦想居”未来屋鸟瞰**
图片来源：张宏，戴海雁，韩春兰. 移动养老模式与可移动住宅产品设计[J]. 城市住宅，2016(5):81-84

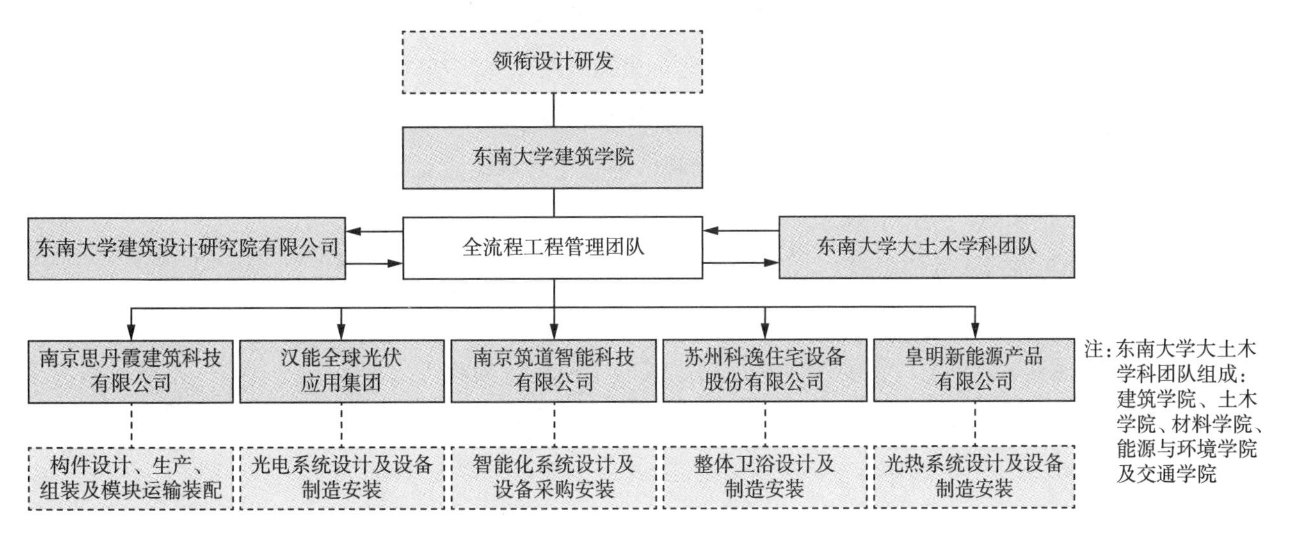


**图5-54 “梦想居”未来屋绿色节能技术协同应用构架（协同设计、建造、组织构架）**
图片来源：张宏，丛勐，张睿哲，等. 一种预组装房屋系统的设计研发、改进与应用：建筑产品模式与新型建筑学构建[J]. 新建筑，2017(2):19-23

### 5.4.2　“梦想居”未来屋

笔者作为项目的参与者，现以最新的第四代建筑产品——“梦想居”未来屋为对象，进一步介绍轻型结构 CSI 住宅及其主要特征。

“梦想居”未来屋示范项目（以下简称“梦想居”）是由东南大学建筑学院“正”工作室及合作团队研发成功的第四代轻型钢结构装配式集成房屋产品，系养老住宅产品，位于常州市武进区江苏省绿色建筑博览园内。“梦想居”是在前三代轻型房屋系统产品的基础上，联合相关团队，设计研发成功的新一代太阳能可移动轻型房屋系统（图 5-53）。项目总建筑面积 420 平方米，由 12 个 3 米 × 6 米 × 3 米的标准空间构件模块和独立连廊组合成一个四合院，南面由 4 个模块组成老年居住单元，东西两侧各为由 2 个模块组成的青年居住单元，北面由 4 个模块组成公共活动单元。

“梦想居”项目也是采用自主研发的工业化预制装配系统进行设计和建造。其建造优势是采用了经过前三代产品的长期摸索并最终建立起的构件库，故只需针对项目特点从中选择合适的构件便可进行设计和建造[①]。

① 张宏，丛勐，张睿哲，等. 一种预组装房屋系统的设计研发、改进与应用：建筑产品模式与新型建筑学构建[J]. 新建筑，2017(2):19-23

“梦想居”项目同样由东南大学正工作室作为领衔团队,该项目联合了“微排屋”项目的产业联盟成员,使得团队合作更加默契和高效,对构件的信息化与集成化管理也更加简洁和精确,进一步提升了建造效率和装配化施工的便利性,也使得日后的维护更新工作更加方便实施。

此外,“梦想居”的构件之间、空间模块之间均采用螺栓连接,方便拆卸,且可多次重复使用,完全实现了可逆的构件连接技术,便于日后的拆装和重复使用,使得日后的维护更新工作方便可行。

“梦想居”的最大特色是:在前一代产品“微排屋”产业联盟的建造基础上,运用协同设计和协同建造技术。这种协同模式较之“微排屋”稍显自由松散的产业联盟模式有更强的目的性和组织性,运行更加高效。在此基础上,运用 BIM 信息化技术进行构件组的集成化处理(关于 BIM 信息化技术的运用,我们将在下一章中另文阐述),有效改进了“微排屋”建造中表系统的二维表述及相关操作面的局限性,使得集成化装配技术更加稳定。

5.4.2.1　**协同设计与协同建造技术**

协同设计和协同建造技术以构件的分类与组合为基础,由该技术协同实现房屋构件的部品化设计、工厂化生产以及现场集成的工业化装配施工。协同建造技术采用系统协同性理论组织设计与建造,主要内容是由项目团队将建筑划分为结构体、围护体、装修体、功能体(设备、管线)等若干个构件组,构件组之间既独立又互相关联,整个团队在领衔团队的组织和带领下,分别对不同的构件组进行设计研发[①]。在设计之初,整个设计团队在领衔团队带领下运行技术协同构架(图 5-54),与协同单位和企业一起组织整个设计研发、生产和建造过程。整个技术协同应用构架目标明确,配合沟通顺畅,可真正实现“协同管理”。由于协同设计建立在详细的构件明细表和构件加工装配图基础上,所以每一阶段参与团队的分工都明确有序。各协同单位可以根据构件建造图和安装流程表,及时安排生产制作和装配任务,从而使得整个建造过程更加高效和有序。

此外,构件产品选定后,还需由厂家研发团队根据项目要求对产品进一步优化,并将各自的构件和设备产品按照构件明细表,在规定的时间内将构件运输至装配工厂,进行空间构件模块的组装。组装完成后整体运输至建造现场,逐个进行吊装、定位和连接,完成整个房屋系统的装配。整个装配过程清晰、有序,如图 5-55 所示。“梦想居”约 80% 的工程量在工厂内完成,施工现场干净、整洁,大大减少了施工装配对环境的污染。

东南大学建筑学院作为协同设计的领衔设计研发团队,在项目伊始就协同东南大学大土木学科团队和多家企业进行一体化设计,完成了“梦想居”

① 张宏,张莹莹,王玉,等. 绿色节能技术协同应用模式实践探索:以东南大学“梦想居”未来屋示范项目为例[J]. 建筑学报,2016(5):81-85

**图5–55 “梦想居”未来屋生产、装配过程**

图片来源：张宏，丛勐，张睿哲，等.一种预组装房屋系统的设计研发、改进与应用：建筑产品模式与新型建筑学构建[J].新建筑，2017(2):19–23

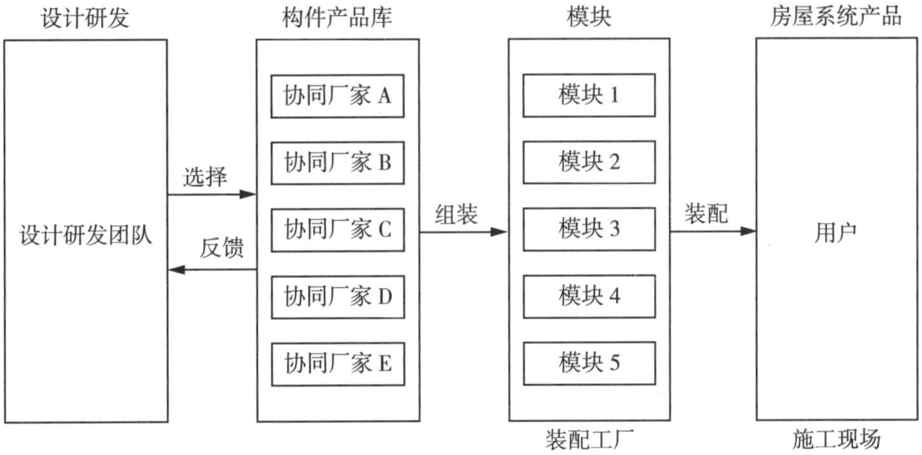

设计研发　　构件产品库　　模块　　房屋系统产品

设计研发团队

选择

反馈

协同厂家 A

协同厂家 B

协同厂家 C

协同厂家 D

协同厂家 E

组装

模块 1

模块 2

模块 3

模块 4

模块 5

装配

用户

装配工厂　　施工现场

**图5–56 “梦想居”未来屋研发与建造流程**

图片来源：张宏，张莹莹，王玉，等.绿色节能技术协同应用模式实践探索：以东南大学“梦想居”未来屋示范项目为例[J].建筑学报，2016(5):81–85

项目的设计、研发、建造和工程管理（图 5–56）。正是由于采用了协同设计，故在设计过程中就可以及时发现并提前解决实施过程中出现的问题。可以说，良好的协同合作模式是项目顺利进行的保证。

“梦想居”项目通过系统性协同合作，形成了面向用户、面向市场的协同设计与协同建造合作模式，这种协同合作模式打破了每个生产企业之间产品互不兼容的局限性，形成具有协同技术和协同利益的共赢关系，保证了“梦想居”示范项目的快速高效顺利实施，大大促进了建筑行业的产业化转型升级和进一步发展。可以说，“梦想居”的协同制造成功，为我国住宅工业化的发展开辟了一种新型道路和模式，是我国住宅产业化发展的一次成功实践模式。

“梦想居”不只是一次绿色建筑实践，也是一种运用绿色技术的协同应用模式，是对一种新的房屋系统设计和建造模式的有益探索和尝试。东南大学“正”工作室设计团队通过与相关企业的协同设计和建造，形成相互间稳固的长期合作关系。通过这种协同合作，整个设计研发团队进一步提升了房屋的装配化程度和装配化施工便利性，也使得我们对构件组关联技术和可逆的构件连接技术的应用更趋成熟。

轻型可移动房屋“梦想居”是产业化住宅协同设计和协同建造的首次成功实践模式。在“微排屋”初步实现构件组关联技术的基础上，“梦想居”项目采用协同设计和协同建造技术。其特点在于，运用协同技术，由领衔团队带领设计研发团队按功能性协同要求将建筑集成划分为不同的构件组，构件组之间又能形成一种协同的关联关系，使得构件集成装配技术运用更加成熟，建造施工过程更加方便、高效和精确。通过 BIM 信息化技术的运用，进一步优化发展了针对既有建筑构件易维护更新的关键技术，同时在节点的连接设计上也广泛运用了螺栓连接，完全实现可逆的构件连接技术。建筑部品和构件可反复拆装，重复利用，大大提升建造效率和施工装配的便利性，使得日后维护更新工作更加方便高效。

除此之外，“梦想居”的主要设计和建造特点还有适老化设计、绿色建造和节能技术。

#### 5.4.2.2 适老化设计

“梦想居”为可移动养老住宅。这里的“可移动”是指该产品在满足养老住宅的各项基本需求的情况下，还具备养老在人文方面的环境选择功能，易于拆卸转移至新选择的场所[①]。

（1）适老化空间布局

四合院围绕开敞院落布置，并由连廊联通各个居住单元。每个单元模块一室一厅，为 1 个老年居住单元，模块内部、模块之间联系方便。

（2）适老化空间尺度

考虑轮椅和担架出入方便，厨房、卫生间、公共过道、门厅空间均进行加宽设计。（图 5–57）。

（3）适老化设施设计

设计残疾人坡道；设计坐浴设施、抓杆、扶手等；室内门、各空间门均向外开或采用推拉式，避免老人摔倒堵住门口影响开门救援。

（4）适老化家具选型

从家具尺寸、材料、类型等方面设计满足老年人活动需要的家具，如卧室采用高床头柜，增加床、沙发硬度，增加厨房操作台面高度等。

“梦想居”的研制成功受到人们的广泛重视和欢迎，随着老龄化社会的临近，我们认为，这种工业化移动养老住宅将是未来人们关注的重点。虽然东南大学自主研发的可移动轻型房屋系统产品问世时间不长，但在满足目前养老住宅的各项基本需求、可多次反复拆装、无须市政设施配套等方面适应了国

① 张宏，戴海雁，韩春兰. 移动养老模式与可移动住宅产品设计[J]. 城市住宅, 2016(5):81–84

**图5-57 “梦想居”未来屋移动养老产品内景**

图片来源：张宏，戴海雁，韩春兰.移动养老模式与可移动住宅产品设计[J].城市住宅，2016(5):81-84

家绿色发展和人文社会需求，该项产品将有望成为有文化有内涵的优质养老住宅产品。这种新型移动养老模式具有一些独特性能的集成优势，与传统住宅相比较，“梦想居”可移动养老住宅产品与“微排屋”一样，由于其建设行为可逆，因而是一种可持续的新型工业化住宅产品，其绿色、宜居等特性受到社会广泛欢迎。

### 5.4.2.3　绿色建造和节能技术

“梦想居”轻型可移动房屋建造系统具有标准空间模块化生产与高度集成的系统性能，以及超高速组装的建造方式和可拆卸可重复周转使用等特点，使得“梦想居”能够在较短时间内满足居住、办公、展览、商业、景观、遗产保护等不同类型的使用要求，同时还能最大限度地实现节能减排，这些对我国现阶段经济建设实现可持续发展均具有重要的示范意义[①]。由于该产品在建造时即考虑了建筑全生命周期内的资源利用和能源消耗，并使用了一系列绿色建造和节能技术，因而可称之为新一代绿色建筑产品。

（1）结构体绿色节能技术

“梦想居”东西两边是两个空间模块组成的平屋顶建筑，南北两栋建筑分别由 4 个空间模块构成近 80 平方米大空间，采用了坡屋顶。主结构体和坡屋顶结构体分别由 60 毫米 × 60 毫米的方钢管与独立节点，用螺栓连接成空间立

① 张宏，张莹莹，王玉，等. 绿色节能技术协同应用模式实践探索：以东南大学“梦想居”未来屋示范项目为例[J]. 建筑学报，2016(5):81-85

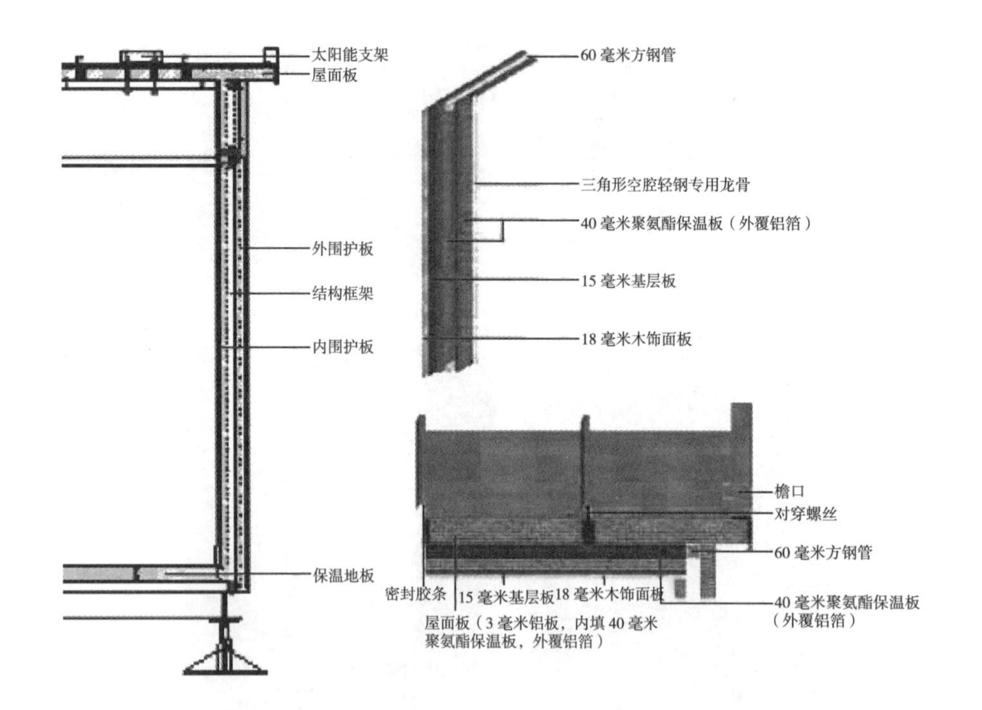


**图5–58 “梦想居”未来屋围护体保温节能构造图**

图片来源：张宏,张莹莹,王玉,等.绿色节能技术协同应用模式实践探索：以东南大学“梦想居”未来屋示范项目为例[J].建筑学报,2016(5):81–85

体框架，纵向墙框架和坡屋顶框架上装有十字交叉斜拉索钢构件，具有很强的结构稳定性，抗结构变形，从而满足运输、装配、使用过程中多种工况受力的需要。各标准空间模块之间经螺栓连接固定后，还能够获得更大的整体强度。

（2）围护体绿色节能技术

为了保证建筑的保温隔热性能，“梦想居”的标准空间模块和屋顶都采用了内外两层复合围护体，分别安装在60毫米方钢管结构构件的两侧，内、外围护体之间形成了封闭空气腔（图5–58）。内、外围护体均采用外侧覆有铝箔的聚氨酯保温板作为内芯，可以防辐射热，加强了复合围护体保温隔热性能。木饰面作为围护体内面层，将性能与室内装修相结合。外围护体用竖向三角形空腔轻钢专用龙骨，将相邻外围护体铝板的边缘用线型卡扣构造卡固在一起，并连接在方管结构体上。这不仅使安装过程简单快捷，而且能有效地保证外围护体的防水性和空气密闭性。

（3）其他绿色建造技术

“梦想居”的屋顶面板同样采用了内填保温材料加铝箔的铝复合板，这不仅减少了房屋系统构件的类型，而且减轻了屋顶的重量，同时具有良好的耐久性，能够有效抵抗雨雪风霜的侵蚀，延长建筑的使用寿命。每块屋面铝板相互卡扣咬合，屋面板脊间嵌有密封胶条，并通过对穿螺丝夹紧，有效地防止雨雪渗入造成的渗漏。

“梦想居”项目采用空间大构件与框式构件复合装配技术模式，实现了产能建筑的建造和性能技术集成[①]。而其院落式空间布局和内院景观设计，又具

① 张宏，丛勐，张睿哲，等. 一种预组装房屋系统的设计研发、改进与应用：建筑产品模式与新型建筑学构建[J]. 新建筑，2017(2):19–23

有中国传统文化特征，也可以认为该项目在轻型可移动集成房屋建造及居住品质等方面起到了独树一帜效应。

此外，该产品还设有污水自主处理系统而基本实现微排放，因而具有基本无须依托市政设施等独特性能。

“梦想居”的突出贡献在于，将建筑依据功能关系划分为若干构件组，通过协同设计和协同建造模式，使得工业化住宅的装配集成化技术体系得到进一步优化，技术体系也更加成熟，为下一步工业化住宅的工程实践和技术研发奠定强大基础，对我们建立可逆的构件连接构造技术系统，实现针对既有建筑构件易维护更新的关键技术也做了进一步的技术支撑。

### 5.4.3　“揽青斋”示范项目

前节所举例的“微排屋”和“梦想居”项目都是由东南大学建筑学院“正”工作室设计研发的轻型可移动装配式住宅，但目前我国工业化住宅大都采用钢筋混凝土类型结构，属于重型结构，故下面介绍一栋此类建筑——“揽青斋”示范项目的设计与建造技术，从更广泛的角度进一步阐述工业化住宅可维护更新方面的技术系统和方法。

“揽青斋”示范项目（以下简称“揽青斋”）属于现浇工法钢筋混凝土框架结构建筑[①]，该项目是“十二五”国家科技支撑课题的示范项目，也是国家新型建筑工业化协同创新中心组建以来的示范项目之一。该项目系一栋住宅建筑，位于住房和城乡建设部设立的常州市武进区绿色建筑产业集聚示范区内，设计研发单位包括东南大学建筑学院、东南大学建筑设计研究院有限公司、东南大学土木工程学院和东南大学工业化住宅与建筑工业研究所等。

图 5-59 为“揽青斋”外观，该示范项目是一栋三层现浇钢筋混凝土框架结构建筑，总建筑面积为 721 平方米。该项目的工程抗震设防烈度为 7 度，建筑第一层和第二层的层高为 4.0 米，建筑面积均为 283 平方米，第三层的层高为 6.0 米，建筑面积为 155 平方米。“揽青斋”平面呈正方形，建筑总长和总宽均为 17.04 米，总建筑高度为 15.05 米。

#### 5.4.3.1　“揽青斋”项目的建造特色

“揽青斋”在结构形式上与“微排屋”及“梦想居”不同，为现浇工法钢筋混凝土框架结构，属于重型结构建筑。其结构构件由钢筋混凝土浇筑成型，并在现场首次利用自主研发的钢筋混凝土柱、梁、板、墙结构构件成型和定位装备系统进行装配化施工；外围护体为非承重外挂墙板，采用自主研发的钢筋混凝土外墙板高性能围护结构系统，并在工厂预制加工，在现场进行吊装与装配作业。项目采用钢筋混凝土独立基础，建筑的第一层与第二层

① 张宏, 朱宏宇, 吴京, 等. 构件成型·定位·连接与空间和形式生成：新型建筑工业化设计与建造示例[M]. 南京：东南大学出版社, 2016

**图5–59 “揽青斋”外观**
图片来源：张宏,朱宏宇,吴京,等.构件成型·定位·连接与空间和形式生成：新型建筑工业化设计与建造示例[M].南京：东南大学出版社,2016

属于基本功能体，采用钢筋混凝土框架结构，三层属于扩展功能体，采用钢结构。

“揽青斋”项目在“微排屋”和“梦想居”建造实践的基础上，采用构件法协同设计和 BIM 信息化技术，并根据协同技术将全部构件按功能及使用情况进行集成。项目团队研发使用钢筋混凝土模架工法装备系统在现场对所集成的构件组（大构件部品单元）进行定位拼装连接和进一步装配，这是对传统现浇钢筋混凝土结构在施工方式上的重大突破和改进。这套工法装备系统的应用，大大提高了现浇钢筋混凝土结构建筑装配化施工的高效性和便利性，进一步实现了针对既有建筑构件的易维护更新技术。在构件连接方面，除了现浇构件之外也全面使用螺栓连接，保证了拆装便利性。

“揽青斋”项目的主要特色：一是在项目领衔团队东南大学“正”工作室带领下，采用构件法协同设计模式及构件组集成技术，并运用 BIM 技术，研发并运用了钢筋混凝土柱、梁、板、墙结构构件成型和定位装备系统（简称钢筋混凝土模架工法装备系统或工法装备系统，稍后介绍），运用该系统在现场对构件组进行定位装配，达到整体成型，大大提高装配化施工的高效性和便利性；二是研发并运用了预制混凝土外墙板高性能围护结构系统（简称围护结构系统，稍后介绍），可方便地将预制好的重型外墙板在现场进行吊装并采用螺栓进行连接装配，提升了建造效率和日后维护更新的便利性。

#### 5.4.3.2 构件法协同设计

虽然结构形式不同，但“揽青斋”延续了“微排屋”的产业联盟和“梦想居”的协同模式并进一步发展，研发并运用了构件法协同设计。构件法简单来说就是将建筑分解成各个构件，并按照一定的逻辑进行组织，形成构件组，再以构件组为单位进行设计，目的是让设计过程中的目标、顺序和逻辑更加清晰（关于构件法，下一章中将另文介绍）。构件法协同设计的核心技术就是依上节介绍的协同技术，将建筑的全部构件按照功能、性质及用途进行集成，并划分为功能构件组、性能构件组和文化构件组等。其中功能构件组是建筑的主体结构部分。

功能构件组主要是结构体构件组；性能构件组包括外围护构件组、内装构件组等；文化构件组是指独立附加的钢结构构件组，如门头构件，主要是为了体现建筑独特的文化特征。每个构件组由不同的团队负责，彼此之间进行协同设计和建造，目标明确，配合沟通顺畅，形成一种既独立又互相关联的关系。这种构件法协同设计使构件集成技术得到显著改进，构件组的集成划分更为细致清晰，更具逻辑性，构件组之间的关系更为紧密，从而进一步提高了施工装配的便利性。该项目主要建造特色是，在领衔团队带领下，通过 BIM 信息化技术的运用，研发并运用了钢筋混凝土模架工法装备系统，该系统可在现场对构件或大构件部品单元进行定位连接和装配化施工，进一步提升了建造效率和装配化施工的便利性，这是对传统现浇钢筋混凝土结构在施工方式上的重大优化和改进，也是构件组关联技术在工程实践和技术研发方面的突破性进展。此外，由于构件法协同设计使得彼此分工职责明确，图纸表达清晰，可有效提高日后维护更新工作的准确性和效率。

在构件连接方面，“揽青斋”为现浇框架结构，主体结构作为支撑体构件单元，经过耐久性设计并由混凝土浇筑成型。但其围护结构为钢筋混凝土夹层预制板构件，由工厂预制生产，并在现场吊装完成。为使这种重型混凝土预制构件也能够在现场吊装并采用螺栓进行连接装配，整个研发团队在领衔团队带领下研发并运用了高性能的围护结构系统，可方便地将预制好的重型外墙板在现场进行吊装并采用螺栓进行连接装配，且拆卸方便，可重复使用，这是对传统现浇钢筋混凝土结构在施工方式上的重大优化和改进。重型构件的吊装并使用螺栓进行连接，这对于工业化住宅产品的维护更新不仅开阔了视野，也是重要的技术突破。

#### 5.4.3.3　工法装备系统和围护结构系统

在施工工法方面，该项目由东南大学工业化住宅与建筑工业研究所牵头，研发出两套装配化施工技术系统，一套是钢筋混凝土柱、梁、板、墙结构构件成型和定位装备系统；另一套是预制混凝土外墙板高性能围护结构系统。这两套技术系统都是“揽青斋”项目装配化施工的核心技术，我们在此做简单

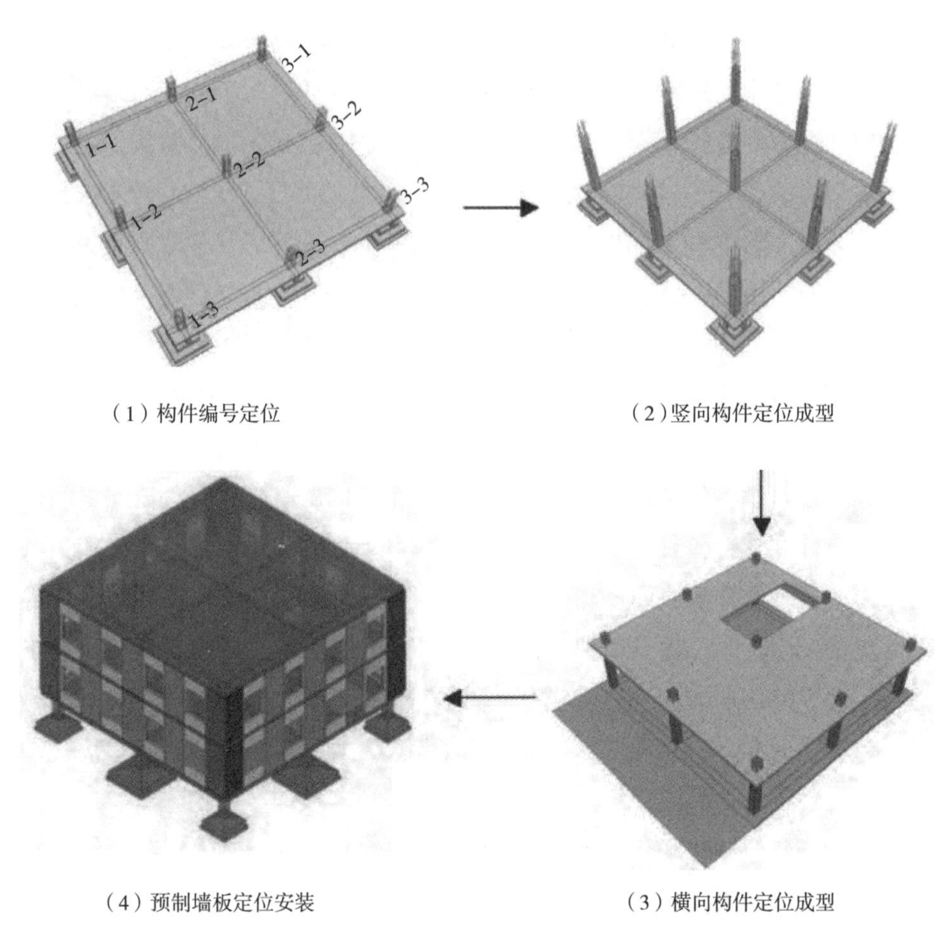


（1）构件编号定位　（2）竖向构件定位成型　（3）横向构件定位成型　（4）预制墙板定位安装

**图5–60 “揽青斋”主体结构构件成型连接工法**

图片来源：潘文佳,张宏,王海宁,等.乡村养老建筑设计探讨[J].建设科技,2018(7):32–35

介绍。

钢筋混凝土模架工法装备系统是由整个研发团队在项目领衔团队东南大学“正”工作室带领下，通过构件法协同设计，运用BIM技术进行施工模拟及检验测试而成功研发并应用的。其主要技术要点是在钢筋混凝土结构构件浇筑成型过程中，利用模具支撑装备分别实现竖向和横向构件定位、定型、辅助脱模、模板周转等过程。该装备系统由立杆、横杆、斜杆与集装节以销连接形成的立方格构体块，以机械化方式完成整体预装、搬运、吊装、定位、定型、合模、脱模的全过程周转性施工，其中构件独立成型定位涉及协同设计的构件集成及其定位，是系统运行的关键。该系统不仅实现了在减少搬运、安全操作、避免损耗、节约环保、精准施工等情况下的装配化施工（图5–60），更能够在执行现行高层现浇钢筋混凝土结构规范的前提下，采用集成装配化方式实现结构构件整体成型，大大提升了现浇钢筋混凝土结构建筑装配化施工的高效性和便利性①。该装备系统已通过江苏省住房和城乡建设厅举办的《工程集装架规程》专家评审，形成企业标准。

预制混凝土外墙板高性能围护结构系统的应用，首先是将外墙板在工厂内采用模具预制浇筑成型，然后在现场运用高性能的围护结构系统进行吊装，

① 刘聪,张宏,朱宏宇,等.装配式绿色建筑设计：武进绿博园揽青斋项目建造示例[J].城市建筑,2017(13):33–35

**图5-61 “揽青斋”墙板在工厂加工照片**

图片来源：张宏,朱宏宇,吴京，等.构件成型·定位·连接与空间和形式生成：新型建筑工业化设计与建造示例[M].南京：东南大学出版社,2016

**图5-62 “揽青斋”墙板吊装**

图片来源：张宏,朱宏宇,吴京，等.构件成型·定位·连接与空间和形式生成：新型建筑工业化设计与建造示例[M].南京：东南大学出版社,2016

并用螺栓进行可逆的连接装配（图5-61）。该预制墙体为非承重外挂墙体，固定于建筑结构体外表面，采用组合连接形成外围护墙体。墙体分为两种规格，由外到内依次为预制墙件、空气间层、复合保温板、内墙板；此外，预制围护墙体还可集成绿色技术，与太阳能设备、遮阳构件、绿化种植台结合，形成一体化功能墙板，为一重型混凝土预制构件，具有较好的保温、隔热等物理性能。

由于“揽青斋”项目为三层钢筋混凝土重型框架结构建筑，外墙板安装需要进行较多的重型吊装作业（图 5-62），其日后可维护更新方面的拆卸和维修更换也同样需要进行吊装，此项作业难度要比均为单层轻型装配式建筑的“微排屋”和“梦想居”大得多。“揽青斋”项目研发的围护结构系统很好地完成了这一吊装及安装任务。虽然目前我国高层建筑施工中的吊装作业较为普遍，但对于住宅在使用过程中重型部品构件的吊装作业及螺栓连接的拆装，必然会受到技术和环境方面的种种限制，这就成为目前我国工业化住宅可维护更新的技术难点。“揽青斋”项目的吊装及螺栓连接装配成功，无疑是工业化住宅可维护更新在这一领域的重要技术突破。至于高层工业化住宅的维护更新，其重型部品构件的吊装作业问题，我们将在今后进一步思考研究，但对于中低层工业化住宅的维护更新而言，“揽青斋”项目成功的相关作业一定会起到很好的示范作用。

#### 5.4.3.4 “揽青斋”项目的其他建造技术

（1）BIM 信息化技术应用

BIM 软件实现了预制构件的模拟施工和构件拼装节点检验以及构件碰撞检查，由此即可将整个建筑设计延伸至构件的制造、运输、安装过程，起到了减少施工误差、提高施工精度、保证施工质量的效果。依据 Revit 平台二次开发量算软件，通过建模中的构件 BIM 数据，可显著节省在计算机软件中建立工程计算模型的工作，从而轻松地获取各组统计数据。

（2）大跨度空间可变技术

大跨度空间可变技术通过取消建筑内部的横纵分隔墙①，保留作为承重结构的墙体和相对固定的厨房、卫生间，使其他功能空间可以灵活布置，可有效减少传统建筑空间开间小、进深短所带来的空间局限。此外，大跨度空间可变技术由于采用大型化的集成构件生产建造方式，构件总数减少，有利于项目建造效率的提高。

（3）管线分离技术

该建筑利用吊顶面板和水平楼板之间的空间，在建筑周围布置线缆，同时利用楼地面和架空地板之间的悬空空间布置房屋线缆，使主体结构与管线相分离，保证内装部品和设备在建筑物使用寿命期间内，可进行 2～4 次内装升级修改施工。

（4）自然能源利用技术

该建筑屋顶设置欧瑞康太阳能公司的发电峰值功率 125 瓦的光伏组件 72 块，总装机容量达到 9000 瓦，节能率达到 65%。建筑采用双层中空玻璃，标准化外窗系统的应用量达到 100%。该建筑在设计阶段就考虑绿色建筑设计的要求，目前已获得国家二星级绿色建筑设计标识。

（5）整体式卫浴系统技术应用

该栋建筑的卫生间采用工业方式生产的标准化整体卫生间，由两个工人采用干法施工，4 小时即可将工厂生产的组件在现场完成一套整体浴室的安装。整体一次模压成型的 SMC 底盘杜绝渗水漏水的可能，因此无须再单独做防水工程，只需对安装整体浴室区域楼面做水平处理。

从建造技术的角度来看，“揽青斋”示范项目的建造主要有以下几大特色：

①通过构件法协同设计和 BIM 信息化技术的运用，研发并应用了钢筋混凝土模架工法装备系统，这样既可方便实现构件的独立成型定位，进而实现结构构件高效整体成型，又可方便地将预制好的重型外墙板在现场进行吊装

① 刘聪，张宏，朱宏宇，等. 装配式绿色建筑设计：武进绿博园揽青斋项目建造示例[J]. 城市建筑，2017(13)：33-35

及螺栓连接装配，大大提高了现浇钢筋混凝土结构建筑装配化施工的高效性和便利性，也大大方便了日后的维护更新。正是这套装备系统的研发应用，使得可逆的构件连接构造技术和针对既有建筑构件易维护更新的关键技术在工程实践和技术研发方面取得了重大突破。

②大跨度空间可变技术的使用，可大大减少构件的总体数量，不仅提高了项目建造效率，为未来功能空间可变建造的施工技术积累了宝贵的经验，也便于日后的维护更新。

③管线分离技术及整体式卫浴技术的应用，可大大减少日后维护更新的工作量，提高工作效率。

④“揽青斋”示范项目通过对太阳能光电技术和标准化外窗系统的运用，在自然能源的利用和节能环保技术的运用方面取得了非常突出的成绩。

“揽青斋”示范项目采用工业化结构构件工法装备系统和围护构件系统，运用新型装配化施工技术和绿色建造技术[①]，为未来新型装配式保障房项目建设发展，以及掌握实施新型工业化施工核心技术积累了宝贵经验。

通过对上述东南大学建筑学院“正”工作室设计研发建造的三个项目进行分析研究可知，构件的集成技术形成构件组（大构件部品单元）再进行整体拼装，由此达到高效率、精准、快速装配化无疑是这一系列产品共同的建造特色。可以看出，这三个项目在构件独立成型、定位与装配方面不断取得技术进展，构件集成技术从“微排屋”分层级表系统的构建实施，到“梦想居”项目协同模式的技术提高，最终在“揽青斋”项目研发运用新型工法技术系统得到进一步优化发展。这三个项目完成了装配集成化的研发与工程实施，均有重大的技术突破。在构件连接方面，三个项目均使用了螺栓连接，由此实现了可逆的构件连接技术。从整体情况来看，集成化装配及连接的便利性工程实施是这三个项目最大的共同建造特性。我们对这一建造特性进一步进行研究，在坚持螺栓连接原则和构件独立原则的基础上，建立了可逆的构件连接构造技术系统，实现了针对既有建筑构件易维护更新的关键技术，切实提高了工业化住宅维护更新的工程可行性与便利性，为工业化住宅产品日后维护更新的产业化运作开拓了广阔的市场前景。

## 5.5　SI 住宅的日常维护及其策略

### 5.5.1　SI 住宅的日常维护

除了上述针对 SI 住宅可维护更新的主动性设计外，其日常维护对于 SI 住

① 张宏，朱宏宇，吴京，等. 构件成型·定位·连接与空间和形式生成：新型建筑工业化设计与建造示例[M]. 南京：东南大学出版社，2016

宅的长寿化也具有重要意义。但凡建筑在使用过程中，由于风、雷、雨、雪、日晒等自然现象，或是台风、地震等自然灾害，抑或是日常使用老化等，都会产生破损和裂化等情况，从而影响建筑物的寿命。因此，定期的点检、护理、维修、更换更新等，对实现长寿化住宅均有重要作用。除按照国家的法规标准进行维护，还应建立日常巡检及定期检修等制度。

（1）确立健康建筑的理论

我国 2017 年发布的《健康建筑评价标准》中将健康建筑定义为：在满足建筑功能的基础上，为人们提供更加健康的环境、设施和服务，促进人们身心健康、实现健康性能的提升①。健康建筑在“四节一环保（节能、节地、节水、节材和环境保护）”的基础上更加注重建筑使用者的健康，应成为未来我国建筑领域发展的重要方向。

我们应结合健康建筑的理论，并运用 BIM（建筑信息模型）管理技术，全方位对建筑进行日常维护更新及相关管理，在建筑的全生命周期内实现管理信息化（关于 BIM 技术在住宅维护更新中的应用，我们在后文详细论述）。

（2）建筑主体的维护

一般来说，混凝土主体结构经过耐久性设计，通常应能保持 100 年以上的使用寿命，而围护体的耐久性相对较短。因此，应根据 SI 住宅构件或部品的不同使用寿命，设定不同的点检周期，进行定期检修、护理或更新等（表 5–3）。

表5–3 SI住宅建筑主体的点检维护表（作者根据资料整理绘制）

| 类别 | 部位 | 点检期 | 点检项目 | 处理 |
|---|---|---|---|---|
| 建筑主体 | 基础 | 5~6 年 | 是否出现龟裂、破损、下沉、倾斜、积水、腐蚀、通气不良等现象 | 进行部分修补、保养，改建时更新 |
| | 结构体 | 3~5 年 | 包括柱、梁、楼板等，是否出现脏污、龟裂、弯曲、隆起、脱离、生锈、破损等现象 | 进行部分修补、保养，改建时更新 |
| | 外墙 | 3~5 年；2~3 年 | 混凝土板是否出现脏污、龟裂、渗漏、脱落等现象；面砖、金属板等外装是否了出现脏污、变形、龟裂、劣化等现象 | 进行部分修补、保养、10~20 年全面修补；进行部分修补、保养，10 年全面修补 |
| | 屋面 | 3~5 年；2~3 年 | 包括瓦片、钢板、混凝土板等，是否出现错位、裂缝等现象；排水沟是否出现堵塞、移位、裂缝等现象 | 进行部分修补、保养、10~20 年全面修补；进行部分修补、保养，7~8 年全面更换 |
| | 楼梯 | 3~5 年 | 是否出现龟裂、破损、渗漏、劣化等现象 | 进行部分修补、保养，10~20 年全面修补 |
| | 分隔墙 | 3~5 年 | 包括分户墙、公共管井墙体、楼梯间墙体等，是否出现脏污、龟裂、渗漏、脱落等 | 进行部分修补、保养，10~20 年全面修补 |
| | 阳台 | 3~5 年；2~3 年 | 包括防水层、铝合金部分等，是否出现脏污、龟裂、劣化、褪色、腐蚀、破损等现象；包括木材、钢材、聚氯乙烯材部分，是否出现脏污、腐蚀、生锈、褪色、破损等现象 | 进行部分修补、保养，10~20 年全面修补；进行部分修补、保养，5~10 年全面修补 |
| | 开口部 | 2~3 年 | 包括外部门窗、雨篷、格栅等，是否出现变形、不匹配、异常、渗漏、腐蚀等现象 | 随时进行修补、更换，10~20 年全面更换 |

① 中国建筑学会.健康建筑评价标准：T/ASC 02–2016[S]. 北京：中国建筑工业出版社，2017

（3）公共设备的维护

公共设备的正常使用、运转，是保证居住环境良好的关键因素。一般情况下，设备的耐久性较短，应根据 SI 住宅各项设备部品的使用寿命，定期进行点检、维护或更新等（表 5–4）。

表5–4　SI住宅公共设备的点检维护表（作者根据资料整理绘制）

| 类别 | 部位 | 点检期 | 点检项目 | 处理 |
|---|---|---|---|---|
| 公共设备 | 电梯 | 10~30 天 | 包括机械设备、电力设备、电梯本体的门、箱体、内装等，是否出现龟裂、破损、渗漏、劣化、异常等现象 | 随时进行维修、保养、更换，10~20 年全面更新 |
| | 给水排水设备 | 2~3 年 | 包括水管、水栓、接头、水泵、减压器、水池、净化池等，是否出现漏水、堵塞、老化、腐蚀、破损、异味等现象 | 每天检查水质，定期清扫、随时进行维修、更换，10~20 年全面更新 |
| | 暖通设备 | 2~3 年 | 包括散热器、热水管、燃气管、通风管道、空调设备、热水器设备等，是否出现漏气、漏水、老化、腐蚀、破损等现象 | 随时检查、定期清扫、随时进行维修、更换，10~20 年全面更新 |
| | 电气设备 | 3~5 年（2~3 年） | 包括电缆、电线、变压设备、照明设备、开关、插座等，是否出现脏污、破裂、漏电、异常等现象 | 随时进行检查、维修、更换，10~15 年全面更新 |
| | 安全防范设备 | 每年 | 包括消防设备、防水灾设备、防燃气泄漏设备、智能监控设备、防盗设备、报警设备等，是否出现脏污、破裂、中断等现象 | 随时进行检查、维修、更换，10~15 年全面更新 |

（4）内装及户内设备的维护

内装及户内设备一般是根据住户的使用需求来维护、施工的。因此，内装及户内设备的维护应根据个人使用情况以及便利性为原则，结合不同部品的使用寿命，定期进行点检、维护更新等（表 5–5）。

表5–5　SI住宅内装及户内设备的点检维护表（作者根据资料整理绘制）

| 类别 | 部位 | 点检期 | 点检项目 | 处理 |
|---|---|---|---|---|
| 内装及户内设备 | 户内开口部 | 2~3 年 | 包括户内床、固定家具等，是否出现脏污、不匹配、劣化、破损等现象 | 随时进行维修、更换，10~5 年全面更新 |
| | 内隔墙 | 2~3 年 | 是否出现脏污、龟裂、变形、破损等现象 | 随时进行维修、更换，10~15 年全面更新 |
| | 内装材 | 2~3 年（1~2年） | 包括地板、墙体、顶棚等装饰材，是否出现脏污、隆起、变形、龟裂、脱落、破损等现象，表面涂装是否出现脏污、剥落等现象 | 随时进行修补、更换，10~15 年全面更新（随时进行修补、更新，10~15 年全面更新） |
| | 户内给水排水设备 | 2~3 年 | 是否出现漏水、堵塞、老化、腐蚀、破损、异味等现象 | 随时进行维修、保养、更换，10~20 年全面更新 |
| | 户内暖通设备 | 2~3 年 | 是否出现漏气、漏水、老化、腐蚀、破损等现象 | 随时进行维修、保养，10~20 年全面修补 |
| | 户内电气通设备 | 2~3 年 | 是否出现脏污、破裂、漏电、老化、异常等现象 | 随时进行维修、保养，10~15 年全面修补 |

续表

| 类别 | 部位 | 点检期 | 点检项目 | 处理 |
|---|---|---|---|---|
| 内装及户内设备 | 厨房 | 1~3 年 | 包括通风换气、用水设备、燃气设备、电气设备等，是否出现通气不良、水管堵塞、燃气泄漏、漏电、设备破损等现象 | 随时进行维修、保养，10~15 年全面修补 |
| | 卫生间 | 1~3 年 | 包括通风换气、用水设备、燃气设备、电气设备等，是否出现通气不良、水管堵塞、设备破损等现象 | 随时进行维修、保养，10~15 年全面修补 |
| | 浴室 | 1~3 年 | 包括通风换气、用水设备、燃气设备、电气设备等，是否出现通气不良、水管堵塞、燃气泄漏、漏电、设备破损等现象 | 随时进行维修、保养，10~15 年全面修补 |
| | 户内安全防范设备 | 每年 | 包括通风换气、用水设备、燃气设备、报警设备，是否出现脏污、破裂、中断等现象 | 随时进行维修、保养，10~20 年全面修补 |

（5）住宅质量保险制度

为了保证质量、减少风险，应在住宅产业中引入保险机制予以进一步落实。全面推行住宅质量保证保险制度是一种有效缓解住宅质量问题，进而充分保障消费者权益的重要途径。“住宅质量保证保险”也应是我国住宅产业化的重要内容。

随着住宅产业的发展，住宅质量保险制度将逐渐涵盖与住宅相关的各个方面，如主体结构保险、住宅部品保险、住宅施工保险、住宅内装部品构件的保险等，充分有效的保险机制对住宅维护更新的产业化运作十分重要。

（6）住宅性能认定制度

对工业化住宅实施性能认定制度，可使消费者分别从适用性能、环境性能、经济性能、安全性能及耐久性能等五个方面对住宅进行综合评定①，从而了解住宅产品的性能，掌握对住宅可维护更新性能方面的知情权与主动权；也可以使住宅产品的开发企业获得客观公正的评价，提高市场竞争力，这对于加快我国住宅产业化进程意义重大。同时，推进住宅性能认定制度，有利于政府部门的监管，提高住宅建设质量。具体评定内容如表 5-6 所示。

表5-6　SI住宅性能认定基准概要（作者根据资料整理绘制）

| 评定性能 | 评定项目 | 评定分项 |
|---|---|---|
| 耐久性能 | 结构工程 | 勘察报告、结构设计、结构工程质量、外观质量 |
| | 装修工程 | 装修设计、装修材料、装修工程质量、外观质量 |
| | 防水工程与防潮措施 | 防水设计、防水材料、防潮与防漏措施、防水工程质量、外观质量 |
| | 管线工程 | 管线工程设计、管线材料、管线工程质量、外观质量 |
| | 设备 | 设计或选型、设备质量、设备安装质量、运作状况 |
| | 门窗 | 设计或选型、门窗质量、门窗安装质量、外观质量 |

① 柴成荣，吕爱民. SI住宅体系下的建筑设计[J]. 住宅科技，2011（1）:39-42

续表

| 评定性能 | 评定项目 | 评定分项 |
| --- | --- | --- |
| 经济性能 | 节能 | 建筑设计、围护结构、采暖空调系统、照明系统 |
| | 节水 | 中水利用、雨水利用、节水器具及管材、公共场所节水措施、景观用水 |
| | 节地 | 地下停车比例、容积率、建筑设计、新型墙体材料、节地措施、地下公建、土地利用 |
| | 节材 | 可再生材料利用、建筑设计施工新技术、节材新措施、建材回收率 |
| 安全性能 | 结构安全 | 工程质量、地基基础、荷载等级、抗震设防、外观质量 |
| | 建筑防火 | 耐火等级、灭火与报警系统、防火门（窗）、疏散设施 |
| | 燃气及电气设备安全 | 燃气设备安全、电气设备安全 |
| | 日常安全防范措施 | 防盗设施、防滑防跌措施、防坠落措施 |
| | 室内污染物控制 | 墙体材料、室内装修材料、室内环境污染物含量 |
| 适用性能 | 单元平面 | 单元平面布局、模数协调及可改造性、单元公共空间 |
| | 住宅套型 | 套内功能空间设置和布局、功能空间尺度 |
| | 建筑装修 | 套内装修、公共部位装修 |
| | 隔声性能 | 楼板的隔声性能、墙体的隔声性能、管道的噪声量、设备的减振和隔声 |
| | 设备设施 | 厨卫设备、给排水与燃气系统、暖通与空调系统、电气设备与设施 |
| | 无障碍设置 | 套内无障碍设施、单元公共区域无障碍设施、住区无障碍设施 |
| 环境性能 | 用地与规划 | 用地、空间布局、道路交通、市政措施 |
| | 建筑造型 | 造型与外立面、色彩效果、室外灯光 |
| | 绿地与活动场地 | 绿地配置、植物丰实度与绿化栽植、室外活动场地 |
| | 室外噪声与空气污染 | 室外噪声、空气污染 |
| | 水体与排水系统 | 水体、排水系统 |
| | 公共服务设施 | 配套公共服务设施、环境卫生 |
| | 智能化系统 | 管理中心与工程质量、系统配置、运维管理 |

（7）住宅部品认证制度

国办发〔1999〕72 号文件——《转发建设部等部门关于推进住宅产业现代化提高住宅质量的若干意见》明确提出我国“住宅部品通用化和生产、供应社会化”的发展目标，并提倡“编制《住宅部品推荐目录》，提高部品的选用效率和安装质量”。2006 年，原建设部颁布建标〔2006〕139 号”文件——《关于推动住宅部品认证工作的通知》，正式确立了我国住宅部品认证制度。该制度的确立，为日后我国工业化住宅产品的维护和更新奠定了基础。

20 世纪 90 年代中后期以来，我国住宅产业化建设得到长足发展，但一直还存在住宅部品化程度不高、技术不配套且认证部品的类别不够全面等问题。这不仅使我国住宅产业化的进一步发展受到影响，也使得住宅产品的维护更新工作较难开展。虽然上述法令法规的颁布使我国确立了住宅部品认证制度，但所述现象还未得到根本性改变。今后，需要在现有基础上认真推进、贯彻相关规章制度，扩大住宅部品构件的认证范围，提高认证标准，规范认证程序，推动住宅工业化水平不断提高。只有进一步提高住宅部品构件的质量并使其具有更新换代功能，才能真正提高工业化住宅产品质量和维护更新的可行性。

### 5.5.2 SI 住宅可维护更新的政策性建议

国外工业化住宅发达国家和地区的优秀住宅维护管理是以专业化、社会化为特征，以科学化和优质服务为目标，以健全的组织机构、财务制度、法制体系为保障，其做法与经验，无疑将为我国的住宅维护管理研究提供很好的启示。我们首先应充分考虑我国国情，因时制宜，因地制宜，应经过详细分析研究再做判断，不能一概照搬，以免造成维护管理体系在操作过程中的“水土不服”。其次，国外这些优秀住宅的维护管理虽有很多值得借鉴的经验，但也存在值得推敲之处。

#### 5.5.2.1 法制化建设

（1）住宅维护管理的法制化

目前我国虽然有一些关于住宅维护管理方面的法律法规，但毕竟起步较晚，缺乏系统性，且存在部分条文考虑不全面，甚至存在法律漏洞的现象。这就使得政策法规在落实的过程中存在紊乱、低效等现象，有时甚至不能达到预期效果。法律体系是整个住宅维护管理体系的基础，因此提高我国住宅维护管理的法制化程度，逐步健全既有法制体系是构建我国住宅维护管理体系的首要任务。

（2）有效的政策法规执行力

制定住宅维护管理相关的法规政策，即奠定了维护管理体系的基石。要使住宅维护管理真正发挥作用还必须确保这些政策法规落到实处。发达国家（地区）在政策法规执行力方面基本都是如此[①]。目前我国的住宅维护管理主要依赖物业管理公司，政府部门对既有住宅维护管理重视程度较低，政策执行力不高。这项工作事关民生，我们对此应予以高度重视，全面发挥住宅维护管理的政策法规执行力已势在必行。

#### 5.5.2.2 制度建设

（1）责权利明确的公共契约制度

公共契约制度的概念来源于英联邦地区，其概要是业主通过自治对物业公司的日常维护行为进行管理，所有业主必须签订由开发商在开发住宅时即制定的公共契约，接受契约的监督和约束[②]。公共契约制度使住户、开发商、维护管理公司的权责利明晰，并受到一定程度的监督和约束，如此才能保证

① 孙克放. 建造高品质住宅引领住宅产业发展：国家康居示范工程创建实践的启示[J]. 住宅科技，2005(4):7-11

② 纪颖波. 新加坡工业化住宅发展对我国的借鉴和启示[J]. 改革与战略，2011(7):182-184

其住宅维护管理的职能效用。这实际上是一种自我约束、自我管理的制度。这种制度可作为对法律法规执行力的补充，并以完善的法律法规体系作为保障。我们认为，一俟我国相关的法律体系相对完备，则应尽快借鉴引入此项制度。

（2）长治久安的鉴定周期制度

在英国和日本，会对竣工后的建筑物进行一系列的定期或不定期的维修检查，称为鉴定周期制度。在这些检查中，有些是要求业主应自觉有规律地检查，有些则是要求专业人员应协助业主检查，还有些则是专业人员的主动检查，或是开发商的主动检查。从其执行情况来看，倒也排查出不少隐情，对建筑的质量安全很有裨益。我们认为，这也是值得“洋为中用”的一件事。

（3）完善的证照和人才培养制度

在英美日等发达国家，住宅维护管理领域的职业经理制度已十分成熟，且有较为完善的注册资格认证体系和证照制度，且十分重视对维护管理从业人员的专业培训[①]。我国也设有相应的证照制度，但对资质审核的标准不一，相关管理还欠规范，甚至还有个别从业人员的专业素质不达标，以至于现阶段我国住宅维护管理的质量仍很难得到保证。我们认为，我国应进一步完善相关政策与制度，加强人才培养，着实提高住宅维护管理的质量与水平。

#### 5.5.2.3　应对措施

（1）未雨绸缪的预防维护策略

2018 年 2 月，我国台湾花莲县发生 6.5 级大地震，导致云门翠堤住宅大楼倾斜倒塌（图 5–63），据相关报道这可能与其业主违规改建导致结构强度受到破坏有关，这正是住宅后期运营维护中值得人们关注的问题[②]。这次事件值得我们深刻反思，给整个住宅维护管理领域也敲响了警钟。加强规范化管理，

**图5–63　花莲大地震中倒塌的云门翠堤大楼**
图片来源：http://news.wenweipo.com

① 惠彦涛. 建筑部品绿色度分析评价技术研究[J]. 西安建筑科技大学学报(自然科学版), 2007(4):524–528
② 资料来源: http://news. wenweipo.com

防患于未然，实施预防型的维护措施势在必行。预防型的维护策略是指对建筑物结构的不利影响尚未达到严重程度时，通过监测发现问题，及时进行维护维修，消解潜在问题或使其最小化。

（2）高效处理维护管理纠纷的政府干预

目前仍时有出现一些新旧物业公司交接撤管纠纷、业主内部之间的争议久拖不决等现象，很多地方政府主管部门对此处理一直存在一些拖拉或回避现象。在社会主义市场经济建立初期法制不甚健全的情况下，政府对物业管理活动的适当干预和监督是非常有必要的。在建立法制体系时必须赋予地方政府依法对既有建筑物具有强制性检查与强制性责成维修的监管权力，这对于建筑物的安全运营意义重大。

（3）研究成果的充分利用

建立科学的住宅维护体系应值得我们高度重视。可以说，尊重学者的研究与推动作用是其中不可忽视的因素[①]。我们应多角度开展既有住宅维护管理的横向与纵向课题研究，逐步健全维护管理体制，积极发挥广大科研工作者和住宅从业人员、管理人员的力量，合理利用各种优秀案例经验和科研成果，并使之在我国建筑维护管理领域发挥应有的作用。

## 本章小结

本章首先研究SI住宅体系的分类，按照可维护更新的类型和范围将SI住宅的支撑体S和填充体I分为只可维护维修、不可更换更新以及可维护更新部分，提出应按照其分类采用不同的设计应对方法。在此基础上，采用分析归纳方法进行研究，针对上一章介绍的优秀SI住宅案例，重点分析其所具有的可维护更新性质，归纳性提出以建筑的耐久性为目标研究其维护，以建筑的功能性及用户需求为目标研究其更新。文中具体提出了支撑体S的耐久性设计方法、填充体I的适应性设计方法以及连接设计方法。这种以优秀案例的可维护更新性质为目的的分析归纳法技术设计研究，对提高SI住宅维护更新的可行性意义重大。

本章节还从SI住宅填充体的模数协调、填充体部品的安装定位、SI住宅的标准化设计与多样化设计，以及填充体与支撑体的连接设计等方面对部品构件的可更新性进行了具体研究，阐述了相应的设计技术与设计方法。

作为案例分析，本章着重研究了东南大学“正”工作室自主研发建造的三个工业化住宅项目。“微排屋”项目建立了产业联盟，自主研发了分层级表系统的控制管理系统，对构件进行集成化管理，形成了功能性的构件组大构

① 徐建国. 推进住宅产业现代化是住宅建设的必然选择[J]. 住宅科技, 2004(8):7-9

件单元，实现了房屋部品构件的集成化装配。项目全部采用螺栓连接，实现了可逆的构件连接技术。这些技术的运用，大大提高了装配化住宅的工作效率和便利性。笔者根据“微排屋”项目建造与集成化装配的高效性与便利性，建立了可逆的构件连接构造技术系统和针对既有建筑构件易维护更新的关键技术，切实提高了工业化住宅维护更新的工程可行性与便利性。其次，“梦想居”的项目建造采用了协同技术这个新模式，同时，该项目也全面使用螺栓连接，使得工业化住宅的装配集成化技术体系得到进一步优化。最后是“揽青斋”项目，该项目建造采用构件法协同设计模式及构件组集成技术，研发运用了钢筋混凝土模架工法装备系统及高性能围护结构系统，可方便地将外围护墙板进行吊装并采用螺栓进行可逆的连接装配，大大提升了建造效率和便利性。

上述三个项目最大的共同建造特性是，对于不同的工业化住宅类型均实现了集成化装配的高效性与便利性。在此基础上，建立了可逆的构件连接构造技术系统，实现了既有建筑构件易维护易更新的关键技术，这是在工业化住宅产品维护更新的工程可行性与便利性研究方面所取得的技术突破，为工业化住宅产品日后维护更新的产业化运作开拓了广阔的市场前景。

本章最后以健康建筑理念为基础，从建筑主体、公共管线及设备、内装及户内设备等方面探讨了 SI 住宅的日常维护手段，从现代管理角度提出制度建设与法制化等方面的建议。

# 第6章 工业化住宅可维护更新的技术应用

BIM技术是一种计算机信息技术。BIM技术在当前整个建筑工程领域，包括建筑工业化领域都得到了广泛应用。本章根据上一章所研究的工业化住宅可维护更新关键技术，以BIM软件为载体，并根据构件法基本思想，从协同设计、计算机编码技术以及构件信息跟踪反馈技术等方面，着重研究运用BIM信息化技术实现工业化住宅产品的可维护更新及其在产业化运作方面的具体应用，最终建立了以BIM为载体的可用于工业化住宅维护更新的技术应用系统。

## 6.1 BIM技术简述

### 6.1.1 BIM的基本概念

BIM是英文Building Information Modeling的缩写，翻译成中文就是“建筑信息模型”。《美国国家BIM标准》对BIM所做的定义为“BIM是一个设施(建设项目)物理和功能特性的数字表达；BIM是一个共享的知识资源，是一个分享有关这个设施的信息，为该设施从概念到拆除的全生命周期中的所有决策提供可靠依据的过程；在项目不同阶段，不同利益相关方通过在BIM中插入、提取、更新和修改信息，以支持和反映其各自职责的协同作业[①]。”

由此可知，不能简单地将BIM理解为单一的软件，而应将其看成是将建筑相关的各个阶段、各个行业组织成为一个整体的建筑过程。BIM的出现，极大地提高了建筑业的工作效率，使得不必要的物质和时间消耗被避免，因此是未来建筑业的发展趋势。对于BIM的研究和应用，美国现处于领先地位，有统计数据表明，早在2010年，美国建筑业300强企业中80%以上都应用了BIM技术[②]。截至2017年，这项数据已接近90%。

我国在BIM技术的应用方面已取得长足进展，其主要是在比较复杂的公建项目建设与管理中得到应用，在普通住宅中应用实例还不多见。在BIM的运行环境中，建筑设计过程具有极强的互动性，建筑师、业主和开发商都可以

① 刘长春，张宏，淳庆. 基于SI体系的工业化住宅模数协调应用研究[J]. 建筑科学，2011(7):59-61，52

② 李昂. CSI体系将成为百年住宅的基础：住宅产业化促进中心产业发展处刘美霞访谈录[J]. 混凝土世界，2010(12):12-14

参与项目设计。BIM 技术应用于工业化住宅建设最具优势的特点是，它能够为用户与建筑师的沟通提供一个很好的平台，使 OB 开放建筑的功能特性得到更好的发挥。

### 6.1.2　BIM 技术在住宅维护更新用户参与过程中的应用

BIM 技术具有支持多方参与的开放性，有了 BIM 作为支撑平台，用户就可以主动参与工业化住宅填充体部分的维护更新，使得项目过程更加开放。这种开放性质对工业化住宅的维护更新具有重要意义。对于工业化住宅，BIM 技术可使 OB 开放建筑中的用户参与功能进一步拓展。简单来说，如果我们能将工业化住宅的支撑体住户模型共享到互联网上，则在维护更新过程中用户也能像开放性设计建造一样①，不仅可与建筑师或开发商面对面进行沟通，甚至还能随时打开网页进行设计，开发商即可充分参照用户的意愿进行下一步工序。这种基于网络平台的 BIM 技术的共享性，可以在住宅维护更新过程中最大限度地满足用户个性化需求。

利用 BIM 技术的这种特性，就可以将用户的参与权利进行限定，在用户参与维护更新及项目进行过程中，不同参与方可以在模型中插入、抽取、更新或修改相关信息，完成协同作业。这样即可利用互联网建立一个维护更新部品模型库，并建立相应编号（见后文 6.3 节），这样用户就可以在这个部品模型库中挑选自己想要的部品模型，从而参与到住宅的维护更新过程中。由此，BIM 的开放性就更加具体了。此外，由于 BIM 模型可以在二维与三维图纸之间随意转化，并可以导出简单的平面、立面和剖面图纸，对于非专业人士，这样的简单图形和三维模型可以帮助他们更直观地了解项目的基本情况，有助于不同专业人群之间的互相沟通。由此，通过对 BIM 技术的运用，可以使用户在维护更新过程中的参与变得更加直观，也可以进一步提升用户的参与热情。当 BIM 软件建模完成之后，利用 BIM 的可出图性，用户设计的工业化住宅维护更新部分就可以转化为二维图纸，并可用于具体的工程施工。

## 6.2　协同设计在工业化住宅可维护更新中的应用

根据工业化住宅的装配化施工特点，对于工业化住宅的维护更新，可以在三个方面运用 BIM 技术：一是协同设计模式；二是计算机编码技术；三是构件信息跟踪反馈技术。上一章已介绍，协同设计不仅对 CSI 住宅建设及其产业化发展具有重要意义，对 CSI 住宅的维护更新也将起到重要作用，这是与传统住宅维护更新的重要区别。

① 张桦. 全生命周期的“绿色”工业化建筑：上海地区开放式工业化住宅设计探索[J]. 城市住宅，2014(5)：34-36

### 6.2.1 工业化住宅协同设计的基本概念及特征

协同设计是指为了完成某一设计目标，由两个或两个以上设计单位，通过一定的信息交换和相互协同机制，分别以不同的设计任务共同完成这一设计目标[①]。协同设计的方法如何在工业化住宅开发中得到进一步运用，这是目前我们需要认真研究的课题。工业化住宅协同设计的具体概念为：协同设计是以系统协同理论为指导，以信息化技术为支撑，将协同设计的理论与方法应用于工业化住宅设计模式，并以此研究工业化住宅开发中不同学科、不同专业、不同团队成员之间如何在工业化住宅设计中进行协作配合，如何优化工业化住宅设计流程，消解工业化住宅设计冲突，进而提高工业化住宅的设计效率。由此可知，协同设计是一门综合性集成设计方法学。

协同设计是工业化住宅产品可维护更新的基础。前文已阐述，工业化住宅维护更新的发展将最终形成产业化运作规模，并成为工业化住宅建设完整产业链的重要组成部分，这应是工业化住宅维护更新的发展方向。工业化住宅的维护更新工作与传统住宅不同，其牵涉住宅产业链上的各个部门，只有将设计、制造、装配、维护更新等各单位、各部门、各企业联合起来，协同合作，才有可能实现维护更新的产业化运作，我国工业化住宅建设产业链的各项产业功能才能得以正常发挥。此外，协同合作模式也是计算机编码工作的重要保证，只有通过各部门的协同合作，并保证信息实时共享，才能完成复杂而烦琐的计算机编码工作。因此，协同设计模式是工业化住宅可维护更新不可或缺的重要手段。

与传统设计比较，工业化住宅协同设计的主要特征包括信息化、自组织性、集成性、通用性、虚拟现实性和综合性等。其优势主要体现在设计功能、模型特征、协调方式和关联性等方面[②]。正是基于协同设计的种种优势，尤其是与其他相关专业的关联性，以及可将产业链中各个部门和企业联系到一起的特性，启发我们将协同设计应用于工业化住宅的维护更新领域，以期在这一领域较高的技术层面上实践 OB 开放建筑理念，我们还希望能够借此建立工业化住宅维护更新方面新的技术应用系统。

### 6.2.2 工业化住宅协同设计的内容和目标

#### 6.2.2.1 内容

为了将工业化住宅协同设计更好地应用于维护更新环节，必须要明确工业化住宅协同设计的应用内容。工业化住宅协同设计的主要应用可归结为以下三部分：

① 宋海刚，陈学广. 计算机支持的协同工作（CSCW）发展述评[J]. 计算机工程与应用，2004(1)：7-11

② 杨骐麟. 基于BIM的可视化协同设计应用研究[D]. 成都：西南交通大学，2016

（1）明确工业化住宅协同设计的任务

确定任务是进行工业化住宅协同设计的第一步，并由此决定下一步的工作内容[①]。工业化住宅协同设计在项目初始阶段就应构建工业化住宅协同设计的相关团队，团队应囊括所有主要参与方（开发方、设计方、施工方、工程管理方、运营维护方、材料设备供应方等），并明确各成员的分工和职责。这样即可使得各团队成员的任务更加明确。

（2）确定工业化住宅协同设计的工具

在BIM工具的选择与确定环节，即应明确并确定面向工业化住宅协同设计的BIM目标、BIM模型架构、BIM平台构建、BIM软件的筛选以及BIM辅助工具的选择等。

（3）归纳工业化住宅协同设计的应用方法

工业化住宅协同设计的应用方法分为整体流程和详细流程两个层面。整体流程的应用主要确定工业化住宅协同设计不同阶段之间的顺序、应用工具和参与方介入项目的节点以及所有的相互关系；而详细流程的应用则重在描述每个阶段具体环节的任务和应用方法，如建筑师在维护更新阶段的任务及实现方法。

#### 6.2.2.2 目标——协同维护更新

与传统的住宅设计模式相比，基于BIM技术的工业化住宅协同设计在“效率”和“质量”这两个方面优势明显。“效率”的提高是通过多手段、多参与方的协同合作而实现；“质量”的提升体现在部品构件实现工厂化生产后，工业化住宅部品的品质得以提升而避免了频繁发生的质量问题，方便了住宅日后的维护更新。因此，我们认为工业化住宅协同设计的应用目标可转向协同维护更新。

在传统建设模式下，由于无法协同而导致了诸多问题。例如在设计环节，不同专业之间缺乏协同合作，建筑、结构、设备专业之间的“信息沟通损失”会导致返工等状况；在建造环节，项目施工不同参与方之间由于信息传递的缺失、扭曲和延误，也会导致工程的频繁变更；在维护更新环节，由于之前环节的沟通不畅以及信息缺失等问题会导致维护更新的负责人、实施人、监管人等多工种之间的沟通协调难度增大，最终影响住宅维护更新工程的准确性和及时性。工业化住宅协同设计模式，可为工业化住宅设计、建造以及日后维护更新的各参与方提供一个信息共享和交换的协同工作平台，最终为工业化住宅的多方协同合作提供可能。综上所述，协同设计的目标应是做到以下四个环节的协同：

① 姚刚. 基于BIM的工业化住宅协同设计的关键要素与整合应用研究[D]. 南京：东南大学，2016

（1）设计方与施工方的协同

在工业化住宅协同设计方法的指导下，应做到设计方与施工方协同，以实现工业化住宅在设计环节的最优化。

（2）虚拟建造与实际建造的协同

在工业化住宅的建造环节，必须兼顾“虚拟工地”和“实体工地”的结合对应，从“虚”到“实”，做到工业化住宅协同设计模式下的“实体工地”在“虚拟工地”的信息流驱动下，实现物质流和资金流的精益组织，工地按章操作和有序施工。对于住宅日后的维护更新，也可以通过BIM技术来实现“虚拟操作”，提前预知日后住宅运营维护过程中可能出现的一些问题，及时采取措施，大大提高工作的准确性和高效性[①]。

（3）部品生产与施工建造的协同

工业化住宅的部品生产与施工建造如果不能协同，则可能会导致维护更新过程中部品构件无法实现精确定位，以至于出现部品构件遗失和部品构件装错的情况，不利于工业化住宅的协同建造和日后协同维护更新。因此，维护更新过程中部品生产与施工建造的协同不仅对工业化住宅建造环节至关重要，更是实现协同维护更新的重要保证。

（4）不同工种之间的协同

在施工建造环节和日后的维护更新环节，不同工种之间应该在同一个BIM模型文件下协同工作，由此可在不同工种之间实时进行冲突检测，及时地纠正管线碰撞、几何冲突、场地冲突、物料冲突等问题，消解建造环节的上述冲突，避免施工变更和返工，这对于协同维护更新尤为重要。

#### 6.2.2.3 实现方法

所谓协同，离不开各参与方的配合，在制定一致的设计目标后，参与方在BIM环境下，应依照BIM设计流程来完成各阶段的任务（图6–1）。

（1）准备阶段：项目通过审批后，就需要建立信息共享平台，各专业设计人员应严格按照BIM设计流程进行设计。该阶段作为协同设计的基础，主要工作是确定模型的质量交付标准、模型的精确程度、建模工具、坐标、样板选用等，此外需要建立中心文件夹，并根据专业需求划分工作集，实现设计共享与同步。如图6–2是以第五章中介绍的“梦想居”未来屋为例的BIM中心文件示意图。

（2）实施阶段：协同设计实施阶段包括初期协同和后期协调两个部分。初期协同是指在前期规划设计和建筑设计阶段建立的建筑模型基础上，结构设计师、机电设计师根据本专业需求进行设计；而后期协调的主要工作是对各专业的碰撞冲突问题进行处理优化。

① 干申启，张宏. 虚拟建造技术在绿色建造中的应用[C]//第三届绿色建筑、建材与土木工程国际会议论文集，2013

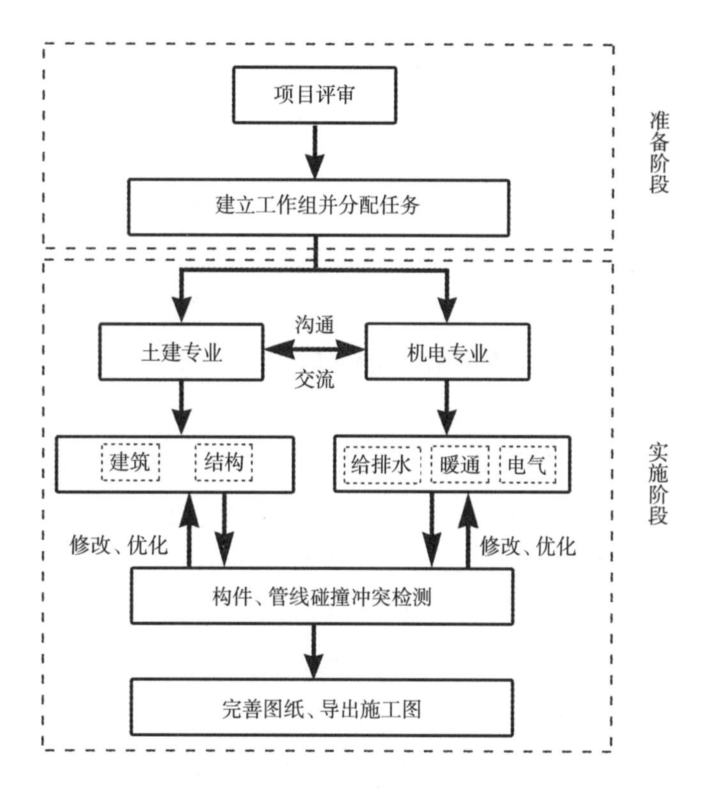


**图6-1　协同设计的基本流程**
图片来源：作者自绘

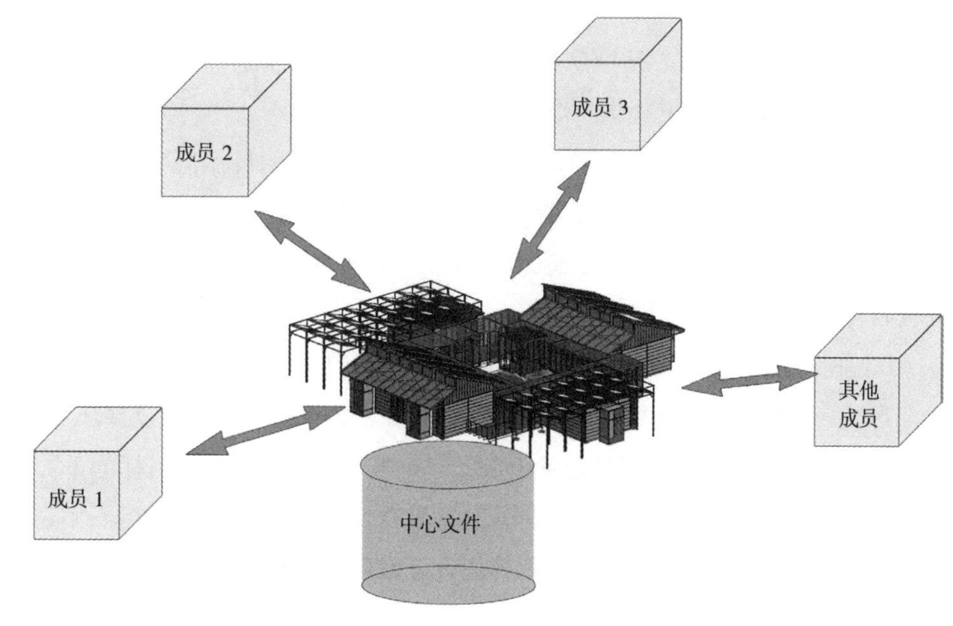


**图6-2　以"梦想居"为例的BIM中心文件示意图**
图片来源：作者自绘

### 6.2.3　工业化住宅协同设计的工具——BIM 技术的系统架构

随着工业化住宅建设开发的逐步推广与普及，住宅开发行业的购地、规划、设计、施工的单线操作传统架构将被打破①。住宅开发向工业化住宅转型，工业化住宅的设计、建造和维护更新模式也将向协同模式转型。其中，BIM 的应用完全突破了传统技术范畴，成为主导工业化住宅协同设计转型变革的强

① 魏晓宇，吴忠福. 基于BIM的IPD协同工作模型在项目成本控制中的应用[J]. 项目管理技术，2015，13（8）：40-45

大推动力，也成为将工业化住宅协同设计理论和方法实践运用的核心工具。因此，建立BIM技术的系统架构将成为工业化住宅协同设计能否顺利实施的关键。BIM系统架构主要由BIM目标、BIM平台、BIM模型架构、BIM软件和BIM辅助工具等组成。

#### 6.2.3.1 BIM技术成为协同模式的主要特征

传统建筑产业生产效率不高，信息化程度也较低，其主要原因在于各参与方之间的相关信息不能及时有效地传递，彼此之间的配合不能有效开展，导致更改、返工等情况时有发生。

传统设计方法中单纯利用平面二维图纸进行各专业间的合作方法，已经不能满足建筑信息化进程日益加快的趋势。BIM的信息处理技术打破了这一零散拖拉模式，BIM环境下的三维立体模型可以携带项目设计信息，项目开展初期即由各参与方共同搭建信息共享平台，不同人员可以通过软件的协作功能，及时交流沟通，达成共识，对项目进行合理的修改和变更，不断完善以达到最终目标。可以说，正是BIM技术强大的信息处理功能使其成为工业化住宅协同设计及日后协同维护更新的核心工具。BIM的信息处理技术具体还包括以下几点：

（1）BIM技术的核心是信息共享，这可以为工业化住宅协同设计全过程的所有参与方服务，为其提供一个高效的协同工作平台。

（2）BIM技术的应用较为符合工业化住宅协同设计的目标，通过强化协同工作，有利于加快建设进度，提高工程质量，并有利于日后的维护更新，降低各类损耗和损失，在协同建造、协同维护更新等各方面均与工业化住宅的终极目标相匹配。

（3）前文已阐述，在住宅建设产业化进程中，工业化住宅的维护更新将逐渐形成一种产业化运作规模，并成为工业化住宅建设产业链中的重要环节。协同设计正是将维护更新与其他各个建设产业串联起来实现这一目标的重要手段，而BIM技术则是实现这一协同设计的重要技术支持和核心工具。

#### 6.2.3.2 建立基于BIM的工业化住宅协同设计信息管理平台

（1）平台建立的意义

以BIM工具为基础的工业化住宅协同设计的过程，是一个对前期策划、设计、建造和运行维护管理进行集成后的一体化运作过程[①]。在工业化住宅协同设计每个阶段的交接环节，前一个阶段与后一个阶段之间都存在着诸多协同需求以及信息上的交换与传递。因此，工业化住宅协同设计必须建立一个可共享的BIM信息管理平台，为工业化住宅协同设计的各主要环节提供一个协同工作与信息传递的平台。

① 杨一帆，杜静. 建设项目IPD模式及其管理框架研究[J]. 工程管理学报, 2015, 29(1): 107-112

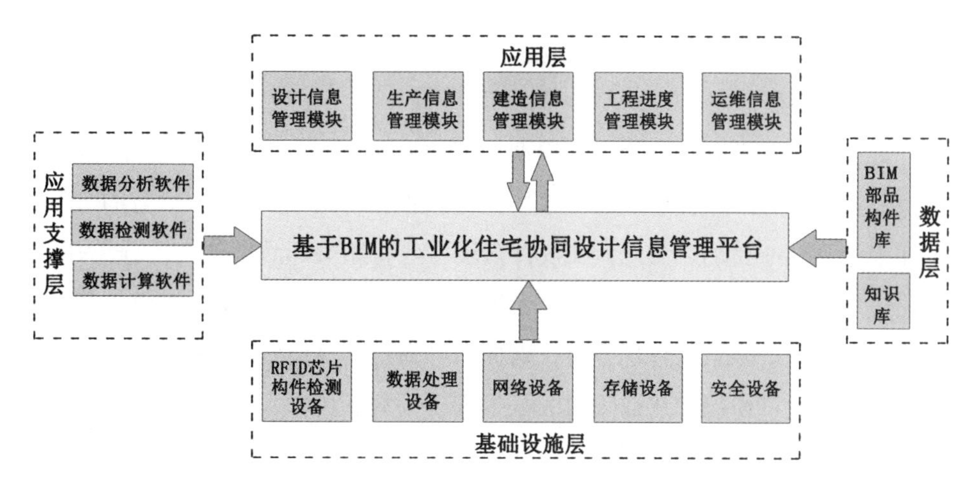


**图6–3　基于BIM的工业化住宅协同设计的信息管理平台**
图片来源：作者自绘

（2）平台的功能

该平台必须实现不同专业、不同阶段、不同主体之间的协同工作，应保证信息在工业化住宅全生命周期的一致性和各个不同阶段之间流转的无缝性，以此来提高协同设计、协同建造和运营维护的效率。因此，基于 BIM 的工业化住宅协同设计信息管理平台应具备以下几个功能：第一，协同不同专业进行冲突检测并进行消解；第二，对工业化住宅基本性能进行模拟分析；第三，有效管理工业化住宅部品构件的生产；第四，保证数据信息在工业化住宅全生命周期的有效传递；第五，保证信息的有效输入与输出；第六，能够确保信息的有效交付，支持日后运营阶段的维护与管理。

（3）平台的整体架构

在基于 BIM 的工业化住宅协同设计信息管理平台的功能要求基础上，结合工业化住宅协同设计的特点及需求，即可研究确定基于 BIM 的工业化住宅协同设计信息管理平台的整体架构。

基于 BIM 的工业化住宅协同设计信息管理平台分为四个基本层级（图 6–3）：

①第一个层级是应用层级，包括设计信息管理模块、生产信息管理模块、建造信息管理模块、工程进度管理模块和运维信息管理模块五个模块。

②第二个层级是应用支撑层，分为数据分析软件、数据检测软件和数据计算软件。

③第三个层级为数据层，包括 BIM 部品构件库与知识库，是 BIM 的基本信息来源。

④第四个层级为基础设施层，主要是各种支持设备，如 RFID（Radio Frequency Identification，即无线射频识别）芯片构件检测设备、数据处理设备、网络设备、存储设备和安全设备等。

其中，应用层级的五个模块至关重要，这些模块的建立足可以满足工业化住宅协同设计的绝大部分基本应用，包括设计、生产、建造、进度管理以及日后的维护更新。

此外，因工业化住宅全生命周期管理的需要，应对工业化住宅部品构件进行信息采集和跟踪管理，通过为每个工业化住宅部品构件植入对应的 RFID 芯片来达到这一目的。为此，在设计阶段就应将相关部品构件进行分类并将相关信息录入芯片，且该芯片的编码应与 BIM 模型中的构件编码一致。并且，还要将信息上传至信息管理平台，这样即可通过读写设备实现对工业化住宅部品构件在生产阶段和建造阶段的数据进行采集和传输。此后，再将信息反馈至信息管理平台，使之用于项目交付后的数字化管理，由此便可实现对部品构件在工业化住宅全生命周期的跟踪管理。最后这一步的信息化处理，对于工业化住宅的维护更新具有重要意义。后文介绍的工业化建筑信息监管平台即是在以协同设计为基础的思路上建立起来的。

#### 6.2.3.3 工业化住宅协同设计的 BIM 模型架构

在工业化住宅协同设计的实际操作层面，由于项目开发流程具有阶段性以及专业分工和实现目标的差异，因此项目的不同参与方、不同专业往往拥有各自独立的 BIM 模型，如设计阶段 BIM 模型、施工阶段 BIM 模型、建造阶段 BIM 模型和运维阶段 BIM 模型以及建筑 BIM 模型、结构 BIM 模型、设备 BIM 模型等[①]。工业化住宅协同设计的总体 BIM 模型架构由四个层级组成（图 6–4），顶层是项目 BIM 子模型，往下依次是部品构件 BIM 模型、基础模型和数据信息。

工业化住宅协同设计的 BIM 模型架构中每一层级应包括如下内容：

（1）项目 BIM 子模型既包括工业化住宅项目全生命周期每一阶段的 BIM

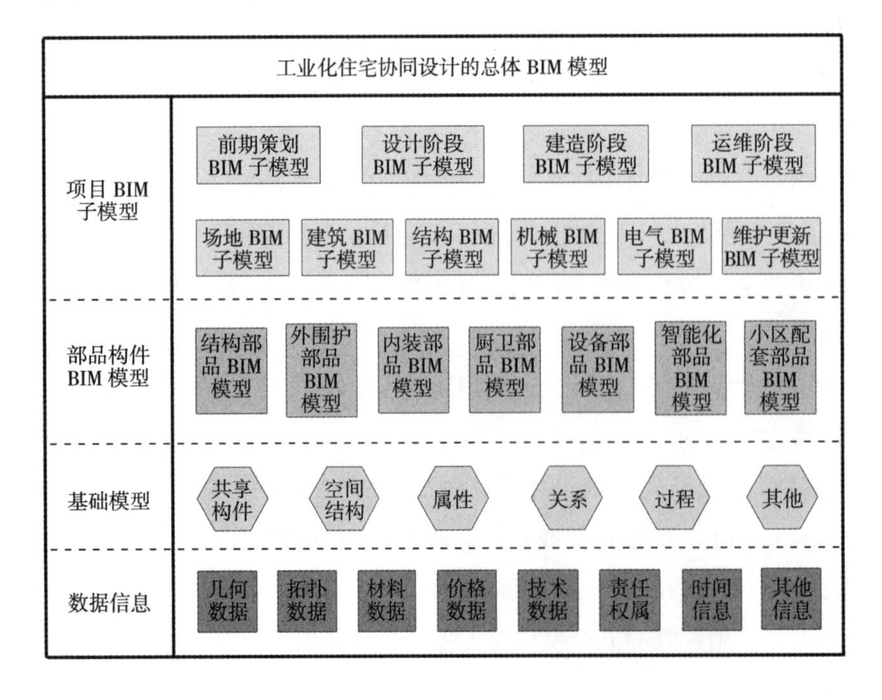


**图6–4 工业化住宅协同设计的 BIM模型架构**
图片来源：作者自绘

① 杨科，车传波，徐鹏，等. 基于BIM的多专业协同设计探索系列研究之一:多专业协同设计的目的及工作方法[J]. 四川建筑科学研究，2013(2)：394–397

子模型，也包括不同阶段按照专业分工建立的专业BIM子模型。

（2）部品构件BIM模型既包括按照部品构件功能分类划分的七个部品体系的BIM模型，也包括每个部品体系下所囊括的构件BIM模型和可以共用的构件BIM模型。

（3）基础模型表达的是工业化住宅项目的基本信息、不同专业间模型的共享信息以及各个子模型之间的关联信息等，其内容应包括基础模型的共享构件、空间结构（总图关系、空间关系等）、属性、关系（信息和构件之间的关联信息）、过程（工作流程、任务过程等）等元素。

（4）数据信息包括工业化住宅项目最基本的数据，如具体构件的几何数据、拓扑信息、材料数据、价格信息、相关技术标准、某阶段任务的责任权属、项目的时间信息等。

以上四个层级共同组成了工业化住宅协同设计的总体BIM模型，在工业化住宅协同设计的每一个环节都发挥着重要作用。

#### 6.2.3.4　工业化住宅协同设计的BIM软件

BIM软件在专业上分类较细，专业差别较大，而工业化住宅协同设计的BIM工具涉及多领域、多学科的综合应用，其实现方式必定是由多种软件工具相辅相成、多种工具相互配合与依托的结果。目前建筑行业中常用的适合工业化住宅协同设计的代表性BIM软件有Revit Architecture、Bentley Architecture、ArchiCAD、Tekla，以及基于BIM平台的商品化装配式设计软件PKPM-PC等等 。本书所述的基于BIM的技术应用系统主要是采用Revit Architecture（以下简称Revit）软件进行编程设计的。

#### 6.2.3.5　工业化住宅协同设计的BIM辅助技术

BIM软件是工业化住宅协同设计的核心工具，但工业化住宅协同设计的过程同样依赖于其他与BIM紧密配合使用的辅助技术[①]。由于BIM是基于数据信息的建模应用技术，故可以使其能够与激光定位技术、无线射频识别（RFID）技术以及三维激光扫描（3D Laser）技术等多种技术进行集成，共同应用于工业化住宅的协同设计。在工业化住宅协同设计中应用较多的BIM辅助技术主要有：

（1）激光定位技术

激光定位技术主要用于协同建造环节和维护更新环节，用于提高精度和效率。传统的建造放线环节效率较低、精度较差，而运用基于激光定位技术的激光全站仪，就可以使之与BIM技术相配合，并调用BIM模型中的数据用于现场定位，便于协同建造管理和日后的协同维护更新。

（2）无线射频识别RFID技术

① 王勇，李久林，张建平. 建筑协同设计中的BIM模型管理机制探索[J]. 土木建筑工程信息技术，2014(6)：64-69

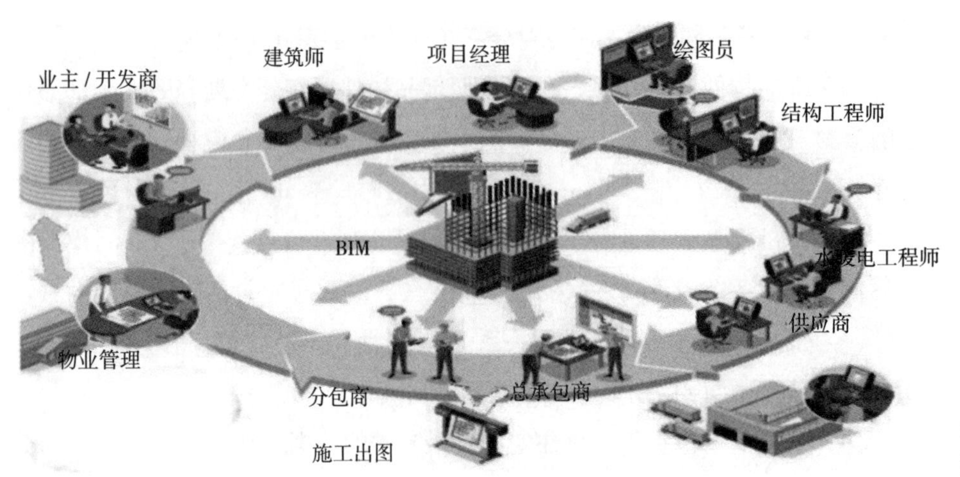


图6–5　BIM的信息共享作用
图片来源：http://www.bimclub.cn

利用 RFID 技术，可对部品构件进行数字化管理，并可随时追踪其所在的位置信息和状态信息。将 RFID 技术与 BIM 信息管理平台匹配后，如某一部品构件的状态信息发生变化，BIM 模型里的构件信息会实现自动更新，日后需维护更新时则可随时从构件信息库中调取。

6.2.3.6　**BIM 技术在工业化住宅协同模式中的作用**

BIM 以建筑的全生命周期数据、信息共享为目标，运用现代信息技术，为项目参与方提供一个以数据为核心的高效率的信息交流平台以及协同工作环境。它为项目不同参与方之间搭建了沟通的桥梁，是工业化住宅协同设计、建造和维护更新的信息化基础和协同基础，在上述协同模式中发挥着核心作用。

（1）信息共享

BIM 模型中的所有设计数据信息都是相互关联的，同类构件信息一经输入，所有关联内容均会发生改变（图 6–5）。基于 BIM 的工业化住宅协同设计可以为设计、生产、施工以及业主提供工程的即时信息，从而实现信息的有效共享。传统住宅在日后维护更新时经常由于信息的缺失而导致工作难度增大、工作效率低下，而 BIM 模型中的信息共享则能很好地解决这一问题，这无疑会对工业化住宅的可维护更新起到极大的推动作用。

（2）冲突检测

工业化住宅协同设计利用 BIM 软件辅助冲突检测，可在三维空间下消解各类碰撞冲突，从而实现快速、精准、高效的工作模式，大大提高了日后维护更新工作的质量和效率。

（3）设计专业间协同

利用基于 BIM 平台的装配式设计软件可实现各专业之间的协同合作，有效解决装配式建筑设计阶段的矛盾冲突等各种问题，大大提高设计效率和准确性（图 6–6）。

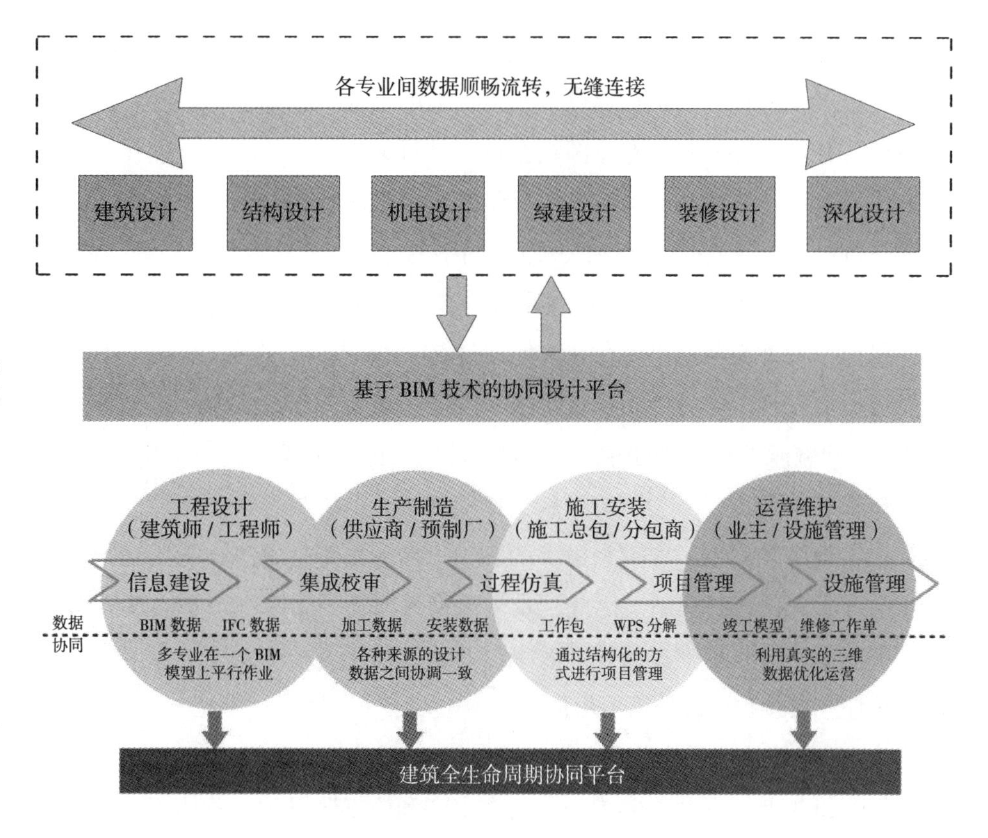


**图6–6　全专业协同信息模型**
图片来源：根据中国建筑科学研究院有限公司《基于BIM的预制装配建筑体系应用技术手册》绘制

**图6–7　以BIM为信息化基础的建筑全生命周期协同平台**
图片来源：作者自绘

（4）设计—生产—施工协同

图 6–7 反映的是以 BIM 为信息化基础的建筑全生命周期协同平台。工业化住宅部品构件的生产单位、施工单位和维护更新单位可以在方案设计阶段就介入项目，与设计单位共同探讨加工图纸和施工图纸是否符合要求，以方便设计单位及时修改。设计方面的图纸一旦定稿，所有环节均以 BIM 为媒介出图，而且可以实时更新，即使生产企业、施工企业或维护更新企业对图纸进行修改，也可以及时反馈至 BIM 平台，真正实现了流程上的协同。

### 6.2.4　协同设计在工业化住宅可维护更新中的应用

协同设计对工业化住宅的可维护更新有着重要作用，主要体现在三个方面：一是解决碰撞冲突问题；二是提升质量维护水平；三是运营维护阶段的协同工作。下面就这三方面分别进行阐述。

#### 6.2.4.1　解决碰撞冲突问题

建筑外观形态个性化、建筑功能多样化、建筑规模复杂化是当今建筑业的发展特征，随之而来建筑内部的配套设施种类及数量也将随之上升[①]。鉴于建筑中各类结构构件均占据了一定空间，在保证建筑使用功能和美观的前提下，配套设施及管线系统就只能"挤在"较为狭小的走廊吊顶或者设备机房内。包括给水、排水、消防用水、污水、雨水等种类的给排水管道，以及暖气、冷

① 吴学伟，王英杰，罗丽姿. IPD模式及其在建设项目成本控制中的应用[J]. 建筑经济，2014（1）：27–29

气、通风等各种暖通管道都挤在一起布置时，难免发生“打架”情况，交叉碰撞问题也屡见不鲜，给工程建设带来了极大的不便，也同样不利于日后的维护更新。利用计算机对各专业图纸会审，进行碰撞冲突检测，虽然在某种程度上提升了设计图纸的准确性，但仍是基于二维图纸进行的人工操作，并没有摆脱对设计人员经验的依赖，三维空间中的冲突仍然难以得到检测与消解，设计图纸仍有可能存在大量“错、漏、碰、缺”等冲突。

虽然碰撞冲突问题难免存在，但通过 BIM 协同设计平台，该类问题还是可以被提前发现。作为协同设计实施阶段最为重要的组成部分，碰撞检测在解决软、硬碰撞等问题的同时，也使得设计成果更为完善。

碰撞冲突检测是日后维护更新工作顺利进行的前提，各类碰撞冲突问题的存在会给维护更新工作带来极大的麻烦，如不很好地解决这类问题，最终甚至会导致无法维护更新。因此，及早预见性地解决“错、漏、碰、缺”等碰撞冲突问题，这不仅对提高设计效率以及建筑质量有极为重要的意义，也是工业化住宅可维护更新的重要保证。

#### 6.2.4.2 质量维护水平的提升

质量维护是工业化住宅维护更新在生产和施工阶段的具体体现，它能有效保证住宅部品工厂化生产的质量，提高住宅施工精度，实现工业化住宅产品的三包维修服务，为日后运营维护阶段的工作提供极大的便利。质量维护是工业化住宅维护更新的重要环节，协同设计是质量维护水平得以提升的重要手段。

根据工业化住宅系统的研究，工业化住宅系统一般可分为四个阶段的内容，即一级工厂化、二级工厂化、三级工厂化和现场安装阶段[①]。其中，一级工厂化是标准件生产阶段，其生产目标主要是缩小公差，通过生产工艺的进步和组织管理水平的提升，最终将构件制造工艺中的误差由 60 厘米级别缩小至 10 厘米级别；二级工厂化进行的是组件安装，将零散的构件组合成整体的构件，如将零部件组装成较为整体的板状墙；三级工厂化是将工业化住宅部品构件快速组装，在工厂车间将构件组合成工业化住宅部品，以方便从车间到工地的整体吊装；现场安装阶段则是将工业化住宅部品在项目工地进行整体吊装。

工业化住宅产品的工厂层级意味着工业化住宅产品质量体系的不断提升，一级工厂化只是施工精度的提升，三级工厂化则将工业化住宅上升为产品层级，使工业化住宅可被轻易分解成不同的部品。工业化部品成品化，意味着工业化住宅可以像普通商品一样，能够实现三包，这象征着工业化住宅质量维护水平的大幅度提升。

① 徐奇升，苏振民，金少军. IPD 模式下精益建造关键技术与BIM的集成应用[J]. 建筑经济，2012（5）：90-93

综上所述，当上述系统和层级足够复杂时，更能体现工业化住宅协同设计的必要性，质量维护水平的提升作为工业化住宅协同设计的目标之一，也可以划分为以下三个层级来逐步实现：

（1）建立工业化住宅部品构件的质量保障体系

工业化住宅部品构件的质量保障体系需要通过数字化工具来实现。数字化就是将大量复杂的信息转换成计算机处理的二进制数字，数字化工具即是储存大量相关信息和数据的计算机及其他设备。基于这种数字化工具，可以由计算机控制自动完成工业化住宅构件的预制生产，降低建造误差，提升工业化住宅构件的生产与制造精度，从而提升工业化住宅的质量，便于日后的维护更新。另外，基于数字化工具还可以在工业化住宅部品组装阶段将数据信息从单个构件传递至部品组件，有助于提升工业化住宅部品的制造精度。

（2）工业化住宅施工精度的提升

工业化住宅协同设计通过BIM工具的运用，在设计、施工阶段均可以进行冲突检测和消解，因此可以在很大程度上减少设计不同专业之间、设计方与施工方之间的碰撞与冲突，极大地提升工业化住宅的施工精度。同时，施工方不同工种之间利用BIM对施工方案和施工工序进行讨论，可以直观地发现施工中可能存在的问题和隐患并进行提前解决，有助于减少工业化住宅施工过程中的误会与纠纷，也可为工业化住宅施工精度的提升夯实基础，并提高日后维护更新的高效性与准确性。

（3）建立工业化住宅全生命周期的质量追溯体系

提升施工精度是工业化住宅质量维护提升的第一层级，建立工业化住宅部品构件的质量保障体系则是工业化住宅质量维护提升的第二层级，而工业化住宅协同设计旨在提高工业化住宅全生命周期的建筑质量，因此，建立工业化住宅全生命周期的质量追溯体系应该作为工业化住宅质量维护提升的第三层级和终极目标。在前两个层级实现的基础上，工业化住宅协同设计在设计和施工阶段积累的数据信息应有效地传递至工业化住宅的运行维护阶段，通过数字化工具的运用，如通过附加在工业化住宅部品上的RFID标签等，可以及时准确地识别出现质量问题的部品并进行质量追溯，真正实现工业化住宅的产品化转型，亦可做到工业化住宅产品的三包维修服务，提升日后维护更新工作的质量和效率。

#### 6.2.4.3　运行维护阶段工业化住宅协同设计的应用方法

运营维护阶段一直存在于住宅建造完成后的长期使用过程中。这一阶段的维护更新工作周期长、难度大，存在一定的人力、物力等资源消耗，可谓是工业化住宅维护更新的主要阶段。协同设计对这一阶段的工作也相当重要。

协同建造完成并进行项目交付后，并不意味着工业化住宅协同设计的结束。在项目交付环节，必须提交完整的项目竣工 BIM 模型，将之与物业管理计划相链接，这样就能够实现运行维护阶段的诸多协同工作，可极大地改善以下几方面的运行维护效率：

（1）基于 BIM 的空间、客户信息和能耗管理

将 BIM 模型与物业设备管理进行关联，建立 BIM-FM 系统，可以有效地整合交付后的工业化住宅及其物业设备管理方面的基本信息。FM 即 Facility Management，设备管理[①]。广义的 FM 也涵盖了 PM（Property Management，物业管理）及 AM（Asset Management，资产管理）等专业技术服务内容。BIM-FM 系统具备 BIM 技术对部品构件的空间定位和相关信息收集方面的优势，并能够实现空间信息、客户信息和能耗的有效管理：

①在空间管理层面，可以协助物业管理方实现可视化管理和管理效率的提升。

②在客户信息管理层面，能够实现对所有用户信息的有效整合。

③再次，在能耗管理层面，可以将所有区域的仪表与 BIM-FM 系统对接，能耗数据将实时传输到 BIM-FM 系统中。

（2）基于 BIM 的维护维修管理

基于 BIM 和 RFID 射频识别技术，可以实现对工业化住宅所有损毁区域的精准快速定位和维护维修，主要通过以下环节实现：

①首先，在机械设备和部品构件运转不良或发生损坏时，通过 BIM 信息管理平台可以快速确定其位置。

②其次，通过 RFID 标签指示的位置，系统能够帮助维修管理人员实时定位，提示其往返维修部位的最短和快捷路径。

③再次，通过移动设备对损坏设备和构件进行扫描，能够快速获得损坏的详细信息，也能够通过远程技术从 BIM 信息管理平台中获得图纸、生产厂商信息，以及维修手册等相关维修信息。

④最后，通过读取 RFID 标签中的厂商信息，能够快速查询是否有可替换构件和设备，若无法维修，即可根据其中的信息与厂家联系，实现工业化住宅部品构件的报修与更新。

可以看出，实现工业化住宅产品的可维护更新，将涉及整个设计、生产、施工装配、日后运营维护的建设全过程，而基于 BIM 技术的协同设计在这一过程中起到了至关重要的作用。由此可知，协同设计是工业化住宅维护更新的基础和重要手段。

① 徐锡玺，王要武，姚兵. 基于BIM的建设项目IPD协同管理研究[J]. 土木工程学报，2011（12）：138-143

## 6.3　计算机编码技术在工业化住宅可维护更新中的应用

对于建筑业实现绿色发展，构筑环境友好型城市来说，最重要的建设理念、最大的环保就是打破一直沿袭而来的“拆建”模式，力求让每栋建筑都能正常运转，达到有效寿命，这就是可维护更新的重要现实意义。对于工业化住宅产品，要求其达到可持续维护更新，其建筑构件应具有基于可维护更新的通用性与可替换性。利用 BIM 技术，即可在工业化住宅产品构件分类基础上建立建筑构件数据库，明确构成建筑所有构件的身份信息，这样才能为日后住宅的维护维修及更新替换提供信息化支持。我们研究计算机编码技术，主要就是为实现这一目的。

对住宅部品构件进行分类，确定其在部品体系中所处的位置，是工业化背景下人们正确理解住宅部品、使用部品的重要信息。部品的编码（编码的代码值）是部品的唯一性标识，是住宅部品的信息模型中最重要的属性信息。住宅部品的分类与编码是实现住宅全生命周期信息化管理的基础，也是工业化背景下住宅产品维护更新重要的、不可或缺的环节。对工业化住宅部品进行信息化管理，首先需对部品进行分门别类，然后才能在此基础上对其进行编码。

### 6.3.1　工业化建筑构件的分类系统

#### 6.3.1.1　工业化建筑构件的分类与构件法

建筑信息化管理的基础是“构件法”思想。“构件法”思想是基于 BIM 技术的建筑项目信息管理的核心思想。建筑是由不同类型的构件组装而成，构件是建筑的最基本构成。因此在设计过程中应具有构件意识，充分了解建筑构件的生产、加工、建造流程，以降低现场手工作业比例，提高机械化使用率。“构件法”是“构件设计法”的简称，其主要内容就是将建筑分解成各个构件，并按照一定的逻辑进行组织，形成构件组，再以构件组为单位进行设计，目的是让设计过程中的目标、顺序和逻辑更加清晰。用构件法进行设计，是一种新型建筑设计方法[①]。

工业化建筑构件可分为结构体系统、外围护体系统、内装系统、设备与管线系统等四大类。构件法的重要性质是，在建筑项目信息管理系统中，以建筑构件为基本单位，根据建筑各构件组的生产装配和运营管理需求输入该构件的各种数据，由此即可建立以构件为基础的建筑项目信息管理平台。对于以建筑构件为基本对象的工业化住宅维护更新，构件管理的平台建设具有重要意义。

① 王海宁，张宏，印江. 建筑信息模型应用情况研究及问题分析[J]. 建筑科技，2015（23）：47–49

#### 6.3.1.2　工业化建筑构件分类的意义

利用构件法对构件组进行编号分类管理，对于 BIM 系统的建筑构件信息采集与输入、物料及工程量统计、建筑施工、住宅建筑维护更新以及全生命周期的信息管理等均具有重要意义。

（1）根据“构件法”思想对构件进行分类，有利于从方案设计阶段开始整合各协同单位的构件产品。根据分类可以清楚划分协同设计的工作界面，在日后对单个构件进行维护更新时可避免构件与构件之间的衔接产生问题。

（2）根据“构件法”思想，可建立自上而下逐级分解的装配式建筑构件分解系统，形成层级明晰的装配式建筑构件分类表，从而为装配式建筑构件库的搭建奠定基础。

（3）在协同设计时，可对同一组中的建筑构件进行统筹设计与研发，互相协调，达到事半功倍的效果。在大型建筑设计中，可将设计人员分成若干小组，每组负责一个构件组的设计与协同，进而整合成一个完整的建筑设计。这样即可做到多组同时推进，高效率完成协同设计，为协同建造奠定良好的技术和产品基础。这就是“构件法”思想的重要意义。

#### 6.3.1.3 工业化建筑构件分类表

将建筑构件进行分类，是工业化建筑“构件法”思想的基础。本书首先介绍装配式建筑领域中常用的“预制预应力混凝土装配整体式结构”（简称“世构体系”）的“构件法”设计、构件生产及施工安装的特点，进行市场调查与资料收集，按照软件工程的工作流程与方法进行构件的用户需求分析，同时参考国内外针对基于BIM技术的建筑协同设计所做的研究，最终确定所需构件的内容、范围和数量。根据工业化建筑“构件法”思想，我们将装配式建筑的全部构件分为结构体系统、外围护体系统、内装系统、设备与管线系统等四大部分，据此构建装配式建筑构件分类表（图6–8）。

笔者所在工作室以南京浦口区江浦街道巩固6号地块保障房二期工程（PC人才公寓）项目为试点，进行基于世构体系的BIM应用，并依据此表和“构件法”开展相关深化设计、施工管理、构件生产的研究工作。在此基础上，我们进一步参照住建部颁布实施的《建筑产品分类和编码》（JG/T 151—2015）[1]以及住建部住宅产业化促进中心发布的住宅部品分类体系[2]，又编制了装配式建筑构件分类统计表和装配式建筑构件类别编号[3]等两个表，形成了一套关于装配式住宅建筑的构件类别编号系统，这对最终形成用于工业化住宅的计算机编码技术体系，并构建工业化建筑信息管理平台有很大帮助。

### 6.3.2 工业化建筑构件库及参数体系架构

由装配式建筑构件分类表，我们即可在此基础上建立工业化装配式建筑构件库，这是实施“构件法”进行设计的必要性基础。

① 住房和城乡建设部. 建筑产品分类和编码：（JG/T 151—2015）[S]. 北京：中国标准出版社，2016

② 李元齐，郑华海，刘匀. 工业化住宅部品分类与编码研究[J]. 建筑钢结构进展，2017（19）:1–9

③ 由于篇幅限制，这两个表的具体内容详见附录1和附录2。

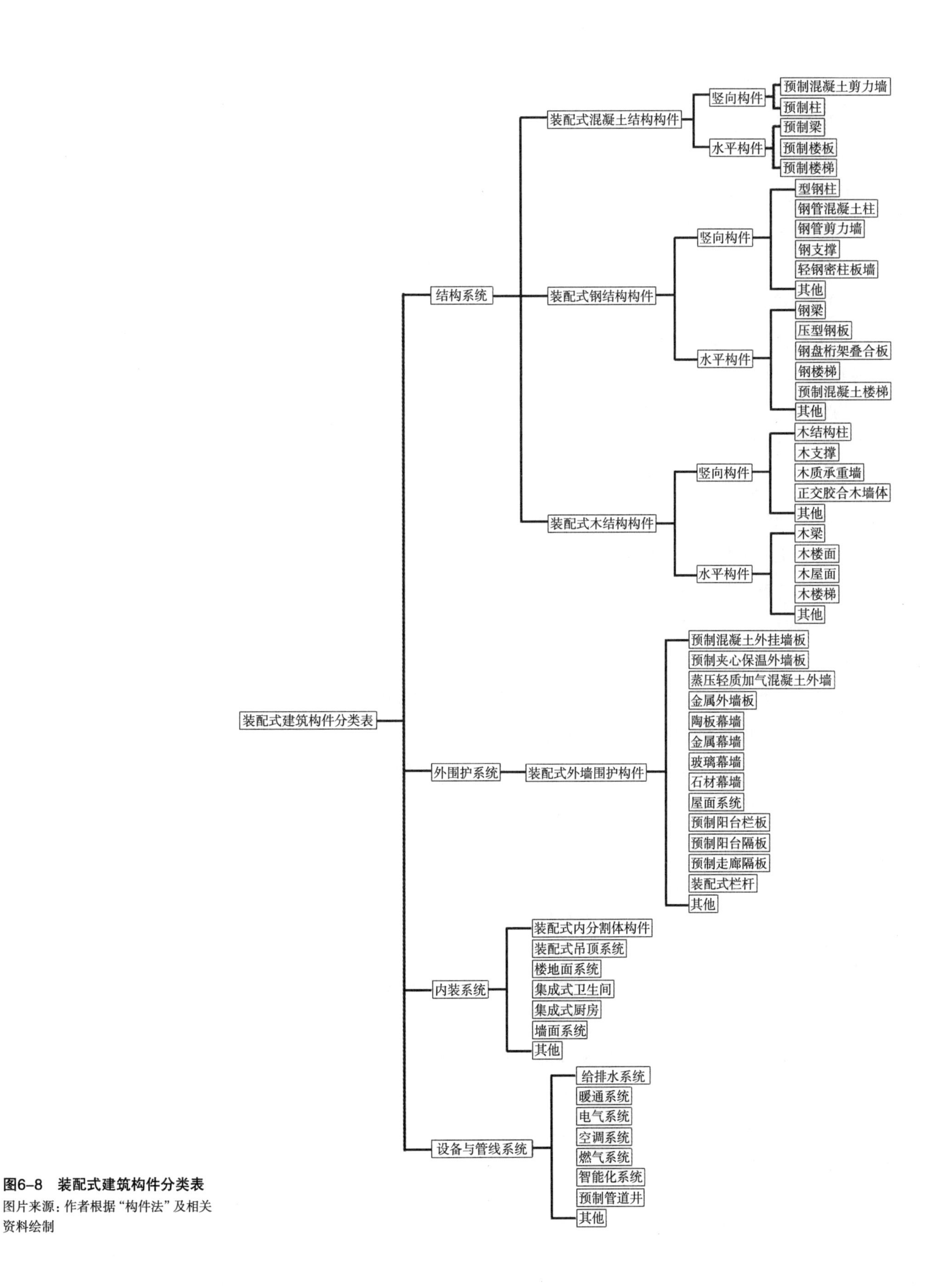


**图6-8　装配式建筑构件分类表**

图片来源：作者根据“构件法”及相关资料绘制

#### 6.3.2.1 构件库的建立

1）技术方法

通过有效的数据结构分析和数据存储功能开发，不仅可实现构件设计的标准化和参数化，这对于提高构件设计效率，并实现预制构件设计、生产和施工的信息传递，以提高各专业、各阶段的协同作业效率具有重要意义。同时，实现构件的标准化和参数化，是建立构件库的重要基础。

2）族库构建

前文已述，本书所应用的BIM软件主要是Revit软件。族库的构建，是使用Revit软件建立BIM模型的一个重要步骤和核心内容。因此，在BIM中建立构件库，最重要的途径与手段就是Revit族库的构建。Revit软件最重要的特点就是“族”的使用。Revit族是一个包含通用属性集和相关图形表示的图元组。一个族中不同图元的属性可能有不同的值，但属性的设置是相同的，由此组成“属性集”的概念。“族”功能是Revit软件的核心功能之一，可以帮助设计者更方便地管理和修改所搭建的模型。Revit软件自带族文件，每个族文件内都含有很多参数和信息，如尺寸、形状和其他的参数变量设置，对设计者快捷修改项目相关参数有所裨益。

Revit软件中的族一般分为三大类：系统族、标准构件族和内建族。

系统族是在Revit软件中预定义的族，包含基本建筑构件，如墙、板、梁、柱等。系统族可以复制和修改，但不能新建。

标准构件族（简称构件族）是Revit软件中种类最多的族，它包括了建筑中的各种预制构件，如门、窗、雨棚、室内设施等。在使用Revit软件时，既可以复制和修改已有的构件族，也可以创建新的构件族。可以说，Revit软件最复杂的就是构件族的使用。

内建族可以是特定项目中的模型构件，也可以是注释构件，一般是起到辅助作用的族。

为了方便使用，Revit软件将族文件按用途、专业等归类整理，由此形成Revit族库，如系统族库、构件族库等。族库的构建，可以大大方便Revit软件的使用和BIM模型的制作。本书深入分析了当前建筑行业BIM族的制作标准和样例，收集整理“预制预应力混凝土装配整体式结构（世构体系）”所应用的标准、工艺及相关规范图集，建立针对性的族制作标准和族库建立标准，依据这些标准，即可选择具有针对性和代表性的构件及相关组件，进行族的制作与族库的设计和构建工作。

#### 6.3.2.2 参数体系架构

1）参数体系构成

前文已指出，实现构件的标准化与参数化是构件库建立的重要基础。参数从数学上来说即函数的因变量，建筑参数就是建筑物各种因变量的集合。建筑全生命周期各个阶段涉及的因变量集合构成建筑参数，形成一个庞大的数据库，在不同的时间段内、空间地域内，形成不断变化的参数集，比如一根梁，设计阶段需要尺度、材质、建筑物理性能等参数，施工阶段需要价格、进场时间、堆放场地等参数，运营维护阶段需要使用年限、日常维护人员等参数。针对这些建筑参数进行的设计即是建筑参数化设计。这些由建筑各个阶段不同参数构成的建筑体系就是建筑参数体系。正是由于参数体系的存在，才使得 BIM 对建筑全生命周期的信息化管理成为可能，因此参数体系对于 BIM 具有至关重要的作用。

BIM 是工业化建筑构件编码的重要工具，因此参数体系架构是工业化建筑构件编码的重要环节。以项目自身的构件群体为基础，建立服务于项目的构件编码体系，首先需要确定关联构件的参数名称、类型以及分组方式。当以 BIM 族为主要参数时，在使用过程中应根据需要实时修改参数，如对象的长度、宽度、高度等。当参数为辅助参数时（不需要修改或只需很少修改，一般情况下作为运算过程参数，其通过公式随主要参数可自行改变），其命名可选用简单的中文名称或特定代号，如 YZQ（预制剪力墙）、YZZ（预制柱）、YB（预制楼板）等。

2）构件管理思路

当使用 Revit 软件建立 BIM 模型并建立相应的族库后，若用该模型对项目进行设计、施工和运营管理，必须同时满足三个方面的要求：①预制构件设计阶段运用 Revit 族文件建模及出图；②添加预制构件的国标清单计算量及施工阶段的信息；③记录运营维护阶段各类信息的应用情况，并应注意与其他专项管理软件衔接。这时就需要建立基于项目的 Revit 构件库。

3）基于项目的 Revit 构件库

基于项目的 Revit 构件库主要包括：

（1）材质库

对材质图形和外观进行设置，同时根据国家节能相关资料重点增加物理和热度参数，便于进行节能和冷热负荷计算。材质库中应设立以下内容：①根据国家规范、图集标注材质和做法；②补充施工中用到的材质贴图图片及照片；③为结构负荷计算提供材料物理性能参数；④为冷热负荷计算、能耗分析等提供材料热工性能参数。

（2）系统族库

前文已指出，系统族是包含基本建筑构件的族。系统族库以国标图集05J909中的国标工程做法为参照，制作墙、地面、楼板及屋顶等部品的系统族文件，并在族文件中直接添加分层材质的相关注释。

（3）构件族库

构件族就是前文介绍的标准构件族，是Revit软件中种类最多的族。构件是建筑的最小单位，构件管理在住宅建设中尤为重要。在BIM软件中，各种类型的构件族组成了构件族库，如门族库、窗族库等。构件族库对Revit族进行了重新分类，统一制作标准，实现出图、国标清单计算量及信息管理的统一。其内容包括：①统一构件族目录；②以该项目为基础增加族样板约60个；③统一族命名规则；④统一制作流程和相关标准（包括插入点、参数分组方式、参数命名等）；⑤添加国标清单的项目编码，并通过嵌套族实现分类统计；⑥统一添加施工运营维护阶段的各类信息参数；⑦信息参数统一采用共享参数的管理方式，信息管理可根据需要进行定制、添加及修改。

#### 6.3.2.3 物料跟踪

所谓物料跟踪，是指从原材料的采购、原材料入库、生产流程中的制品管理以及成品入库到产品的配送交付流程，对上述全流程中的物料进行跟踪。对工业化住宅产品实行物料跟踪，是提高工业化住宅建设质量，实现工业化住宅信息化管理的重要保证，也是工业化住宅产品可维护更新的重要技术基础。

1）二维码跟踪

通过BIM技术生成的构件二维码可用来对物料进行跟踪，这是对传统构件管理方式的升级，使得信息的采集和汇总更具时效性和准确性。首先，通过云平台将已有的项目模型上传到云端，系统将根据模型的内置ID号自动生成相应二维码，并打印张贴。构件张贴二维码后即可实时跟踪其状态，线下查询出库、安装等阶段信息。管理人员可在线上实时查询、管理构件信息及相关资料。通过BIM5D（一种基于BIM的施工过程管理工具，5D就是传统的三维模型加上时间进度及成本控制）平台，可实现全部装配式构件线上跟踪，精准掌握每个构件当前状态，为项目实现"零库存"提供有力保障，每批构件从加工厂运输到现场后，不需要经过存放，可直接进行吊装。所形成的构件二维码体系对日后的住宅维护更新也有很大帮助，通过该体系结合前文提到的日常点检系统，可随时了解所有构件的实时状况，一旦构件出现问题，即可在第一时间了解该构件的所有信息，并制定相应的维护更新策略，大大提高维护更新的工作效率和准确性。

2）监管编码与原工厂编码的关系

构件生产企业对所生产的构件进行编码，以此可区分不同种类的构件，避免相互混淆,方便日后监管。监管编码的研发工作需要与原工厂的编码进行校对整合。

原工厂编码与监管编码并不存在一一对应关系，前者为类型编码，代表某种类型的全部构件，此编码应由工厂给出；而后者为唯一编码，代表某个具体的构件，为全球唯一的识别码。因此在由单个构件生产商参与的项目中，代表某种类型全部构件的工厂编码的范围要大于代表某个具体构件的监管编码。如图 6–9 所示，工厂编码是一个独立的完整编码，而构件的监管编码包含构件分类、标高编号、轴网编号、位置编号和材质体积等五项内容。

截至目前，国内尚未出台构件监管编码的编制规则，作者所在工作室目前已建立了这样一套能用于工业化住宅建筑信息监管平台的编码规则，并已取得了初步成果，本书稍后将进一步介绍这方面的内容。

| <工厂编码与监管编码对照表> | | | | | |
|---|---|---|---|---|---|
| A | B | C | D | E | F |
| | 监管编码 | | | | |
| 工厂编码 | 构件分类 | 标高编号 | 轴网编号 | 位置编号 | 材质：体积 |
| 3-DBS2-67-8-3 | | | | | |
| 3-DBS2-67-8-3 | JG-HNTGJ-DHB | R/4.500 | E6-D7 | V1 | 0.01 |
| 1 | | | | | |
| 3-DBS2-67-7-1 | | | | | |
| 3-DBS2-67-7-1 | JG-HNTGJ-DHB | R/4.500 | E2-D3 | V2 | 0.01 |
| 3-DBS2-67-7-1 | JG-HNTGJ-DHB | R/4.500 | E2-D3 | V3 | 0.01 |
| 3-DBS2-67-7-1 | JG-HNTGJ-DHB | R/4.500 | B6-A7 | V3 | 0.01 |
| 3-DBS2-67-7-1 | JG-HNTGJ-DHB | R/4.500 | B6-A7 | V2 | 0.01 |
| 4 | | | | | |
| 3-DBS2-67-6-1 | | | | | |
| 3-DBS2-67-6-1 | JG-HNTGJ-DHB | R/4.500 | D2-C3 | V2 | 0.01 |
| 3-DBS2-67-6-1 | JG-HNTGJ-DHB | R/4.500 | D2-C3 | V3 | 0.01 |
| 3-DBS2-67-6-1 | JG-HNTGJ-DHB | R/4.500 | C2-B3 | V2 | 0.01 |
| 3-DBS2-67-6-1 | JG-HNTGJ-DHB | R/4.500 | C2-B3 | V3 | 0.01 |
| 3-DBS2-67-6-1 | JG-HNTGJ-DHB | R/4.500 | B2-A3 | V3 | 0.01 |
| 3-DBS2-67-6-1 | JG-HNTGJ-DHB | R/4.500 | B2-A3 | V3 | 0.01 |
| 3-DBS2-67-6-1 | JG-HNTGJ-DHB | R/4.500 | D6-C7 | V2 | 0.01 |
| 3-DBS2-67-6-1 | JG-HNTGJ-DHB | R/4.500 | D6-C7 | V3 | 0.01 |
| 3-DBS2-67-6-1 | JG-HNTGJ-DHB | R/4.500 | C6-B7 | V2 | 0.01 |
| 3-DBS2-67-6-1 | JG-HNTGJ-DHB | R/4.500 | C6-B7 | V3 | 0.01 |
| 3-DBS2-67-6-1 | JG-HNTGJ-DHB | R/4.500 | E6-D7 | V3 | 0.01 |
| 3-DBS2-67-6-1 | JG-HNTGJ-DHB | R/4.500 | E6-D7 | V2 | 0.01 |
| 12 | | | | | |
| 3-DBS2-67-2-2 | | | | | |
| 3-DBS2-67-2-2 | JG-HNTGJ-DHB | R/4.500 | E1-D2 | H3V1 | 0.01 |
| 3-DBS2-67-2-2 | JG-HNTGJ-DHB | R/4.500 | E1-D2 | H2V2 | 0.01 |
| 3-DBS2-67-2-2 | JG-HNTGJ-DHB | R/4.500 | B1-A2 | H3V1 | 0.01 |
| 3-DBS2-67-2-2 | JG-HNTGJ-DHB | R/4.500 | B1-A2 | H2V2 | 0.01 |
| 3-DBS2-67-2-2 | JG-HNTGJ-DHB | R/4.500 | D3-C4 | H3V1 | 0.01 |
| 3-DBS2-67-2-2 | JG-HNTGJ-DHB | R/4.500 | D3-C4 | H2V2 | 0.01 |
| 3-DBS2-67-2-2 | JG-HNTGJ-DHB | R/4.500 | B3-A4 | H2V2 | 0.01 |
| 3-DBS2-67-2-2 | JG-HNTGJ-DHB | R/4.500 | B3-A4 | H3V1 | 0.01 |
| 3-DBS2-67-2-2 | JG-HNTGJ-DHB | R/4.500 | B4-A5 | H2V2 | 0.01 |

**图6–9　工厂编码与监管编码对照**

图片来源：作者根据本人所在工作室资料绘制

### 6.3.3 构件编码规则与技术实现措施

不同类型的构件处于一个系统中，相互容易产生混淆，为了识别不同构件，需要对其进行命名，并对各项相关属性信息进行准确定义，这就是构件编码的意义。

由于构件相互之间存在信息交换，为了方便信息处理并保证信息接收各方能够正确理解该信息而不至于产生误解，也需要制定统一的编码系统，以此提高信息的传输效率和准确度。

构件编码这一工作应当在设计阶段就得到贯彻执行，这样才能在后续的生产建造中发挥作用。

#### 6.3.3.1 现有编码体系与监管

1）国外的编码体系

最早在建筑设计和施工中对建筑构件进行编码分类的实践出现在第二次世界大战之后的英国，当时为解决战后教育资源短缺等问题，需要在尽量短的时间内完成大量校园重建和改扩建项目[①]。为了控制成本、提高生产效率以及减少沟通中的错漏，英国皇家测量师协会（Royal Institute of Chartered Surveyors，RICS）制定了统一的工程量计算标准与建筑构件分类标准，并在英联邦地区、欧洲其他地区以及北美地区得到一定程度的推广，我国建筑业对此亦有所借鉴。

英国皇家建筑师学会（Royal Institute for British Architects，RIBA）从 1961 年便开始持续更新并维护 CI/SfB 标准建设系统（Construction Index/Standard for Buildings）[②]。后者为建筑行业内部进行信息交流的一种通用语言，使用建筑物理位置、构件、内部材料和施工活动这四个部分组成一条具体的建筑信息条目，每部分对应具有标准对照的栏位，栏位内对应着各个分项的代码，例如 32、27、St、D4 这一信息条目中所代表的内容如表 6-1 所示。

表6-1 CI/SfB系统的信息条目释义举例（作者自绘）

| 代码 | 含义 |
|---|---|
| 32 | 办公室 |
| 27 | 屋顶 |
| St | 安装屋面瓦所使用的连接材料 |
| D4 | 切割、加工、安装 |

由上例可以看出，其编码系统较为笼统，特别是所有信息代码集中在一起，较容易产生混淆。因此在具体实践过程中，研究人员在 CI/SfB 系统的基础上进行功能拓展，分别建立了纲要码（Master Format）、元件码（Uni Format）和

① 李秉颖. 美国BIM标准代码连接台湾地区营建咨询之可行性研究[D]. 新竹：台湾中华大学, 2013
② 李元齐, 郑华海, 刘匀. 工业化住宅部品分类与编码研究[J]. 建筑钢结构进展, 2017(1):1-9

总分类码（Omni Class）等编码系统。这三种编码系统都是由美国和加拿大的相关研究部门研发，其中纲要码最早产生，目的在于建立工程规范的标准化分类系统，以供工程招标承包、编制工程预算和单价分析等使用，并提高上述过程的信息传递与获取的效率。纲要码的编码分类方法是基于行业内普遍成熟的建造施工体系建立的，因此对于具有前沿创新性的建筑体系无法进行编码处理，这也是此种编码系统的不足之处。稍后出现的元件码旨在对建筑基本元件进行分类，从而为建筑项目的经济评估提供帮助。元件码的重要特点是可以通过与行业内常用造价测算数据的对接，在前期设计时就能够对后续工作进行较为准确的测算。其不足是由于建筑业的快速发展，涉及的行业和范围也越来越广，因此元件码也无法将所有建筑组成要素都囊括在所包含的库中。总分类码要比前两种编码系统的信息范围更加广泛，其建立意图就是要弥补以往各种分类系统的不足，希望建立一个比以往编码系统都更为庞大全面的分类体系，并留有足够的拓展空间。这三种编码系统各有侧重，对我们进行构件法设计并建立相应的编码系统很有裨益。

（1）纲要码（Master Format）

纲要码（Master Format）是由美国建筑标准学会（Construction Standard Institute，CSI）与加拿大建筑标准学会（Construction Standard of Canada，CSC）在 1972 年颁布的针对建筑施工的编码体系，该体系将工程施工项目分为 00 到 16 共 17 个大类，如表 6-2 为 1999 年颁布的分类表[①]。

表6-2　纲要码（Master Format）编码体系的工程施工项目分类表-1999版（作者根据美国建筑标准学会CSI资料库整理绘制）

| | | |
|---|---|---|
| 00 招标文件与合同 | 01 一般要求 | 02 现场工作 |
| 03 混凝土 | 04 砌体 | 05 金属 |
| 06 木材和塑胶 | 07 隔热和防潮 | 08 门窗 |
| 09 装修 | 10 特殊设施 | 11 设备 |
| 12 装潢 | 13 特殊结构 | 14 输送系统 |
| 15 机械 | 16 电机 | |

纲要码（Master Format）目前由 CSI 负责进行扩充与修订，采用付费使用的方式每年发布。由于建筑产业和相关配套行业的发展，原先的 17 个大类的分类已经无法满足使用需求，因此于 2004 年将其扩充为 50 个大类并一直沿用至今。目前为 00 到 49 总共 50 个大类，但是在公开版本中进行了一定程度的预留，第 15、16、17、18、19、20、24、29、30、36、37、38、39、47、49 等 15 大类为预留项，以待未来进一步扩充，因此现在共有 35 个大类供使用，2016 年的分类如表 6-3 所示。

① 林佳莹. 以模型驱动架构扩展用于营运维护阶段之建筑资讯模型[D]. 桃园：台湾中央大学，2014

表6-3 纲要码（Master Format）编码体系的工程施工项目分类表-2016版（作者根据美国建筑标准学会CSI资料库绘制）

| 采购群组 | 00 招标文件与合同 | | | |
|---|---|---|---|---|
| 要求群组 | 01 一般要求 | | | |
| 建筑设施群组 | 02 现场工作 | 03 混凝土 | 04 砌体 | 05 金属 |
| | 06 木材和塑胶 | 07 隔热和防潮 | 08 门窗 | 09 装修 |
| | 10 特殊设施 | 11 设备 | 12 装潢 | 13 特殊结构 |
| | 14 输送系统 | | | |
| 设施服务群组 | 21 灭火设施 | 22 管道 | 23 暖通空调 | 25 自动化设施 |
| | 26 电气 | 27 通信 | 28 电子安保设施 | |
| 基地基础设施群组 | 31 土方作业 | 32 外部环境治理 | 33 工具 | 34 交通运输 |
| | 35 航道和海岸 | | | |
| 处理设备群组 | 40 相互连接处理 | 41 材料加工处理 | 42 加热冷却干燥设备 | 43 废气废水处理 |
| | 44 废弃物污染处理 | 45 制造业设备 | 46 水处理装置 | 48 发电装置 |

建设项目使用诸多不同种类的交付方式和部品构件安装方法，上述这些过程均有一个共同点，即需要参与各方能有效协作，以保证工作能正确及时完成。项目的成功完成需要各参与方高效沟通，这就需要能够以简单的方式对重要项目信息进行访问。只有各方人员均使用标准文件系统时，才能进行有效的信息检索。Master Format 即是提供这种标准的归档和检索方案，其主要应用在施工结束后，可直接对工程施工的方法和材料进行表述，进而与施工成本数据进行关联。从成本计算的角度来看，某一特定的建筑材料只在 Master Format 中出现一次，只有这种唯一性才能便于统计计算。该编码系统多用于施工图设计阶段与招投标阶段①。

需要指出的是，Master Format 的编码分类方法是基于行业内普遍成熟的建造施工体系建立的，因此对于具有前沿创新性的建筑体系无法在第一时间进行编码处理，这也是 CSI 每年对其进行更新的原因。另外，将 2016 版分类表与 1999 版进行对比，可以发现 CSI 努力将 Master Format 系统变得更庞大和更全面。后续拓展主要集中在广度方面，目前已拓展至工业和特种行业部分，但与民用建筑领域交互的编码部分并没有得到实质性扩展②。

（2）元件码（Uni Format）

元件码（Uni Format）是美国和加拿大用于对建筑物种类、造价估算和造价分析进行分类的一种标准，其内部组成的元素都是大量普通建筑的主要构件。这套分类体系主要被用于为建筑项目的经济评估提供持续帮助。其发展得到了建筑产业和政府的共同扶持，已经作为标准被广泛认可③。

早在 1973 年，加拿大 Hanscomb（汉斯科姆）造价咨询公司就在美国建筑师学会（American Institute of Architects，AIA）的委托下开发了一个名为

① 吴双月. 基于BIM的建筑部品信息分类及编码体系研究[D]. 北京：北京交通大学，2015
② 杨一帆，杜静. 建设项目IPD模式及其管理框架研究[J]. 工程管理学报，2015，29(1):107-112
③ 侯永春. 建设项目集成化信息分类体系研究[D]. 南京：东南大学，2003

MASTER COST（主要成本）的造价评估系统。管理政府建筑项目的美国总务管理处（U.S. General Service Administrator，GSA）在此基础上继续拓展了此体系。最终 GSA 和 AIA 在此系统上达成一致并将其命名为 Uni Format。两者分别从不同侧面进行使用，AIA 利用其进行实际项目建设管理，而 GSA 则使用其满足在项目预算中的需求，此时 Uni Format 并没有上升为行业标准①。

为了弥补建筑造价咨询领域没有行业标准的缺憾，美国材料与试验协会（American Society of Testing and Materials，ASTM）于 1989 年开始在 Uni Format 的基础上研究发展了对建筑基本元件进行分类的标准，并且重新命名为 Uni Format Ⅱ后公之于世，这是其作为行业标准的第一次颁布。而在 1995 年，美国建筑标准学会 CSI 和加拿大建筑标准学会 CSC 为了避免混淆带来歧义，因此将其名称修改为 Uni Format TM ，并正式注册成为 CSI 和 CSC 的商标，其编号为 ASTM E1557-93。之后两个标准学会在 2010 年对其进行了修订，编号为 ASTM E1557-97。

元件码（Uni Format）的编码结构目前已经发展出四个层次。其分类理念是将构成建筑的基本组件进行分级式划分。该编码系统是一个对建筑构件和现场作业进行分解和编码的标准格式体系，其建筑组件拆分方式以建筑的物理构成为出发点，对设计要求、成本资料和建造方法等方面的信息进行组织。Uni Format 编码体系按照从高级到低级分为 Level1 到 Level4 共 4 级（表 6-4）。

表6-4　元件码( Uni Format )编码体系的层级示意表( 作者根据美国建筑标准学会CSI资料库绘制 )

| Level1<br>主群组元素 | Level2<br>组元素 | Level3<br>单体元素 | Level4<br>子元素 |
|---|---|---|---|
| A 下部结构 | A10 基础 | A1010 一般基础 | … |
| | | A1020 特殊基础 | … |
| | | A1030 地面板 | … |
| | A20 地下室 | A2010 地下室开挖 | A2010100 地下室开挖<br>A2010200 结构回填夯实<br>A2010300 支撑 |
| | | A2020 地下室墙体 | … |
| B 外壳 | B10 上部结构 | … | … |
| | B20 外墙 | … | … |
| | B30 屋顶 | … | … |
| C 内装 | … | … | … |
| D 附属设施 | D10 输送系统 | D1010 升降梯 | … |
| | | D1020 手扶梯 | … |
| | | D1090 其他输送机 | … |
| | D20 水管 | D2010 卫浴设备 | … |

① 刘政良，彭延年，黄俊儒，等. “强化资料库，技术在扎根”活化编码应用推动策略[J]. 营建知讯，2010, 326( 3 ): 58-63

续表

| Level1<br>主群组元素 | Level2<br>组元素 | Level3<br>单体元素 | Level4<br>子元素 |
|---|---|---|---|
| D 附属设施 | D20 水管 | D2020 生活用水管 | … |
| | | D2030 污水管 | … |
| | | D2040 雨水排水管 | … |
| | | D2090 其他水管 | … |
| | D30 暖通空调 | D3010 电源供应 | … |
| | | D3020 暖气系统 | … |
| | | D3030 冷气系统 | … |
| | | D3040 管线系统 | … |
| | | D3050 送风口设备 | … |
| | | D3060 主控机组 | … |
| | | D3070 系统控制 | … |
| | | D3090 其他空调设备 | … |
| | D40 消防 | D4010 消防喷头 | … |
| | | D4020 消防栓 | … |
| | | D4030 防火卷帘 | … |
| | | D4090 其他消防设备 | … |
| | D50 电力 | D5010 电力线路 | … |
| | | D5020 照明线路 | … |
| | | D5030 通信安保线路 | … |
| | | D5090 其他电力线路 | … |
| E 设备装潢 | … | … | … |
| F 特殊施工和拆除 | … | … | … |
| G 建筑基地作业 | … | … | … |
| 类别总数：7 | 类别总数：22 | 类别总数：79 | 类别总数：518 |

如表 6–4 所示，第一层级为主群组元素，是级别最高的组，以大写英文字母 A 到 G 为具体代码，依次分别为下部结构（A）、外壳（B）、内装（C）、附属设施（D）、设备装潢（E）、特殊施工和拆除（F）和建筑基地作业（G）等 7 个主群组元素（Major Group Elements）；Level2 代表常规概预算所涉及的 22 个组元素（Group Elements），表述方式为 Level1 代码后面加上两位阿拉伯数字，例如 A10 和 A20 分别代表结构所属的基础和地下室；Level3 为单体元素（Individual Elements）共 79 类，代码为 Level2 的代码再加上两位阿拉伯数字，如 A2010 为地下室开挖；Level4 为子元素（Sub–Elements），代码为 Level3 的代码再加上三位阿拉伯数字，如 A2010200 表示结构回填夯实。所有代码按照 ASTM E1557–09 版本所列共 518 项。

Uni Format体系的使用能够在一定程度上提高建筑设计和施工方面的信息共享程度，尤其在造价估算方面，在与行业内常用的造价测算数据正确对接的情况下，在前期设计时就能够对后续工作进行较为准确的测算。只是由于建筑业的快速发展，涉及的行业和范围也越来越广，因此Uni Format无法将所有建筑组成要素都囊括在所包含的库中。而最新颁布的ASTM E1557-09版本作为行业标准也仅仅包含518个子项，扩充和更新工作目前只能由美国建筑标准协会官方进行，其更新速度往往无法满足行业的现实要求。

（3）总分类码（Omni Class）

美国BIM标准在国际词汇框架（International Framework of Dictionary，IFD）下，于2006年提出了建筑信息的整体分类方法——总分类码（Omni Class），总分类码要比纲要码（Master Format）和元件码（Uni Format）所包含的信息范围更加广泛，其建立意图是弥补以往各种分类系统的不足，希望建立一个比以往编码系统都更为庞大全面的分类体系。其内容包括建筑环境中的所有空间、实体物件、人员、机具和所有行为（包括建筑的生产和施工，以及合同签订等）。在使用建筑信息模型软件时，上述资讯可以通过不同种类的总分类码形式，放置在具体构件的属性信息中[①]。

总分类码是以多个层面表示建筑信息的分类方法，具体表述为以两位阿拉伯数字为一层，采用多个层级的数字编码来描述物体特征，实际使用时不同层级的物体也能够找到其对应的编码数值。如从宏观的建筑项目类别来讲，11-12-24-00代表高等教育机构，内部有11-12-24-11综合大学、11-12-24-13商学院、11-12-24- 14科技学院、11-12-24-17农业学院和11-12-24-21艺术学院等，也可按照设计用途、产品类别、工作成果、功能空间等划分，具体如表6-5所示。其中21号为建筑元件，等同于Uni Format；22号为工作成果，等同于Master Format。总分类码的一些分表已经作为美国国家标准颁布使用。

总分类码在制定编码的过程中充分吸取纲要码（Master Format）和元件码（Uni Format）在制定及使用过程中的经验，在各个层级均为后续的编码拓展预留了空间，不仅为大类划分预留出足够空间，甚至对各级编码也均为不连续设定[②]。如在初始设置编码阶段所有的编码尾数均为奇数，如01后面依次为03、05、07、09，将其偶数位置留给未来扩展使用。CSI也一直在进行各分类编码库的修订和扩充工作，尽可能囊括所有行业内的信息条目。因此总分类码数据库的体量日渐庞大，目前在官网上可采取分类下载的方式获取对应的总分类码数据。总分类码算上大类总共有7个层级，并不是所有层级都需要被用足才能表述相应的信息，事实上绝大部分的条目都没有使用到第7级，但是不足4级则需要在后面以00的方式补足到第4级。如商品混凝土23-13-31-13使

① Weygant R S. BIM Content Development-Standards, Strategies and Best Practices[M]. New York: John Wiley & Sons, 2010: 191-193

② 万聪. 基于Omniclass的建筑企业项目信息集成管理[D]. 武汉：华中科技大学，2013

用到了第 4 级，预应力钢绞线 23–13–31–21–13–11–13 则使用到了第 7 级，但是就对象本身而言，两者所代表的物体层级一样，不存在包含与被包含的关系。只有前段数字相同的编码条目之间存在包含关系，编码短的条目物体层级高于编码较长的条目，如混凝土结构产品 23–13–31 包括上述商品混凝土 23–13–31–13 和预应力钢绞线 23–13–31–21–13–11–13。

表6–5 总分类码( Omni Class )编码体系构成类别表( 作者根据美国建筑标准学会CSI资料库绘制 )

| 表号 | 英文名称 | 中文名称 | 例子 | 发布类型 | 最新发布日期 |
|---|---|---|---|---|---|
| 11 | Construction Entities by Function | 功能划分的建筑实体 | 学校、车站、美术馆 | 待审批草案 | 2013–02–26 |
| 12 | Construction Entities by Form | 形体划分的建筑实体 | 高层建筑、大跨度建筑、单层建筑 | 待审批草案 | 2012–10–30 |
| 13 | Spaces by Function | 功能空间 | 厨房、办公室、卧室 | 国家标准 | 2012–05–16 |
| 14 | Spaces by Form | 类型空间 | 中庭、楼梯、房间 | 仅发布 | 2006–03–28 |
| 21 | Elements | 建筑元件 | 等同 Uni Format | 国家标准 | 2012–05–16 |
| 22 | Work Results | 工作成果 | 等同 Master Format | 国家标准 | 2013–08–25 |
| 23 | Products | 产品 | 马桶、冰箱、电视 | 国家标准 | 2012–05–16 |
| 31 | Phases | 阶段 | 设计阶段、实施阶段 | 待审批草案 | 2012–10–30 |
| 32 | Services | 服务性质 | 设计、估价、测绘 | 国家标准 | 2012–05–16 |
| 33 | Disciplines | 专业活动 | 建筑设计、景观设计 | 待审批草案 | 2012–10–30 |
| 34 | Organizational Roles | 组织角色 | 业主、建设方、设计师 | 待审批草案 | 2012–10–30 |
| 35 | Tools | 工具 | 汽车吊、塔吊、扳手 | 草案 | 2006–03–28 |
| 36 | Information | 信息文件 | 规范、技术手册 | 国家标准 | 2012–05–16 |
| 41 | Materials | 材料 | 混凝土、玻璃、塑料 | 待审批草案 | 2012–10–30 |
| 49 | Properties | 性质 | 长度、颜色、重量 | 待审批草案 | 2012–10–30 |

我们通过分析研究上述三种国外编码系统认为，这三种编码系统的编制分别是基于不同的编制方法：纲要码（Master Format）是按照材料、工艺与工种划分；元件码（Uni Format）是按照建筑部位或功能划分；而总分类码（Omni Class）则是结合两者的特点综合划分。这些编码系统的划分原则对日后我国研发编制自己的编码系统具有重要参考价值。

2）国内的编码体系与信息监管

信息的检索、存储、传递都离不开代码。我国对代码的定义为："代码是一组有序的符号排列，它是分类对象的代表和标识。"信息编码是将表示事物（或概念）的某种符号体系转换为便于计算机和人识别、处理的另一种符号体系，或在同一体系中，由一种信息表示形式转变为另一种表示形式。

信息分类和信息编码是两项相互关联的工作，这两项工作应分清先后顺序。只有科学实用的分类才可能设计出便于计算机和人识别、处理的编码系统，因此应先分类后编码。

随着我国建筑行业和信息技术的发展，我国政府也越来越认识到制定统一的建筑产品分类和编码系统的重要性。近年来，在参考国外编码系统的基础上，我国住建部也出台了一系列相关的法规条文和行业标准。如 2002 年建设部住宅产业化促进中心建议的住宅部品分类体系就参考了国外元件码（Uni Format）的分类和编制方法；2003 年颁布实施的《建筑产品分类和编码》（JG/T 151—2003）则参考了国外纲要码（Master Format）的分类和编制方法。此后，由于纲要码（Master Format）在 2012 年进行了修订，且美国又出台了更为详尽的总分类码（Omni Class），因此住建部又重新修订颁布了《建筑产品分类和编码》（JG/T 151—2015），以取代 2003 版。这些法规条文和行业标准的出台，在我国建筑行业信息化过程中发挥了积极的推进作用。

构件是装配式住宅建筑的最小单位，构件信息管理对装配式住宅建筑的发展至关重要，而构件信息管理离不开编码系统，因而编码技术可谓是装配式住宅建设的核心技术。近年来，随着装配式住宅建筑的兴起，我国亟需出台一部针对装配式住宅建筑编码系统的法规条文，住建部也正在号召业内相关专家、学者进行相关的编制工作，但目前尚未形成一套完整的、受到广泛认可的装配式住宅建筑编码系统。笔者所在工作室正是在参考借鉴国外纲要码、元件码和总分类码的基础上，以住建部的一系列法规条文为指导，并以“构件法”思想为核心，提出并制定了适合工业化住宅建筑构件的编码原则和编码格式，最终形成了一套计算机编码技术体系。

从总体上看，我国装配式住宅建筑的施工方案主要是以设计为导向，但在设计过程中，并没有对构件制作和施工安装的需求进行充分考虑，以至于在后期构件生产、施工装配过程中，容易发生设计与施工之间的冲突和碰撞，不仅影响住宅产品的质量，也给日后的维护更新工作带来困难。此外，设计方对设计质量缺乏严格把关和监管，在实际制作和施工过程中，各责任方也有可能未达到既定的质量目标，以致影响工程的进度和质量。要解决这些住宅建筑质量管理问题，需要各方协同合作，并建立质量监管体系，东南大学“正”工作室所建立的南京市装配式建筑信息服务与监管平台就很好地解决了这方面的问题，这些将在后文进一步具体介绍。

#### 6.3.3.2　构件编码原则

我们在建立工业化建筑信息监管平台时，为了方便起见，将构件编码作为其构件监管编码。因此，构件编码的编制工作对于装配式建筑信息服务与监管平台的建立至关重要。构件编码的编制原则如下：

（1）唯一性

唯一性是构件编码最重要的原则，也是制作构件编码的前提条件。虽然一个编码对象可以有很多不同的名称，也可以按各种不同方式对其进行描述，但是在一个编码标准中，每一个编码对象仅有一个代码，一个代码只唯一标识一个编码对象，即代码与所标识的信息主体之间必须具有一一对应关系。如果它是标识码，那么必须与事物对象一一对应；如果它是分类码，则应与分类结构中的类目一一对应；如果它是结构码，则必须与结构节点一一对应。

代码与信息主体之间的对应关系在系统的整个生命周期内不应发生变化。例如，在2015年住房和城乡建设部颁布实施的《建筑产品分类与编码》①中，“S1”代表“专用设备”，那么在编码的应用中，两者要始终对应，不能更换。

（2）合理性

合理性是指编码应遵循相应的构件分类。例如，在2013年住房和城乡建设部编写颁发的《建设工程工程量清单计价规范》②中木门编码为“020401”，木门框的编码为“020401008”，这个代码体现了编码对象“房屋建筑与装饰工程”“门窗工程”“木门”“木门框”的类别层次关系，后者相应的代码也以“00”“00”“00”“000”体现其结构层次关系。

（3）简明性

简明性是指尽量用最少的字符区分各构件，以节省机器的存储空间，降低代码的错误率，同时提高机器处理的效率。

（4）完整性

完整性是指编码必须完整，不能有任何缺项。

（5）可扩展性

为了满足不断扩充的需要，必须预留适当的容量以备扩充。事物是不断发展的，在编码工作中，要为新的编码对象留出足够的备用码，而且要考虑新出现的编码对象与已编码对象之间的顺序关系。

#### 6.3.3.3 编码格式

（1）基本编码格式

我们参考前文介绍的国外三种编码体系，并在住建部颁布实施的一系列法规条文指导下，将编码格式分为以下6段：

[项目编号]–[楼号]–[构件类别编号]–[层号/标高]–[横向轴网–纵向轴网]–[位置号]

①项目编号，项目编号以施工许可证号为准，如果一个住宅小区分几期建设，必然有多个施工许可证，因此可用施工许可证来区分不同的项目。

① 住房和城乡建设部. 建筑产品分类与编码：JG/T 151–2015[S]. 北京：中国标准出版社，2016

② 住房和城乡建设部，国家质量监督检验检疫总局. 建设工程工程量清单计价规范：GB 50500–2013[S]. 北京：中国计划出版社，2013

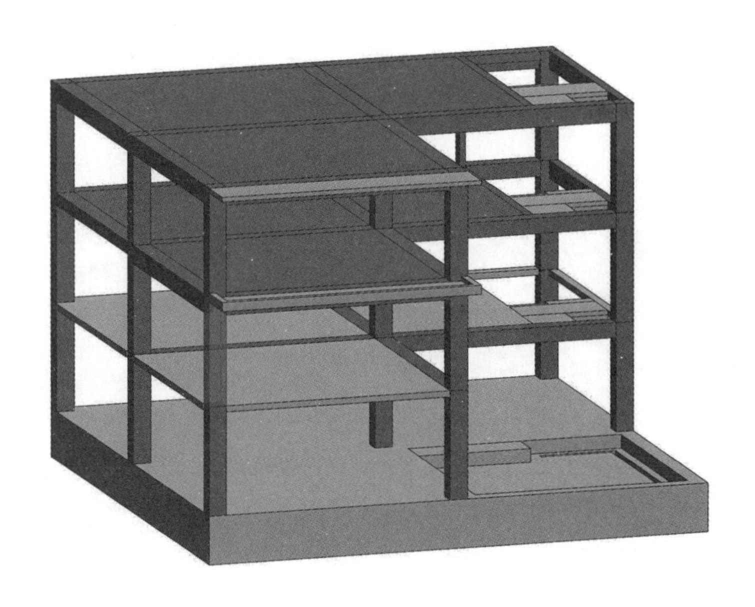

**图6-10　江宁实验房BIM模型**
图片来源：作者所在工作室资料

②项目中不同的楼号，以实际项目中构件所属楼的编号为准。可以为数字编号，亦可为字母加数字编号，由项目的具体情况确定。

③构件类别编号是以构件分类中的分类编码为准，构件属于哪个分类，类别编码就是分类的编码。

④以层号与标高一同表示构件所处的楼层，例如 2 层的标高为 3.6 米，那么此段的表示方法为 2/3.600。

⑤不同构件所在轴网中的位置不同，其表示方法也有区别。例如柱处于轴线交点，而梁可能是在轴线上或两条轴线之间。不同的位置也有不同的编码方式，例如，在轴线交点处的柱表示为 C3，在轴线上的梁表示为 C3–C4，或 C3–D3。处于轴网中间区块上的构件，则由左上角 – 右下角轴网编号表示，例如 C3–D4。

⑥位置号有两种表示方式，从平面图上看，一种为横向排布，一种为纵向排布，横向排布的构件使用 H 作为前缀，纵向排布的构件使用 V 作为前缀，序号从 1 开始编号。因此构件的编号为 H1 或 V2 的格式。对处于轴网交点处的柱，此段的编码应为 0。

（2）构件编码实例

此处以江苏省南京市江宁实验房为例，将作者所参与的构件编码进行实例演示。本项目编号为 SDD–20170816，为独栋建筑（图 6–10）。

如图 6–11 所示，以图中所选预制组合刚性钢筋笼混凝土 L 型梁为例，其编码为：[SDD–20170816]–[A1]–[JG–HNT–L]–[2/3.600]–[A1–B1]–[V1]。其中每项对应分别为：

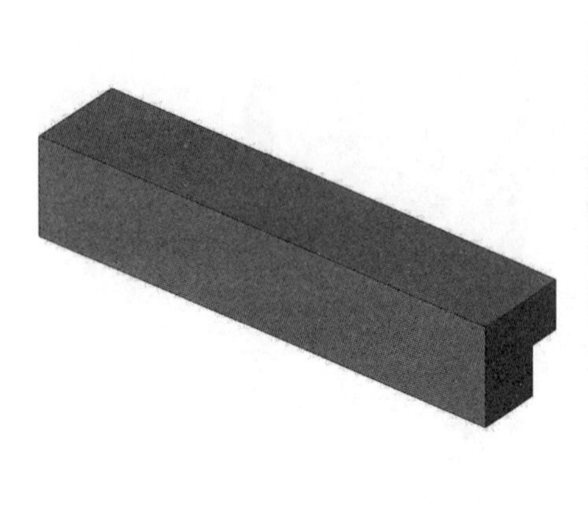

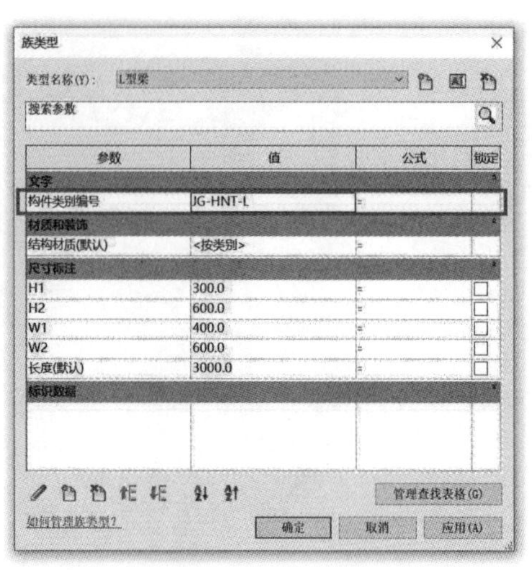


**图6-11 混凝土L型梁模型**

图片来源：作者所在工作室资料

[ 项目编号 ]–[ 楼号 ]–[ 构件类别编号 ]–[ 层号 / 标高 ]–[ 横向轴网 – 纵向轴网 ]–[ 位置号 ]

①项目编号由建设单位名称简称加上项目创建日期组成，此处为 SDD-20170816。

②楼号由字母加数字组成，此处为 A1。

③构件类别编号：由每个构件在构件库的具体编码组成，此处为结构体 – 混凝土 – 梁，因此为 JG–HNT–L。

④层号 / 标高：此处为 2 层，标高为 3.6 米，因此为 2/3.600。

⑤横向轴网 – 纵向轴网：此处是位于轴网中间区块上的梁，则由左上角 – 右下角轴网编号表示，因此为 A1–B1。

⑥位置号：竖向排布的构件使用 V 作为前缀，序号从 1 开始编号，此处的梁为竖向排布构件，因此为 V1。

又如图 6–12 所示，预制混凝土外挂墙板的编码为：[SDD–20170816]–[A1]–[WWH–HNT–WQB]–[2/3.600]–[C2–C3]–[H2]。

其中每项对应分别为：

[ 项目编号 ]–[ 楼号 ]–[ 构件类别编号 ]–[ 层号 / 标高 ]–[ 横向轴网 – 纵向轴网 ]–[ 位置号 ]

①项目编号由建设单位名称简称加上项目创建日期组成，此处为 SDD-20170816。

②楼号由字母加数字组成，此处为 A1；

③构件类别编号：由每个构件在构件库的具体编码组成，此处为外围护体 – 混凝土 – 外墙板，因此为 WWH–HNT–WQB。

④层号 / 标高：此处为 2 层，标高为 3.6 米，因此为 2/3.600。

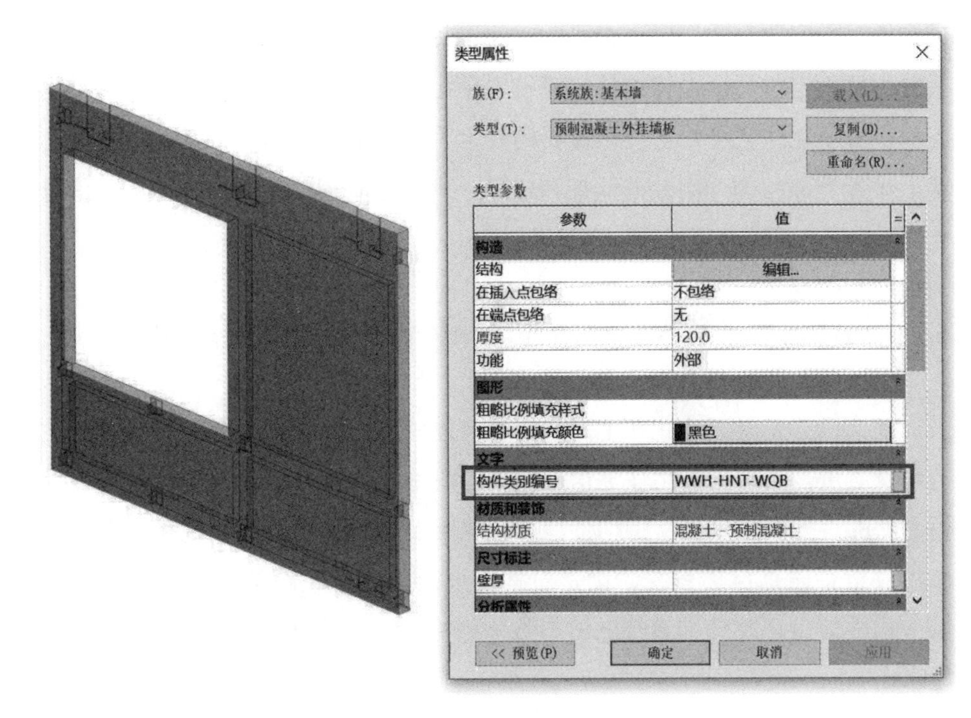


**图6–12　混凝土外挂墙板模型**
图片来源：作者所在工作室资料

⑤横向轴网 – 纵向轴网：此处是位于轴网中间区块上的外墙板，则由左上角 – 右下角轴网编号表示，因此为 C2–C3。

⑥位置号：横向排布的构件使用 H 作为前缀，序号从 1 开始编号，此处为横向排布构件，因此为 H2。

### 6.3.4　计算机编码技术在工业化住宅可维护更新中的应用

传统住宅建筑的维护更新由于缺乏对构件信息的有效掌握和实时监控，如对于需要更换或维修构件的具体位置和损坏程度缺乏了解等，这就会造成对具体维护更新的工作任务也缺乏了解。计算机编码的实时跟踪系统可有效解决这个问题。计算机编码技术结合编码物料跟踪系统，使得每个构件都有源可溯，并能够实时监控，便于管理者随时了解构件信息，具有很高的效率和准确性。笔者根据此特点，将计算机编码技术应用于工业化住宅的可维护更新，利用这项技术可有效提高工业化住宅产品维护更新工作的效率和准确性，当工业化住宅的维护更新形成产业化运作规模时，这种“效率”和“准确性”至关重要。

基于 BIM 的计算机编码技术是一种新兴技术，正是通过 BIM 强大的信息处理手段和可视化技术，我们才能将计算机编码技术运用于工业化住宅的维护更新领域，并取得较大进展。通过这种编码技术，我们可以很清楚地掌握各个部品构件信息，可以快速、明了地对各个部品构件进行监控和追踪。一旦某构件出现问题，我们即可在第一时间了解问题构件的具体信息状况，并对其进行精确定位，这在传统住宅建筑中是无法做到的。可以说，计算机编码技术是工业化住宅可维护更新重要的技术手段。正是由于计算机编码技术实现了对各个部品构件高效的监控和追踪，我们才能建立后文所介绍的“信息监管平台”，并取得很好的应用成果。

## 6.4 构件信息跟踪反馈技术在工业化住宅可维护更新中的应用

前文已述，对工业化住宅产品实行构件信息跟踪反馈，是提高工业化住宅建设质量，实现工业化住宅信息化管理的重要保证，也是工业化住宅可维护更新的重要技术基础。将构件信息跟踪反馈与计算机编码系统相结合，形成构件信息跟踪反馈系统，则是对构件进行全流程跟踪的有效手段。形成这一构件信息跟踪反馈系统的核心技术是构件信息化技术和RFID对象标识技术。

### 6.4.1 构件信息化技术

工业化装配式建筑构件生产主要是工厂化离散制造。离散制造是以零配件组装或加工为主的离散式生产活动，由材料或建筑构件经过多个环节的装配或加工过程，建成最终的建筑产品。离散制造过程实际是一个经由物料→零配件→构件→建筑部品→建筑成品的物体流动过程。这个过程的关键是建筑构件信息化技术的应用，利用先进技术实现对离散制造过程的流动进行跟踪与及时反馈，并依靠数据处理、集成与分发功能，实现整个建筑构件的流动与信息流的同步。这正是建立构件信息跟踪反馈系统的重要意义。

### 6.4.2 RFID对象标识技术

构件信息跟踪反馈技术主要依靠条码标识技术。条码技术也是目前应用最为成熟和广泛的对象标识技术。但由于条码具有易污染、易损坏、数据读取可靠性差等缺陷，使得其在离散制造业中的应用受到了限制。随着RFID射频识别技术的发展，其标识技术逐渐成为条码技术的替代对象。

RFID技术起源于第二次世界大战期间的敌我识别系统，是一种基于射频原理实现的非接触式自动对象标识技术。RFID技术以无线通信技术和大规模集成电路技术为核心，利用射频信号及其空间组合及传输特性，驱动电子标签电路发射其存储的数据内容，通过对存储数据内容的处理分析来识别电子标签所绑定的对象。典型的基于自动对象的识别系统由四大部分组成，即后

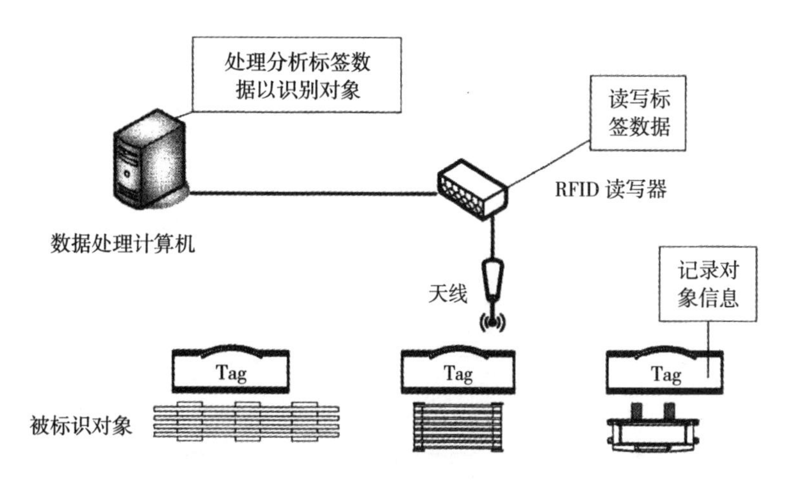


**图6–13　基于RFID的自动识别对象系统**
图片来源：作者所在工作室资料

端数据处理计算机、读写器、电子标签和天线。

电子标签具有数据存储功能和可读写功能，能够实时记录被跟踪对象的动态信息，是一种有效的信息载体。基于对象自动识别技术的系统通过阅读器，可以对绑定在静止或移动目标上的标签进行快速、准确的数据采集，后端数据处理计算机在获取标签数据后，通过一定的预处理和分析，可准确地识别目标。同时，由于采用了先进的技术原理和生产制造工艺，标签具有读取距离大、卡上数据可以加密、存储容量更大、存储信息更改自如、可多张同时被读取、标签上信息可以在运动中被读取以及防水、防磁、耐高温、使用寿命长等优点。

在工业化住宅整个流程的监控中，通过给每个构件按规定赋予唯一的构件编码，并以 RFID 芯片的方式固定在构件统一的位置，从构件进入场内开始记录每一个构件的所处状态。工作人员可通过手持式 RFID 扫描器来扫描构件上的芯片，读取所需的信息资料，并可统一更改构件的状态信息，芯片内的信息最终通过数据流反馈到系统内（图 6–13）。可以说，构件信息跟踪反馈系统的应用进一步丰富了构件的信息内容，由此即可对构件进行实时监控与信息反馈，使得日后住宅产品运营管理过程中的维护更新工作更加准确和高效。构件信息跟踪反馈技术是后文介绍的“信息监管平台”的重要支撑。

## 6.5　可用于工业化住宅维护更新的技术应用系统建立

### 6.5.1　基于 BIM 的工业化住宅可维护更新技术应用系统

协同设计是该技术应用系统的基础。笔者在参与工作室进行的一系列工业化住宅设计、建造等活动中深刻认识到协同的重要性。正是这种协同模式，才能使得工作室与一批优秀设计院、构配件生产制造商以及施工企业等形成一个涵盖设计、生产、建造等环节的综合团队，由现代技术对整个产业环节进行

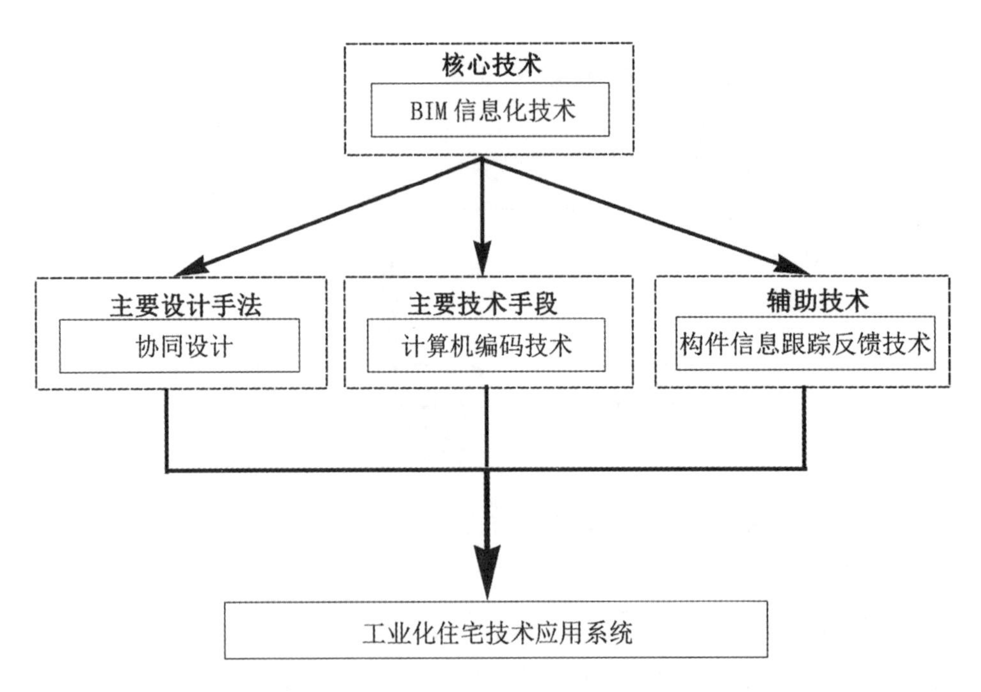


**图6–14 工业化住宅技术应用系统建立的技术结构框图**
图片来源：作者自绘

协同处理，紧密合作，最终完成工业化住宅的设计、生产和建造。鉴于在BIM环境下这三种技术的协同对住宅产业化各产业环节均具有强大的调控协同作用，故其对于工业化住宅维护更新的产业化运作极其重要。现将上述这种协同模式进行整合，并运用计算机编码技术以及构件信息跟踪反馈技术，对这三种各别应用进行技术合成，发挥其各自优势，建立起一套基于BIM的工业化住宅技术应用系统，图6–14是建立该系统的技术结构框图。这套技术系统可广泛应用于装配式工业化住宅建设，亦可应用于工业化住宅的维护更新。

这套技术系统以BIM信息化技术为核心，以协同设计为主要设计手法，以计算机编码技术为主要技术手段，以构件信息跟踪反馈技术为技术辅助。笔者对这些技术在工业化住宅维护更新方面的应用进行研究，通过技术整合将这一技术系统应用于工业化住宅的维护更新。当监管平台被纳入建设体系，或当建筑被纳入监管平台时，即表明该建筑的日常维护工作已经开始，平台中的协同机制即可根据部品构件运行状况的实时跟踪，确定需维护更新的责任方，调出相应的部品构件并组织维护更新事宜，当然也可根据用户需求重复上述工作。对于批量化的工作需求，强大的协同机制当然也可以运作这种产业化需求。希望这套技术应用系统能够填补我国工业化住宅维护更新技术应用方面的空白，并在我国工业化住宅的建设方面发挥重要作用。现对其在维护更新方面的应用情况做进一步具体介绍。

协同设计是工业化住宅产品可维护更新的基础。工业化住宅的维护更新涉及住宅产业链上的各个部门，只有将设计、制造、装配、维护更新等各单位、各企业联合起来，协同合作，我国工业化住宅建设产业链的各项产业功能才能得以正常发挥。协同设计解决了很多在传统建设模式下无法解决的建造问题，如设计方与施工方的协同，部品生产与施工建造的协同，施工建造环节不同工种的协同，以及虚拟建造与实际建造的协同等，这些协同对于工业化住宅的维护更新同样存在，也同样重要。

计算机编码技术是这套系统的核心技术。传统住宅建筑的维护更新由于无法预知建筑物的状态而有很大的不确定性，是属于“不可控制”的环节，只能等到建筑构件出现问题时再被动地进行维修或更换，这给住宅建筑的维护更新工作带来了很大的困难。而计算机编码技术的应用，使工业化住宅每个构件都有独立的编码，做到“有源可溯”，并能够随时监测建筑构件的状态。由此，工业化住宅的维护更新真正成为智能化“可控制”的环节，这是工业化住宅的维护更新与传统住宅建筑维护更新最大的区别。特别是当工业化住宅的维护更新发展到产业化运作规模时，这种智能化“可控制”环节更具有重要意义。

构件信息跟踪反馈技术是对协同设计和计算机编码技术的补充和辅助。该技术可以对构件进行精确定位，并可对构件信息进行实时跟踪与及时反馈，大大提升了维护更新工作的可行性与精准度。

### 6.5.2　信息监管平台的建立

上文介绍了通过协同设计、计算机编码技术及构件信息跟踪反馈技术建立了可用于工业化住宅建设和维护更新的技术应用系统。该技术应用系统的后续应用情况主要通过所建立的信息监管平台实施运作。

#### 6.5.2.1　构建平台的思路与目的

为进一步提升工业化住宅质量和建造效率，并适应日后工业化住宅的维护更新发展需求，本项目在江苏省南京市政府的大力支持下，与南京市建委合作建立了南京市装配式建筑信息服务与监管平台（图 6-15）。该平台主要以所建立的技术应用系统为支撑，旨在对南京市新建工业化住宅从设计、生产、施工到运营维护阶段进行监控与管理，真正实现上述环节全过程的信息化与可视化管理。更为重要的是，当监管平台被纳入建设体系，或当建筑被纳入监管平台时，即表明该建筑的日常维护工作已经开始，管理者和用户即可根据建筑的使用状况，制定相应的维护更新策略。

目前，该平台所依托的核心技术还处于部分保密状态，本书在此仅介绍该平台的技术构成，构建该平台的技术模块和技术路线，以及该平台的使用情况等。构建该平台的技术路线如图 6-16 所示。

（1）信息监管平台是基于 BIM 技术建立的，该平台将大量设计、建造、

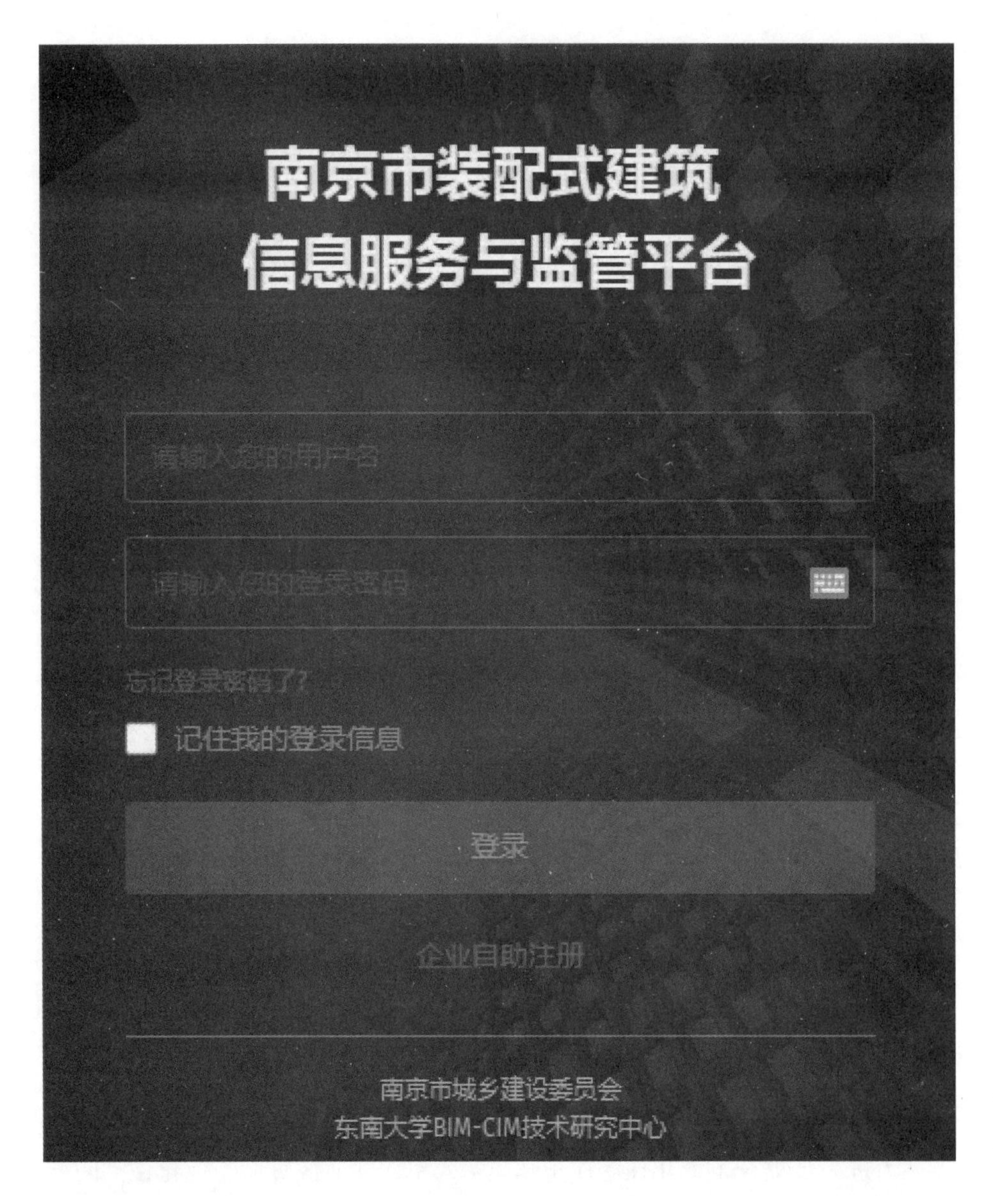


**图6-15 南京市装配式建筑信息服务与监管平台登录界面**
图片来源：作者所在工作室资料

施工装配及运营维护单位纳入监管系统，这些单位将其建立的 BIM 模型上传至系统，由平台统一管理。因此，所有建筑构件的相关信息都可从平台系统内的 BIM 模型中获取，并通过虚拟建造与真实建造的相互配合，由各单位、各部门协同控制，真正实现信息的全方位协同监管。

（2）信息监管平台以构件法为出发点，将建筑分解成各个构件，按照一定的逻辑进行组织，形成构件组，再以构件组为单位进行设计，根据建筑各构件组的生产、装配、运营维护管理等需求输入各种数据，用于信息监管平台的建设，并最终实现基于构件的设计、生产、施工、运营维护等建设质量全过程管理。

（3）信息监管平台建立后，被平台纳入管理的每栋建筑、每个部品都被分解成最基本的构件，所有构件都由平台统一监管。每个构件的相关信息都

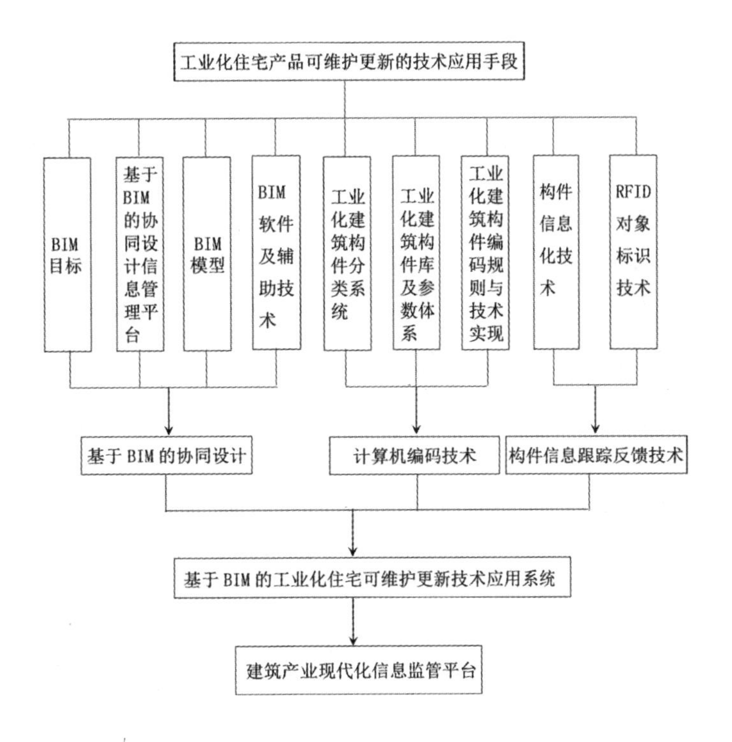


**图6–16　南京市装配式建筑信息服务与监管平台构建的技术路线图**

图片来源：作者自绘

能够在平台的管理下由系统自动获取，并进行相关处理，这样可有效避免传统人工处理的信息出错率，保证系统的高效运行。

（4）在信息监管平台的协调管理下，各个设计、生产、施工装配及运营维护部门和单位组成产业联盟，协同设计、协同生产建造、协同施工装配、协同组织管理、协同运营维护，并通过计算机编码技术和构件信息跟踪反馈系统，以构件信息跟踪反馈技术辅助定位，使得每个构件从设计到运营维护所有环节都做到“有源可溯”，并能够实时定位，对整个建设环节从设计、生产、施工到运营维护阶段进行监控，真正实现上述环节全过程的信息化与可视化管理。

（5）在信息监管平台的管理和使用方面，由于平台涵盖了设计、生产建造、施工装配及运营维护等建设环节的众多工作单位和人员，在对各工种岗位进行权限设置后，每个平台使用者只能在自己的权限内进行相关操作，这样即可在保护相关信息资料密级的同时保持高效率的工作，使得整个平台运行有条不紊，大大提高了工作效率和准确性。

#### 6.5.2.2　平台在可维护更新方面的应用

（1）可以进一步规范南京市装配式住宅建筑的构件管理

构件是住宅建筑维护更新的载体。信息监管平台的管理和监控能够精确到每个构件，所有构件从设计到生产、施工装配和运营维护全过程都处在平台的监管之下，平台监管实现了构件的全过程信息化、可视化管理与监控，对于应维护更新的构件和责任方一目了然。

（2）完善装配式住宅建筑构件从生产到建设到维护更新的全流程管理

信息监管平台可以实现装配式住宅建筑构件的设计、生产、施工装配直到运营维护阶段全过程进行信息化和可视化管理，并提高装配式住宅建筑的工程项目管理水平。

（3）提高建筑构件的生产质量、装配精度以及维护更新的拆装效率

信息监管平台通过对构件的全过程管理与监控，可有效提高建筑构件的生产质量、装配精度及维护更新的拆装效率，强化工程建设项目的质量控制和装配式住宅建筑的质量监管力度。

（4）采用 BIM 技术对日后维护更新提供信息化和可视化支持

信息监管平台首次将 BIM 技术应用于工业化住宅的维护更新，使得每个构件从设计到运营维护所有环节都做到“有源可溯”，并能够实时定位，为日后的维护更新提供了信息化和可视化支持，可大大提高工业化住宅维护更新的可控性和高效性。

#### 6.5.2.3 目前平台的实现功能

（1）各区政府与市建委相关部门的政策法规等信息的沟通。

（2）政府相关部门与设计、生产企业间的信息报送、备案。

（3）工业化建筑构件库管理及其参数的管理。

（4）基于网络识别的构件跟踪及质量管理。

（5）构件编码规则应用，建立监管编码系统。

（6）装配式住宅建筑的预制装配率计算规则管理，结合预制率计算软件，可在 SketchUp 及 Revit 中快速计算并验证预制装配率。

（7）拓展功能，施工计划与进度管理、基于 BIM 的造价计算与成本控制、VR 可视化项目展示平台、建筑能耗管理、构件的维护更新及回收再利用管理等。

目前，平台已投入使用，包括南京长江都市建筑设计股份有限公司、南京思丹鼎建筑科技有限公司、南京旭建新型建材股份有限公司等在内的一批设计、生产、施工及维护更新相关单位已入驻这个平台，大量的新建工业化住宅已被该平台纳入监管系统。这些工业化住宅从设计阶段就被纳入管理系统，真正实现了协同设计。此外，平台监管下的工业化住宅每个构件都有唯一编码，可实时监控其状态，并对其精确定位，一旦出现问题，可在第一时间发现，做到及时更新更换。更为重要的是，当监管平台被纳入建设体系，或当建筑被纳入监管平台时，即表明该建筑的日常维护工作已经开始，管理者和用户即可根据建筑的使用状况，制定相应的维护更新策略。可以说，监管平台的建立意味着工业化住宅的维护更新真正实现了从理论研究到技术实践的飞跃，对我国工业化住宅建设的产业化运作意义重大，对实现建筑长寿化，推动我

国建筑业绿色发展也有重要意义。

## 本章小结

本章着重研究 BIM 信息化技术的众多特性及其在工业化住宅可维护更新中的应用。文中根据工业化住宅的特点，并结合前面几章的研究，提出将 BIM 信息化技术应用于工业化住宅的可维护更新，并对工业化住宅的维护更新提出可以在三个方面运用 BIM 技术：一是协同设计；二是计算机编码技术；三是构件信息跟踪反馈技术。可以说，正是 BIM 信息化技术的应用使得工业化住宅可维护更新具有更为广阔的发展前景。

工业化住宅协同设计通过设计方与施工方的协同、虚拟建造与实际建造的协同、部品生产与建造的协同以及施工建造环节不同工种的协同等四个方面的协同以实现向协同建造的应用转型。本章建立了基于 BIM 的工业化住宅协同设计信息管理平台以及应用于工业化住宅协同设计的 BIM 框架，阐述了 BIM 技术在工业化住宅协同设计中的作用：一是信息共享；二是冲突检测；三是设计专业间协同；四是设计—生产—施工阶段的流程协同。可以说，BIM 在工业化住宅协同设计中发挥着核心作用。

本章在介绍协同设计在工业化住宅产品可维护更新方面所起到的基础性作用时指出，只有将设计、制造、装配、维护更新等产业链上各参与单位及相关企业联合起来，协同合作，才能实现工业化住宅维护更新的产业化运作，这对形成和完善我国工业化住宅完整产业链意义重大。本章对协同设计在工业化住宅可维护更新方面的重要作用进行了具体研究，认为协同设计模式是工业化住宅可维护更新的重要手段。

本章提出将计算机编码技术应用于工业化住宅的可维护更新中。首先基于 BIM 技术的工业化建筑“构件法”思想，将装配式住宅的全部构件分为结构体系统、外围护体系统、设备与管线系统、内装系统等四大系统，据此建立工业化建筑构件库及其参数体系，以此作为计算机编码技术的基础。其次，参照国内外现有编码体系及其运作系统建立起一整套构件编码原则及编码格式，形成一套构件编码体系，以应用于工业化住宅的维护更新。这套计算机编码技术的重要特色是能够结合编码物料建立跟踪系统，使得每个构件都有源可溯，便于管理者随时了解构件信息，达到实时监控。计算机编码技术极大地提高了工业化住宅产品维护更新的准确性和高效性，是工业化住宅维护更新最重要的技术手段。

在工业化住宅整个流程的监控中，通过给每个构件按规定赋予唯一的构件编码，并以 RFID 芯片的方式固定在构件统一的位置，从构件进入场内开始记录每一个构件的所处状态。工作人员可通过手持式 RFID 扫描器来扫描构件上的芯片，读取所需的信息资料，并可统一更改构件的状态信息，芯片内的信息最终通过数据流上传到系统内。可以说，构件信息跟踪反馈系统的应用进一步丰富了构件的信息内容，由此即可对构件进行实时监控，使得日后住宅产品运营管理过程中的维护更新工作更加准确和高效。

在应用研究和技术创新方面，东南大学“正”工作室团队最终建立形成了一套完整的基于 BIM 的工业化住宅建设应用系统。这套技术系统可广泛应用于装配式工业化住宅建设，亦可应用于工业化住宅的维护更新。本项目依托这套技术应用系统，在南京市政府大力支持下，与市建委合作建立了南京市装配式建筑信息服务与监管平台。该平台现已投入使用，一批相关单位已入驻平台，大量的工业化住宅已被平台纳入监管系统。监管平台的建立意味着工业化住宅的维护更新真正实现了从理论研究到技术实践的飞跃，对我国工业化住宅建设的产业化运作意义重大，对实现建筑长寿化，推动我国建筑业绿色发展也有着重要意义。

# 第 7 章　结论与展望

## 7.1　结论

党的十八届五中全会提出了绿色发展理念，对我国现代化建设和发展具有重大意义和深远影响。在当前我国大力推行住宅产业化的背景下，工业化住宅可维护更新的技术与设计应用研究具有重要现实意义。本书通过对国内外住宅产品的维护更新和工业化住宅的发展历程进行梳理分析，对我国工业化住宅产品的维护更新进行了可行性分析和必要性研究，归纳总结并提出工业化住宅产品可维护更新的设计方法。重点结合作者所在的东南大学“正”工作室具体案例进行研究，提出可维护更新在宏观设计方面所应遵循的原则，并建立针对构件维护更新便利性的相关技术系统。本研究着重建立了基于BIM的工业化住宅可维护更新技术应用系统。研究结论如下：

（1）对国内外住宅建筑维护更新领域及其发展进行了系统性梳理和研究

通过研究建筑住宅维护更新领域的发展历程，对西方“基于保护的更新”、《马丘比丘宪章》中的价值观念以及“科学性修复”等诸多理念进行了系统阐述，并通过对西方四大主流建筑思想影响下近40年间所出现的大批优秀更新改建案例的研究分析，目的是希望这些杰出案例的成功经验对我国当今住宅建筑更新研究有所裨益。笔者认为，这些更新流派及其相应理念对我国当今住宅建筑更新具有借鉴意义，特别是现代主义融合高技术风格的建筑更新理念，既彰显新时代风采，又传承历史文化，还考虑到经济适用性，较为适合我国现阶段发展国情，具有很好的借鉴作用。

详细介绍我国住宅建筑维护更新的发展沿革，指出落后的社会生产和社会文化是我国建筑更新发展水平低下的主要原因，只有建立工业化社会大生产的经济基础，并形成先进的文化、科学技术及相应的学术体系，才会产生现代意义上的建筑更新。改革开放以来，我国逐渐形成“保护性开发”建筑更新理念，也涌现出一批“更新”与“保护”并重的更新改造优秀项目。这些成功案例的主要特性：一是兼顾经济实用性；二是注重采用、融合当代主流建筑思想来表达建筑意境，传承建筑文化，取得了很好的社会效果。书中对此一一进行总结并结合我国国情，建设性地提出适应现阶段我国住宅建筑更新改造的相关理念性建议。这对今后我国住宅更新包括工业化住宅维护更新都具有重要意义。

（2）对工业化住宅产品的维护更新进行了必要性研究和可行性研究，建立了工业化住宅设计、制造、装配、维护更新全生命周期质量和性能保障的产业链框架

对建筑工业化、住宅产业化、“百年住宅”体系进行系统研究，并对工业化住宅产品的功能发挥及市场认知程度进行深入论证，阐述了工业化住宅产品可维护更新的必要性。我国工业化住宅产品的市场认知度不够严重制约了我国住宅工业化建设的发展，特别是其可维护更新性质没有得到很好的开发，部品构件可维护更新性质对住宅产品功能的保持、提升作用甚至还不为大多数人了解，提高工业化住宅产品的市场认知度和售后运营管理水平目前已刻不容缓。本书对于工业化住宅产品可维护更新的必要性进一步研究提出，当前应加强对于工业化住宅产品可维护更新方面的研究，促进其形成产业化运作规模，最终达到在我国工业化住宅建设方面形成工业化住宅设计、制造、装配、维护更新全生命周期质量和性能保障的产业链，这一理论对于我国住宅产业化进一步发展具有重要的战略意义和经济价值。

对未来我国工业化住宅维护更新进行了可行性研究，认为目前我国的城镇化建设和建筑工业化已积累了较为雄厚的建设基础，目前我国一些大中型城市已初步具备工业化住宅维护更新的产业化运作条件。书中还从工业化住宅具有其支撑体和填充体充分分离的建造技术，住宅内装单元构件的部品化生产，工业化住宅装配率等都得到大幅提升，以及我国需要进行维护更新的工业化住宅项目日渐增多等方面进行了具体论证，认为工业化住宅在可维护更新方面若能够进行产业化配套，则其可更新功能和产业化运作方面的优良特性不仅能够得到充分发挥，其在投资领域所形成的新型持续性投资模式对住宅产业化的良性发展将具有更为积极的作用，这些都充分论证了我国工业化住宅维护更新的产业化运作具备可行性。

（3）对国内外优秀 SI 住宅案例进行了深入研究，阐述其对工业化住宅产品维护更新的启示和借鉴作用

目前对工业化住宅可维护更新方面的研究仍呈空白状态，故本书对各国一些优秀 SI 住宅案例，从可维护更新的角度研究其设计技术及特点。荷兰 SAR 支撑体理论和 OB 开放建筑理论是建筑工业化设计建造的基础，日本对此进一步发展形成 SI 住宅体系。荷兰开放建筑的共享理念、日本的长寿化住宅理念等，为我国工业化住宅的可维护更新设计理念开阔了视野，提供了良

好的借鉴。

通过对具有中国特色的 CSI 的一些优秀案例及其建造技术与优势进行了详细介绍，阐述其对于日后可维护更新方面的一些主要特色。CSI 首次提出支撑体 S 与填充体 I 的标准化设计建造概念，并以此为基础推动支撑体的耐久性设计、填充体的部品化设计生产，以及综合性模块化集成技术在施工组装中的运用等，这些对日后工业化住宅产品的可维护更新意义重大，对进一步研究 SI 住宅可维护更新的设计方法以及工业化住宅构件维护更新的便利性均有所启示。

（4）根据优秀 SI 住宅案例，分析归纳了工业化住宅产品可维护更新的设计方法，建立了可逆的构件连接构造技术系统，实现了既有建筑构件易维护易更新的关键技术

本书采用分析归纳方法，针对各国一些优秀 SI 住宅案例的建造特色和产品优势，重点研究其具有的可维护更新性质及其设计建造方法，归纳性提出以建筑的耐久性为目标研究其维护，以建筑的功能性及用户需求为目标研究其更新。文中具体提出了支撑体 S 的耐久性设计方法、填充体 I 的适应性设计方法以及连接设计方法等。

作为案例分析，书中着重研究了东南大学“正”工作室自主研发建造的三个工业化住宅项目。“微排屋”项目建立了产业联盟，自主研发了分层级表系统的控制管理系统，对构件进行集成化管理，实现了房屋部品构件的集成化装配。“梦想居”的项目建造采用了协同技术这个创新性模式，使得工业化住宅的装配集成化技术体系得到进一步优化。“揽青斋”项目采用构件法协同设计模式及构件组集成技术，研发运用了钢筋混凝土模架工法装备系统及高性能围护结构系统，可方便地将外围护墙板进行吊装并采用螺栓进行连接装配，大大提升了建造效率和便利性。这三个案例均采用螺栓连接，实现了可逆的连接技术，并且在每个项目阶段均有技术突破和创新。在此基础上，我们建立了可逆的构件连接构造技术系统，实现了既有建筑构件易维护易更新的关键技术，为工业化住宅产品日后维护更新的产业化运作开拓了广阔的市场前景。

（5）建立了可用于工业化住宅维护更新的信息化技术应用系统

本书详细介绍了将 BIM 信息化技术应用于工业化住宅的维护更新领域的方法和过程，具体阐述了 BIM 技术在协同设计、计算机编码及构件信息跟踪反馈技术等方面的技术应用方法。在此基础上，首先建立工业化住宅协同设计的 BIM 应用技术框架；其次，将计算机编码技术应用于工业化住宅的维护更新，建立起一套相应的编码原则；再次，通过对构件信息的跟踪反馈，实

现对构件的实时监控；最后，笔者所在东南大学“正”工作室项目团队通过合成技术将协同设计、计算机编码技术及构件信息跟踪反馈技术统一于 BIM 信息化模型框架内，首次建立形成了一套基于 BIM 的既可用于工业化住宅建设，又可用于工业化住宅维护更新的技术应用系统，使得工业化住宅的维护更新真正实现了从理论研究到技术实践的研发应用。这一技术成果对我国工业化住宅建造及其维护更新具有重要意义。

## 7.2 拓展与期望

（1）我国工业化住宅产品应通过可维护更新性质进一步扩大市场认同

我国建筑工业化和住宅产业化对我国经济建设和绿色发展的影响意义重大。但我国工业化住宅产品的市场认知度不高，接受程度不够，严重制约了我国工业化住宅建设的发展。本书成果通过建立工业化住宅产品可维护更新的技术应用系统，依此建立的监管平台也已投入使用。在未来，随着时间的推移和规模的扩大，希望越来越多的工业化住宅通过监管平台得到合理的维护更新，从而得以提升功能，延长其使用寿命；更希望借监管平台的使用能够提高工业化住宅产品可维护更新的认知度，并借助这种可维护更新性质提升住宅的居住功能和房产价值，促进我国住宅产业化进一步发展。

本研究主要目标在于从可维护更新角度促进住宅产业化进一步发展，建立工业化住宅可维护更新的设计方法，建立工业化住宅产品可维护更新的技术应用系统，但对于工业化住宅的经济效益以及在工业化住宅产业链中的经济比重并未深入研究。在未来进一步研究中，可侧重工业化住宅可维护更新性质进行经济性分析，构建工业化住宅房产价值评价指标体系，以期进一步提高工业化住宅的性价比，并以此制定更加具有经济性的维护更新策略。

（2）进一步在工业化住宅产品可维护更新中引入更多新技术

现代科技发展日新月异，建筑工程领域新技术的产生和运用更是令人应接不暇。本书以协同设计、计算机编码技术、构件信息跟踪反馈技术为基础，通过技术合成建立了基于 BIM 信息化技术的工业化住宅产品可维护更新技术应用系统。在未来研究中，还可进一步结合运用当代最先进科技，如 VR 可视化技术、3D 打印技术以及机器人技术等人工智能技术、仿生技术等，以此进一步提升工业化住宅维护更新的高效性、经济性和安全性。

（3）将研究领域进一步拓展到工业化建筑产品的可维护更新

我国建筑工业化的发展是以住宅为代表的，住宅也是与人们生活息息相关的建筑类型。本书正是以住宅为契入点，通过“百年住宅”体系，深入研究“工业化住宅可维护更新”这一命题，以期能在延长住宅使用寿命、提升居住品质、提高住宅功能和性能保障方面取得成果，最终为住宅产业化进一步发展做出贡献。在今后的研究中，希望能以点及面，将研究范围从工业化住宅扩大至其他类型的工业化建筑，如公共建筑类工业化建筑等，对各种类型工业化建筑的可维护更新进行研究，更好地为实现建筑长寿化乃至我国建筑业的绿色发展做出贡献。

# 参考文献

[ 1 ] Sivaraman D.WITHDRAWN：An integrated life cycle assessment model：Energy and greenhouse gas performance of residential heritage buildings，and the influence of retrofit strategies in the state of Victoria in Australia[J]. Energy and Buildings，2011：S037877811001976.

[ 2 ] European Commission.Communication from the Commission–Europe 2020[C]. Brussels：European Commission，2010.

[ 3 ] Dinan T.Policy options for reducing $CO_2$ emissions[J].The Congress of the United States，Washington DC：Congressional Budget Office，2008.

[ 4 ] Robertson K A. Pedestrianization strategies for downtown planners：skywalks versus pedestrian malls [J]. Journal of the American Planning Association，2003，59（3）：361–370.

[ 5 ] Gotham K F. Redevelopment for whom and for what purpose? A research agenda for urban redevelopment in the twenty first century[J].Critical Perspectives on Urban Redevelopment，2001（9）：429–452.

[ 6 ] Sassen S. The state and the new geography of power [J]. The Ends of Globalization：Bringing Society Back，2000（12）：49–65.

[ 7 ] Arnheim R. Art and visual perception：A psychology of the creative eye[M]. 2nd revised new version. Berkeley：University of California Press，2004.

[ 8 ] Susanne K L. New philosophy：A theory of art[M]. New York：Columbia University Press，1953.

[ 9 ] Visher R. Visual sense of form[M]. Tubingen：Tubingen University Press，1873.

[ 10 ] Le Corbusier. Lettere a Auguste Perret[M]. Paris：Gallimard/Electa，2006.

[ 11 ] Gombrich E. H. The sense of order：A study in the psychology of decorative art[M]. 2nd revised edition. London：Phaidon Press，1994.

[ 12 ] Tzonis A，Lefaivre L.Why critical regionalism today[J]. Architecture and Urbanism，1990（236）.

[ 13 ] Frampton K. Prospects for a critical regionalism[J]. Perspecta：The Yale Architectural Journal，1983（20）：147–162.

[ 14 ] Frampton K. Modern architecture：a critical history[M]. 3rd Edition. New York：Thames and Hudson，1992.

[ 15 ] Fletcher B. A history of architecture[M] 18th Edition. New York：Charles Scribner's Sons，1975.

[ 16 ] Pregill P，Volkman N. Landscapes in history[M]. New York：Van Nostrand Reinhold，1993.

[ 17 ] Gurtis W J R. Modern architecture since 1900[M]. 3rd Edition. London：Phaidon Press，1996.

[ 18 ] Tzonis A，Lefaivre L. The grid and the pathway：An introduction to the work of dimitris and Susana Anionakakis with prolegomena to a history of the culture of modern Greek architecture[J]. Architecture in Greece，1981（15）：164–178.

[ 19 ] May N. Low carbon buildings and the problem of human behavior[J]. Natural Building Technologies，2004(6).

[ 20 ] Paumgartten P. The business case for high performance green buildings：sustainability and its financial impact[J]. Journal of Facilities Management，2003，2（1）：26–34.

[ 21 ] Randolph B，Holloway D，Pullen S，et al. The Environmental impacts of residential development：Case studies of 12 estates in Sydney[Z]. Australian Research Council（ARC）Linkage Project：LP 0348770，2007.

[ 22 ] Blengini G A，Carlo T D. The changing role of life cycle phases，subsystems and materials in the LCA of low energy buildings[J]. Energy and Buildings，2010，42（6）：869–880.

[ 23 ] Huberman N，Pearlinutter D. A life–cycle energy analysis of building materials in the Negev desert[J]. Energy and Buildings，2008，40（5）：837–848.

[ 24 ] IPCC.Climate Change 2001：Mitigation，Contribution of Working Group Ⅲ to the Third Assessment Report of the Intergovernmental Panel on Climate Change[M].Cambridge：Cambridge University Press，2001.

[ 25 ] Seo S，Hwang Y. Estimation of $CO_2$ emissions in life cycle of residential buildings[J].Journal of Construction Engineering and Management，2001，127（5）：414–418.

[ 26 ] Blengini G A.Life cycle of buildings，demolition and recycling potential：A case study in Turin，Italy[J]. Building and Environment，2009，44（2）：319–330.

[ 27 ] Office of Integrated Analysis and Forecasting. The American Clean Energy and Security Act of 2009[Z]. Washington，DC：Energy Information Administration，2009.

[ 28 ] Tuohy P. Regulations and robust low–carbon buildings[J].Building Research and Information，2009（4）：433–445.

[ 29 ] Treloar G J，Love P E D，Faniran O O，et al. A hybrid life cycle assessment method for construction[J]. Construction Management and Economics，2000，18（1）：5–9.

[ 30 ] Bengtsson M.Weighting in practice：Implications for the use of life–cycle assessment in decision making[J]. Journal of Industrial Ecology，2001，4（4）：47–60.

[ 31 ] Lin S L.LCA–based energy evaluating with application to school buildings in Taiwan[C]//Proceedings of Eco Design 2003：Third International Symposium on Environmentally Conscious Design and Inverse Manufacturing，2003.

[ 32 ] 张宏，朱宏宇，吴京，等.构件成型·定位·连接与空间和形式生成：新型建筑工业化设计与建造示例[M].南京：东南大学出版社，2016.

[ 33 ] 陈振基，深圳市建设科技促进中心.我国建筑工业化实践与经验文集[M].北京：中国建筑工业出版社，2016.

[ 34 ] 刘东卫，等 . SI 住宅与住房建设模式：理论・方法・案例 [M]. 北京：中国建筑工业出版社，2016.
[ 35 ] 刘东卫，等 . SI 住宅与住房建设模式：体系・技术・图解 [M]. 北京：中国建筑工业出版社，2016.
[ 36 ] 王笑梦，马涛 .SI 住宅设计：打造百年住宅 [M]. 北京：中国建筑工业出版社，2016.
[ 37 ] 丁烈云，龚剑，陈建国 .BIM 应用・施工 [M]. 上海：同济大学出版社，2015.
[ 38 ] 彼得・马什伯 . 新工业革命 [M]. 赛迪研究院专家组，译 . 北京：中信出版社，2013.
[ 39 ] 清华大学 BIM 课题组，互联立方（isBIM）公司 BIM 课题组 . 设计企业 BIM 实施标准指南 [M]. 北京：中国建筑工业出版社，2013.
[ 40 ] 清华大学 BIM 课题组 . 中国建筑信息模型标准框架研究 [M]. 北京：中国建筑工业出版社，2011.
[ 41 ] 吴良镛 . 北京旧城与菊儿胡同 [M]. 北京：中国建筑工业出版社，1994.
[ 42 ] 吴良镛 . 人居环境科学导论 [M]. 北京：中国建筑工业出版社，2003.
[ 43 ] 鲍家声 . 支撑体住宅 [M]. 南京：江苏科学技术出版社 .1988.
[ 44 ] 北京市规划委员会 . 北京朝阜大街城市设计：探索旧城历史街区的保护与复兴 [M]. 北京：机械工业出版社，2006.
[ 45 ] 北平市政府公务局 . 明长陵修缮工程纪要 [M]. 北京：北平市政府公务局，民国二十五年（1936 年）.
[ 46 ] 北京土木建筑学会 . 中国古建筑修缮与施工技术 [M]. 北京：中国计划出版社，2006.
[ 47 ] 常青 . 建筑遗产的生存策略：保护与利用设计实验 [M]. 上海：同济大学出版社，2003.
[ 48 ] 陈志华 . 北窗杂记：建筑学随笔 [M]. 郑州：河南科学技术出版社，1999.
[ 49 ] 陈志华 . 外国建筑史 [M]. 北京：中国建筑工业出版社，2006.
[ 50 ] 陈志华 . 意大利古建筑散记 [M]. 合肥：安徽教育出版社，2003.
[ 51 ] 陈敏豪 . 生态文化与文明前景 [M]. 武汉：武汉出版社，1995.
[ 52 ] 陈立旭 . 都市文化与都市精神：中外城市文化比较 [M]. 南京：东南大学出版社，2003.
[ 53 ] 崔勇 . 中国营造学社研究 [M]. 南京：东南大学出版社，2004.
[ 54 ] 陆地 . 建筑的生与死：历史性建筑再利用研究 [M]. 南京：东南大学出版社，2004.
[ 55 ]《大师》编辑部 . 勒・柯布西耶 [M]. 武汉：华中科技大学出版社，2007.
[ 56 ]《大师》编辑部 . 弗兰克・劳埃德・赖特 [M]. 武汉：华中科技大学出版社，2007.
[ 57 ] 大师系列丛书编辑部 . 彼得・埃森曼的作品与思想 [M]. 北京：中国电力出版社，2006.
[ 58 ] 冯友兰 . 中国哲学简史：英汉对照 [M]. 赵复三，译 . 天津：天津社会科学院出版社，2007.
[ 59 ] 复旦大学思想史研究中心 . 什么是思想史 [M]. 上海：上海人民出版社，2006.
[ 60 ] 龚德顺，邹德侬，窦以德 . 中国现代建筑史纲 [M]. 天津：天津科学技术出版社，1989.
[ 61 ] 胡适 . 中国古代哲学史 [M].2 版 . 合肥：安徽教育出版社，2006.
[ 62 ] 刘敦桢 . 中国古代建筑史 [M].2 版 . 北京：中国建筑工业出版社，1984.
[ 63 ] 刘先觉 . 密斯・凡德罗 [M]. 北京：中国建筑工业出版社，1992.
[ 64 ] 刘先觉 . 中国近现代建筑艺术 [M]. 武汉：湖北教育出版社，2004.
[ 65 ] 松村秀一，田边新一 .21 世纪型住宅模式 [M]. 陈滨，范悦，译 . 北京：机械工业出版社，2006.

[ 66 ] 刘云胜 . 高技术生态建筑发展历程：从高技派建筑到高技术生态建筑的演进 [M]. 北京：中国建筑工业出版社，2008.
[ 67 ] 李忠富 . 住宅产业化论 [M]. 北京：科学出版社，2003.
[ 68 ] 史美林，向勇，杨光信 . 计算机支持的协同工作理论与应用 [M]. 北京：电子工业出版社，2000.
[ 69 ] 刘光亚，鲁岗 . 旧建筑空间的改造和再生 [M]. 北京：中国建筑工业出版社，2006.
[ 70 ] 梁启超 . 中国近三百年学术史 [M]. 北京：中国社会科学出版社，2008.
[ 71 ] 罗小未 . 外国近代建筑史 [M]. 北京：中国建筑工业出版社，2004.
[ 72 ] 伊曼努尔·康德（Immanuel Karat）. 自然科学的形而上学基础 [M]. 邓晓芒，译 . 上海：上海人民出版社，2003.
[ 73 ] 斯蒂芬·基兰，詹姆斯·廷伯莱克 . 再造建筑：如何用制造业的方法改造建筑业 [M]. 何清华，等译 . 北京：中国建筑工业出版社，2009.
[ 74 ] 克里斯 · 亚伯 . 建筑 · 技术与方法 [M]. 项琳斐，项瑾斐，译 . 北京：中国建筑工业出版社，2009.
[ 75 ] Autodesk Asia PteLtd. Autodesk Revit 2013 族达人速成 [M]. 上海：同济大学出版社，2013.
[ 76 ] 北京《民用建筑信息模型设计标准》编制组 .《民用建筑信息模型设计标准》导读 [M]. 北京：中国建筑工业出版社，2014.
[ 77 ] 葛清 .BIM 第一维度：项目不同阶段的 BIM 应用 [M]. 北京：中国建筑工业出版社，2013.
[ 78 ] 葛文兰 .BIM 第二维度：项目不同参与方的 BIM 应用 [M]. 北京：中国建筑工业出版社，2011.
[ 79 ] 何关培 .BIM 总论 [M]. 北京：中国建筑工业出版社，2011.
[ 80 ] 黄亚斌，徐钦 .AutodeskRevit 族详解 [M]. 北京：中国水利水电出版社，2013.
[ 81 ] 建设部住宅产业化促进中心 . 国家康居住宅示范工程住宅部品与产品选用指南：2004[M]. 北京：中国水利水电出版社，2005.
[ 82 ] 建设部住宅产业化促进中心 . 住宅部品与产品选用指南 [M]. 北京：中国水利水电出版社，2006.
[ 83 ] 纪颖波 . 建筑工业化发展研究 [M]. 北京：中国建筑工业出版社，2011.
[ 84 ] 来可伟，殷国富 . 并行设计 [M]. 北京：机械工业出版社，2003.
[ 85 ] 中国建筑标准设计研究院有限公司 . 百年住宅建筑设计与评价标准：T/CECS-CREA 513—2018[S]. 北京：中国计划出版社，2018.
[ 86 ] 住房和城乡建设部 . 工业化建筑评价标准：GB/T 51129—2018[S]. 北京：中国建筑工业出版社，2018.
[ 87 ] 住房和城乡建设部 . 装配式混凝土结构技术规程：JGJ 1—2014[S]. 北京：中国建筑工业出版社，2014.
[ 88 ] 住房和城乡建设部 . 建筑模数协调标准：GB/T 50002—2013[S]. 北京：中国建筑工业出版社，2014.
[ 89 ] 住房和城乡建设部住宅产业促进中心 .CSI 住宅建设技术导则（试行）[S]. 北京：中国建筑工业出版社，2010.
[ 90 ] 住房和城乡建设部 . 住宅设计规范：GB 50096—2011[S]. 北京：中国计划出版社，2012.
[ 91 ] 中国工程建设标准化协会 . 整体预应力装配式板柱结构技术规程：CECS 52：2010[S]. 北京：中国计

划出版社，2011.
[ 92 ] 国家质量监督检验检疫总局，国家标准化管理委员会 . 住宅卫生间功能及尺寸系列：GB/T 11977—2008[S]. 北京：中国标准出版社，2009.
[ 93 ] 住房和城乡建设部 . 混凝土结构耐久性设计规范：GB/T 50476—2019[S]. 北京：中国建筑工业出版社，2009.
[ 94 ] 住房和城乡建设部 . 住宅整体厨房：JG/T 184—2011[S]. 北京：中国标准出版社，2012.
[ 95 ] 中华人民共和国建设部，国家质量监督检验检疫总局 . 住宅建筑规范：GB 50368—2005[S]. 北京：中国建筑工业出版社，2006.
[ 96 ] 住房和城乡建设部 . 建筑产品分类和编码：JG/T 151—2015[S]. 北京：中国标准出版社，2016.
[ 97 ] 张宏，丛勐，张睿哲，等 . 一种预组装房屋系统的设计研发、改进与应用：建筑产品模式与新型建筑学构建 [J]. 新建筑，2017（2）：19–23.
[ 98 ] 张宏，戴海雁，韩春兰 . 移动养老模式与可移动住宅产品设计 [J]. 城市住宅，2016（5）：81–84.
[ 99 ] 干申启，张宏 ."微排未来屋"的现代建造技术及其发展 [J]. 建筑技术，2014（10）：933–936.
[100] 张宏，张莹莹，王玉，等 . 绿色节能技术协同应用模式实践探索：以东南大学"梦想居"未来屋示范项目为例 [J]. 建筑学报，2016（5）：81–85.
[101] 艾智靖 . 中低层既有住宅改造技术研究与应用：住宅易改造性设计与围护体性能提升 [D]. 南京：东南大学，2015.
[102] 郑妍琼 . 保障性住房法律制度完善之研究 [D]. 广州：华南理工大学，2018.
[103] 王晓 . 既有住宅维护性再生策略与辅助知识库建构 [D]. 大连：大连理工大学，2016.
[104] 韩达 . 工业化住宅建筑的特点和设计研究 [J]. 居舍，2018（18）：94.
[105] 周梓珊 . 基于 BIM 的装配式建筑产业化效率评价的指标体系研究 [D]. 北京：北京交通大学，2018.
[106] 李漪佳 . 基于建筑全寿命周期理论的工业化住宅设计研究 [D]. 苏州：苏州科技大学，2018.
[107] 陈骏 . 工业化建筑信息化建造新技术应用 [J]. 施工技术，2017（S1）：502–505.
[108] 高洁，肖光杰 . 建筑工业化背景下住宅产业链本质分析 [J]. 经贸实践，2017（12）：150.
[109] 陈虹霖 . 住宅产业化进程中内装部品体系研究 [D]. 重庆：重庆大学，2017.
[110] 索健 . 中外城市既有住宅可持续更新研究 [D]. 大连：大连理工大学，2013.
[111] 黄磊 . 城市社会学视野下历史工业空间的形态演化研究 [D]. 长沙：湖南大学，2018.
[112] 柯善北 . 装配式建筑激活行业发展"绿色引擎"[J]. 中华建设，2018（5）：1.
[113] 王建国，蒋楠 . 后工业时代中国产业类历史建筑遗产保护性再利用 [J]. 建筑学报，2006（8）：8–11.
[114] 黄斌，吕斌，胡垚 . 文化创意产业对旧城空间生产的作用机制研究：以北京市南锣鼓巷旧城再生为例 [J]. 城市发展研究，2012（6）：86–90.
[115] 罗玲玲，陆伟 .POE 研究的国际趋势与引入中国的现实思考 [J]. 建筑学报，2004（3）：82–83.
[116] 徐亮 . 试论住宅产业化对国民经济发展的作用 [J]. 住宅科技，2002（10）：43–45.
[117] 颜歆 . 推进我国住宅产业化发展的策略研究 [D]. 重庆：重庆大学，2010.

[118] 高祥 . 日本住宅产业化政策对我国住宅产业化发展的启示 [J]. 住宅产业，2007（6）：89–90.
[119] 黄南翼 . “SI” 住宅的研究 [J]. 建筑创作，2004（1）：124–125.
[120] 常静 . 工业化住宅体系及其空间可变性设计研究 [D]. 泉州：华侨大学，2016.
[121] 干申启，冯四清 . 论当代生态建筑及其美学特征 [J]. 建筑与文化，2012（12）：100–102.
[122] 张守仪 .SAR 住宅和居住环境的设计方法 [J]. 世界建筑，1980（2）：10–16.
[123] 张守仪 .SAR 的理论和方法 [J]. 建筑学报，1981（6）：3–12，83.
[124] 张钦哲，朱纯华 .SAR 的理论基础与我国住宅建设 [J]. 建筑学报，1985（7）：68–71.
[125] 赵冠谦 . 国外住宅建筑发展趋势 [J]. 世界建筑，1986（1）：8–13.
[126] 程勇 . 探索开放住宅理论在我国住宅设计的应用发展 [D]. 大连：大连理工大学，2008.
[127] 深尾精一，耿欣欣 . 日本走向开放式建筑的发展史 [J]. 新建筑，2011（6）：16–17.
[128] 赵倩 .CSI 住宅建筑体系设计初探 [D]. 济南：山东建筑大学，2011.
[129] 贺耀萱 . 建筑更新领域学术研究发展历程及其前景探析 [D]. 天津：天津大学，2011.
[130] 张山 . 新时代背景下我国建筑工业化发展研究 [D]. 天津：天津大学，2015.
[131] 关罡，孙钢柱 . 我国住宅工程质量问题的群因素分析 [J]. 建筑经济，2008（5）：82–84.
[132] 关柯，芦金锋，曾赛星 . 现代住宅经济 [M]. 北京：中国建筑工业出版社，2002.
[133] 欧阳建涛，任宏 . 城市住宅使用寿命研究 [J]. 科技进步与对策，2008（10）32–35.
[134] 李佳莹 . 中国工业化住宅设计手法研究 [D]. 大连：大连理工大学，2010.
[135] 鲍家声 . 支撑体住宅规划与设计 [J]. 建筑学报，1985（2）：43–49.
[136] 李静华 .SI 住宅体系应成住宅产业化主力 [N]. 中国房地产报，2010–03–22.
[137] 马红军 . 住宅产业化的研究与实践 [D]. 西安：西安建筑科技大学，2011.
[138] 闫登崧 . 住宅产业化发展影响因素与推进策略研究 [D]. 重庆：重庆交通大学，2018.
[139] 李昂 .CSI 体系将成为百年住宅的基础：住宅产业化促进中心产业发展处刘美霞访谈录 [J]. 混凝土世界，2010（12）：12–14.
[140] 仲方 .CSI 住宅：从理想到现实的嬗变 [J]. 住宅产业，2011（4）：61–63.
[141] 刘美霞，刘晓 .CSI 住宅建设技术的意义和特点 [J]. 住宅产业，2010（11）：63–65.
[142] 王全良 . 住宅建设的革命：CSI 住宅 [J]. 住宅产业，2009（7）：28–29.
[143] 江海涛，吕俊杰，赵倩 .CSI 住宅部品体系的设计与施工：以“明日之家二号”为例 [J]. 山东建筑大学学报，2011（3）：299–302.
[144] 潘璐 . 中国住宅产业化面临的障碍性问题分析和对策研究 [D]. 重庆：重庆大学，2008.
[145] 于春刚 . 住宅产业化 – 钢结构住宅围护体系及发展策略研究 [D]. 上海：同济大学，2006.
[146] 徐亮 . 试论住宅产业化对国民经济发展的作用 [J]. 住宅科技，2002（10）：43–45.
[147] 柴成荣，吕爱民 .SI 住宅体系下的建筑设计 [J]. 住宅科技，2011（1）：39–42.
[148] 李晓明，赵丰东，李禄荣，等 . 模数协调与工业化住宅建筑 [J]. 住宅产业，2009（12）：83–85.
[149] 刘长春，张宏，淳庆 . 基于 SI 体系的工业化住宅模数协调应用研究 [J]. 建筑科学，2011（7）：59–61，52.

[150] 孙克放 . 科技进步促进住宅产业的发展 [J]. 住宅科技，2002（10）：3–6.
[151] 颜宏亮，李强 . 大开间住宅与灵活分隔 [J]. 住宅科技，1999（5）：3–5.
[152] 孙克放 . 住宅全装修是住宅产业现代化推进的重要切入点 [J]. 住宅科技，2004（12）：3–6.
[153] 林应清 . 依托科技进步让市民住的更健康、更舒适 [J]. 住宅科技，2004（4）：3–5.
[154] 干申启，张宏 . 论生态建筑美学的可持续发展理论 [C]// 宜昌：土木、结构与环境工程国际学术会议论文集，2012.
[155] 程进，推进住宅产业现代化 [J]. 住宅科技，2004（6）：9–12.
[156] 徐建国 . 推进住宅产业现代化是住宅建设的必然选择 [J]. 住宅科技，2004（8）：7–9.
[157] 聂华 . 共生思想下旧工业建筑转换为创意产业园的设计研究 [D]. 大连：大连理工大学，2016.
[158] 孙可放 . 建造高品质住宅引领住宅产业发展 [J]. 住宅科技，2005（4）：6–8.
[159] 孙可放 . 吸收国外经验提高我国住宅建筑技术水平 [J]. 住宅科技，2004（7）：4–8.
[160] 田灵江 . 全装修住宅是中国住宅发展的必然趋势 [J]. 住宅科技，2005（5）：4–8.
[161] 徐建国 . 住宅全装修问题要引导与推进 [J]. 住宅科技，2005（5）：9–11.
[162] 李中辉 . 提高住宅套型的适应性与可变性 [J]. 甘肃科技，1999（3）：36–38.
[163] 姜万生，徐飞跃 . 敏捷制造中面向对象的产品信息建模技术 [J]. 机械工业自动化，1999（21）：14–15.
[164] 程敏，余婕 . 住宅全装修模式 [J]. 住宅科技，2003（4）：46–48.
[165] 张钦楠 . 环境、效益、形式：世纪末中国建筑创作的几项重要选择 [J]. 建筑学报，1994（1）：15–19.
[166] 吴良镛 . 关于建筑学未来的几点思考 [J]. 建筑学报，1999（2）：16–22.
[167] 鲍家声 . 可持续发展与建筑的未来 [J]. 建筑学报，1997（10）：44–47.
[168] 罗玉珍 . 住宅卫生间的等电位联结 [J]. 中国住宅设施，2005，36（3）：42–43.
[169] 李忠富，曾赛星，关柯 . 工业化住宅的性能与成本趋势分析 [J]. 哈尔滨建筑大学学报，2002，35（3）：105–108.
[170] 宋春华 . 选择资源节约型发展模式 [J]. 建筑学报，2004（1）：14–17.
[171] 朱贵刚，周淑娟，张鑫睿，等 . 室内给排水配件集成扣板 [J]. 建筑技术开发，2003，30（7）：99–100.
[172] 陈家辉 . 现代生活呼唤厨卫设计的革新 [J]. 程建设与设计，2001，165（1）：55–58.
[173] 蔡志红 . 下沉式卫生间防渗漏方法探讨 [J]. 森林工程，2003，19（5）：69–70.
[174] 郭海蓬 . 住宅厨房卫生间整体设计的研究与思考 [J]. 引进与咨询，1998（2）：24–25.
[175] 黄宇，高尚 . 关于中国建筑业实施精益建造的思考 [J]. 施工技术，2011，40（22）：93–95.
[176] 惠彦涛 . 建筑部品绿色度分析评价技术研究 [J]. 西安建筑科技大学学报（自然科学版），2007（4）：524–528.
[177] 蒋博雅，张宏 . 工业化住宅系统的 WBS 体系 [J]. 建筑技术，2015（3）：249–251.
[178] 蒋博雅，张宏 . 新型轻型铝合金活动房吊装施工组织研究 [J]. 建筑技术，2015（7）：621–624.
[179] 张睿哲，丛勐，伍雁华，等 . 被动与主动节能技术相结合的可移动式轻型钢结构房屋示范：以东南

大学“梦想居”未来屋项目为例 [J]. 建设科技，2017（17）：48–50.

[170] 季桂树，卢志渊，李庆春 . 一种求解最小割集问题的新思路 [J]. 计算机工程与应用，2003，39（2）：98–100.

[171] 吉久茂，童华炜，张家立 . 基于 Solibri Model Checker 的 BIM 模型质量检查方法探究 [J]. 土木建筑工程信息技术，2014，6（1）：14–19.

[172] 姬丽苗，张德海，管枯瑜 . 建筑产业化与 BIM 的 3D 协同设计 [J]. 土木建筑工程信息技术，2012（4）：41–42.

[173] 纪颖波 . 新加坡工业化住宅发展对我国的借鉴和启示 [J]. 改革与战略，2011（7）：182–184.

[174] 纪颖波，王松 . 工业化住宅与传统住宅节能比较分析 [J]. 城市问题，2010（4）：11–15.

[175] 姬中凯，黄奕辉，金成 . 隐性成本控制目标下的工程项目 IPD 协作模式 [J]. 建筑经济，2014（7）：44–46.

[176] 贾德昌 . 工业化住宅渐行渐近 [J]. 中国工程咨询，2010（6）：16–21.

[177] 金少军，杨青 . 项目集成交付（IPD）合同的主要特征及结构 [J]. 建筑，2014（22）：25–27.

[178] 李德耀 . 苏联工业化定型住宅的设计方法 [J]. 世界建筑，1982（3）：62–66.

[179] 李明洋，谭大璐，张轩铭 . 基于 IPD 管理模式的既有建筑节能改造集成化设计研究 [J]. 建筑设计管理，2014（3）：55–58.

[180] 李祥，王东哲，周雄辉等 . 协同设计过程中的冲突消解研究 [J]. 航空制造技术，2001（1）：32–35.

[181] 李晓明，赵丰东，李禄荣等 . 模数协调与工业化住宅建筑 [J]. 住宅产业，2009（12）：83–85.

[182] 李湘洲，刘昊宇 . 国外住宅建筑工业化的发展与现状（二）：美国的住宅工业化 [J]. 中国住宅设施，2005（2）：44–46.

[183] 李云贵 . 信息技术在我国建设行业的应用 [J]. 建筑科学，2002（2）：4–8.

[184] 李志刚 . 扎根理论方法在科学研究中的运用分析 [J]. 东方论坛，2007（4）：90–94.

[185] 林舟 . 远大住工：创造产业住宅新高度 [J]. 城市住宅，2014（1）：144–146.

[186] 刘长春 . 基于 SI 体系的工业化住宅模数协调应用研究 [J]. 建筑科学，2011，27（7）：59–62.

[187] 刘东卫，范雪，朱茜，等 . 工业化建造与住宅的“品质时代”：“生产方式转型下的住宅工业化建造与实践”座谈会 [J]. 建筑学报，2012（4）：1–9.

[188] 刘东卫，蒋洪彪，于磊 . 中国住宅工业化发展及其技术演进 [J]. 建筑学报，2012（4）：10–18.

[189] 刘东卫，闫英俊，梅园秀平，等 . 新型住宅工业化背景下建筑内装填充体研发与设计建造 [J]. 建筑学报，2014（7）：10–16.

[190] 干申启，张宏，等 . 论新时期我国住宅工业化及其展望 [C]// 香港：第二届先进材料与工程技术国际会议论文集，2014.

[191] 刘爽 . 建筑信息模型（BIM）技术的应用 [J]. 建筑学报，2008（2）：100–101.

[192] 刘琰，李世蓉 . 虚拟建造在工程项目施工阶段中的应用及其 4D/5D LOD 研究 [J]. 施工技术，2014（3）：62–66.

[193] 刘云佳 . 标准化设计是建筑工业化的前提：以北京郭公庄公租房为例 [J]. 城市住宅，2015（5）：12-14.
[194] 龙玉峰 . 工业化住宅建筑的特点和设计建议 [J]. 住宅科技，2014，34（6）：50-52.
[195] 龙玉峰，焦杨，丁宏 .BIM 技术在住宅建筑工业化中的应用 [J]. 住宅产业，2012（9）：79-82.
[196] 娄述渝 . 法国工业化住宅概貌 [J]. 建筑学报，1985（2）：24-30.
[197 马智亮，马健坤 .IPD 与 BIM 技术在其中的应用 [J]. 土木建筑工程信息技术，2011（4）：36-41.
[198] 毛大庆 . 万科工业化住宅战略与实践 [J]. 城市开发，2010（6）：38-39.
[199] 闵永慧，苏振民 . 精益建造体系的建筑管理模式研究 [J]. 建筑经济，2007（1）：52-55.
[200] 潘怡冰，陆鑫，黄晴 . 基于 BIM 的大型项目群信息集成管理研究 [J]. 建筑经济，2012（3）：41-43.
[201] 彭晓，杨青 . 项目集成交付（IPD）模式的特点与创新 [J]. 建筑，2014（10）：23-25.
[202] 齐宝库，李长福 . 基于 BIM 的装配式建筑全生命周期管理问题研究 [J]. 施工技术，2014（15）：25-29.
[203] 亓莱滨 . 李克特量表的统计学分析与模糊综合评判 [J]. 山东科学，2006，19（2）：18-23，28.
[204] 钱锋，余中奇 . 改变传统的实验：三次国际太阳能十项全能竞赛的思考 [J]. 城市建筑，2013（23）：28-31.
[205] 乔为国 . 新兴产业启动条件与政策设计初探：基于工业化住宅产业的研究 [J]. 科学学与科学技术管理，2012（5）：90-95.
[206] 秦琦 . 万科北京区域工业化住宅技术研究与探索实践 [J]. 住宅产业，2011（6）：25-32.
[207] 段伟文 . 连接 - 结构构件及其与围护构件的连接构造设计与工程应用研究 [D]. 南京：东南大学，2016.
[208] 渠箴亮 . 建筑设计标准化是建筑工业化的技术基础 [J]. 建筑学报，1978（3）：9-10.
[209] 任军号，薛惠锋，寇晓东 . 系统工程方法技术发展规律和趋势初探 [J]. 西安电子科技大学学报（社会科学版），2004（1）：18-22.
[210] 荣华金，张伟林 . 基于 BIM 的某商业综合体项目碰撞分析研究 [J]. 安徽建筑大学学报，2015（2）：82-87.
[211] 史美林，向勇，伍尚广 . 协同科学：从“协同学”到 CSCW[J]. 清华大学学报（自然科学版），1997（1）：85-88.
[212] 干申启，张宏 . 虚拟建造技术在绿色建造中的应用 [C]// 台湾：第三届绿色建筑、建材与土木工程国际会议论文集，2013
[213] 水亚佑 . 工业化住宅标准化与多样化的探讨 [J]. 建筑学报，1983（4）：48-51.
[214] 宋海刚，陈学广 . 计算机支持的协同工作（CSCW）发展述评 [J]. 计算机工程与应用，2004（1）：7-11.
[215] 滕佳颖，吴贤国，翟海周，等 . 基于 BIM 和多方合同的 IPD 协同管理框架 [J]. 土木工程与管理学报，2013（2）：80-84.
[216] 涂胡兵，谭宇昂，王蕴，等 . 万科工业化住宅体系解析 [J]. 住宅产业，2012（7）：28-30.

[217] 王春雨，宋昆 . 格罗皮乌斯与工业化住宅 [J]. 河北建筑科技学院学报（自然科学版），2005，22（2）：20–23.

[218] 王茹，宋楠楠，张祥 . 基于 CBIMS 框架的 BIM 标准实践与探究 [J]. 施工技术，2015（18）：44–48.

[219] 王婷，刘莉 . 利用建筑信息模型（BIM）技术实现建设工程的设计、施工一体化 [J]. 上海建设科技，2010，（1）：62–63.

[220] 王婷，池文婷 .BIM 技术在 4D 施工进度模拟的应用探讨 [J]. 图学学报，2015（2）：306–311.

[211] 王勇，李久林，张建平 . 建筑协同设计中的 BIM 模型管理机制探索 [J]. 土木建筑工程信息技术，2014（6）：64–69.

[212] 汪应洛 . 当代中国系统工程的演进 [J]. 西安交通大学学报（社会科学版），2004（4）：1–6.

[213] 魏晓宇，吴忠福 . 基于 BIM 的 IPD 协同工作模型在项目成本控制中的应用 [J] 项目管理技术，2015，13（8）：40–45.

[214] 吴学伟，王英杰，罗丽姿 .IPD 模式及其在建设项目成本控制中的应用 [J]. 建筑经济，2014，（1）：27–29.

[215] 谢芝馨 . 工业化住宅的系统工程 [J]. 运筹与管理，2002（6）：113–118.

[216] 熊诚 .BIM 技术在 PC 住宅产业化中的应用 [J]. 住宅产业，2012（6）：17–19.

[217] 徐芬，苏振民，佘小颉 . 基于 IPD 的建筑企业技术中心管理模式研究 [J]. 施工技术，2015，44（6）：80–83.

[218] 徐奇升，苏振民，金少军 .IPD 模式下精益建造关键技术与 BIM 的集成应用 [J]. 建筑经济，2012（5）：90–93.

[219] 徐韫玺，王要武，姚兵 . 基于 BIM 的建设项目 IPD 协同管理研究 [J]. 土木工程学报，2011（12）：138–143.

[220] 徐雁，陈新度，陈新，等 .PDM 与 ERP 系统集成的关键技术与应用 [J]. 中国机械工程，2007（3）：296–299.

[221] 颜宏亮，苏岩芃 . 我国工业化住宅发展的社会学思考 [J]. 住宅科技，2013，33（1）：16–19.

[222] 杨承根，杨琴 .SPSS 项目分析在问卷设计中的应用 [J]. 高等函授学报（自然科学版），2010（3）：107–109.

[223] 杨健康，朱晓锋，张慧 . 住宅产业化集团模式探索 [J]. 施工技术，2012（9）：95–98.

[224] 杨科，车传波，徐鹏，等 . 基于 BIM 的多专业协同设计探索系列研究之一：多专业协同设计的目的及工作方法 [J]. 四川建筑科学研究，2013（2）：394–397.

[225] 杨科，康登泽，车传波，等 . 基于 BIM 的碰撞检查在协同设计中的研究 [J]. 土木建筑工程信息技术，2013，5（4）：71–75，98.

[226] 杨科，康登泽，徐鹏，等 . 基于 BIM 的 MEP 设计技术 [J]. 施工技术，2014（3）：88–90.

[227] 尤娜・张，金索・吉姆 . 美国 BIM 应用案例浅析：BIM 如何减少建筑能耗及实现数字化工厂 [J]. 土木建筑工程信息技术，2015（3）：48–62.

[228] 杨青，苏振民，金少军，等 .IPD 合同下的工程项目风险分配 [J]. 建筑，2015（11）：31–33.
[229] 杨小勇 . 方差分析法浅析：单因素的方差分析 [J]. 实验科学与技术，2013（1）：41–43.
[230] 杨一帆，杜静 . 建设项目 IPD 模式及其管理框架研究 [J]. 工程管理学报，2015，29（1）：107–112.
[231] 叶玲，郭树荣 . 谈我国住宅产业化的必要性和实现途径 [J]. 建筑经济，2004（11）：74–76.
[232] 叶明 . 我国住宅部品体系的建立与发展 [J]. 住宅产业，2009（21）：12–15.
[233] 张德海，韩进宇，赵海南，等 .BIM 环境下如何实现高效的建筑协同设计 [J]. 土木建筑工程信息技术，2013，5（6）：43–47.
[234] 张红，宋萍萍，杨震卿 .Revit 在产业化住宅建筑中的应用研究 [J]. 建筑技术，2015，46（3）：232–234.
[235] 张纪岳，郭治安，胡传机 . 评《协同学导论》[J]. 系统工程理论与实践，1982（3）：63–64.
[236] 周建亮，吴跃星，鄢晓非 . 美国 BIM 技术发展及其对我国建筑业转型升级的启示 [J]. 科技进步与对策，2014，31（11）：30–33.
[237] 张琳，侯延香 .IPD 模式概述及面向信任关系的应用前景分析 [J]. 土木工程与管理学报，2012（1）：48–51.
[238] 张向睿 . 系统工程理论与计算机技术在管理中的应用及前景 [J]. 信息系统工程，2015（2）：72–75.
[239] 张晓菲 . 探讨基于 BIM 的设计阶段的流程优化 [J]. 工业建筑，2013，43（7）：155–158.
[240] 张玉云，熊光楞，李伯虎 . 并行工程方法、技术与实践 [J]. 自动化学报，1996，22（6）：745–754.
[241] 张桦 . 建筑设计行业前沿技术之三：工业化住宅设计 [J]. 建筑设计管理，2014（7）：24–28.
[242] 张桦 . 全生命周期的“绿色”工业化建筑：上海地区开放式工业化住宅设计探索 [J]. 城市住宅，2014（5）：34–36.
[243] 赵瑞东，陆晶，时燕 . 工作流与工作流管理技术综述 [J]. 科技信息，2007（8）：105–107.
[244] 郑忻，宣蔚 . 欧美建筑模数制在住宅工业化体系中的应用研究 [J]. 建筑与文化，2013（2）：82–85.
[245] 钟志强 . 新型住宅建筑工业化的特点和优点浅析 [J]. 住宅产业，2011（12）：51–53.
[246] 周静敏，苗青，李伟，等 . 英国工业化住宅的设计与建造特点 [J]. 建筑学报，2012（4）：44–49.
[247] 周静敏，苗青，司红松，等 . 住宅产业化视角下的中国住宅装修发展与内装产业化前景研究 [J]. 建筑学报，2014（7）：1–9.
[248] 曾凝霜，刘琰，徐波 . 基于 BIM 的智慧工地管理体系框架研究 [J]. 施工技术，2015（10）：96–100.
[249] 周晓红，林琳，仲继寿，等 . 现代建筑模数理论的发展与应用 [J]，建筑学报，2012（4）：27–30.
[250] 周晓红 . 模数协调与工业化住宅的整体化设计 [J]. 住宅产业，2011（6）：23–28.
[251] 朱万贵，葛昌跃，顾新建 . 面向大批量定制产品的协同设计平台研究 [J]. 工程设计学报，2004（2）：81–84.
[252] 魏素巍，曹彬，潘锋 . 适合中国国情的 SI 住宅干式内装技术的探索：海尔家居内装装配化技术研究 [J]. 建筑学报，2014（7）：47–49.
[253] 吴水根，丁景辰 . 装配式混凝土住宅中的整体卫浴间国内应用前景探析 [J]. 建筑施工，2014（2)：201–203.

# 附录 1

工业化建筑构件分类统计表

<table>
<tr><th colspan="3">预制装配式构件、部品构件类型</th><th>序号</th><th colspan="2">构件、部品名称</th></tr>
<tr><td rowspan="26">装配式结构系统</td><td rowspan="26">装配式混凝土结构构件</td><td rowspan="9">竖向构件</td><td>1</td><td rowspan="5">预制混凝土剪力墙</td><td>预制剪力墙</td></tr>
<tr><td>2</td><td>预制夹心保温剪力墙</td></tr>
<tr><td>3</td><td>预制双面叠合剪力墙</td></tr>
<tr><td>4</td><td>预制组合成型钢筋类构件剪力墙</td></tr>
<tr><td>5</td><td>其他</td></tr>
<tr><td>6</td><td rowspan="4">预制柱</td><td>预制实心柱</td></tr>
<tr><td>7</td><td>预制抽芯柱</td></tr>
<tr><td>8</td><td>预制组合成型钢筋类构件柱</td></tr>
<tr><td>9</td><td>其他</td></tr>
<tr><td rowspan="17">水平构件</td><td>1</td><td rowspan="6">预制梁</td><td>预制实心梁</td></tr>
<tr><td>2</td><td>预制叠合梁</td></tr>
<tr><td>3</td><td>预制 U 形梁</td></tr>
<tr><td>4</td><td>预制 T 形梁</td></tr>
<tr><td>5</td><td>预制组合成型钢筋类构件梁</td></tr>
<tr><td>6</td><td>其他</td></tr>
<tr><td>7</td><td rowspan="7">预制楼板</td><td>预制实心板</td></tr>
<tr><td>8</td><td>预制叠合板</td></tr>
<tr><td>9</td><td>预制密肋空腔楼板</td></tr>
<tr><td>10</td><td>预制阳台板</td></tr>
<tr><td>11</td><td>预制空调板</td></tr>
<tr><td>12</td><td>预制组合成型钢筋类构件板</td></tr>
<tr><td>13</td><td>其他</td></tr>
<tr><td>14</td><td rowspan="4">预制楼梯</td><td>预制折线型楼梯梯段板</td></tr>
<tr><td>15</td><td>预制楼梯梯段板</td></tr>
<tr><td>16</td><td>预制休息平台</td></tr>
<tr><td>17</td><td>其他</td></tr>
</table>

续表

| 预制装配式构件、部品构件类型 | | | 序号 | 构件、部品名称 |
|---|---|---|---|---|
| 装配式结构系统 | 装配式钢结构构件 | 竖向构件 | 1 | 型钢柱 |
| | | | 2 | 钢管混凝土柱 |
| | | | 3 | 钢板剪力墙 |
| | | | 4 | 钢支撑 |
| | | | 5 | 轻钢密柱板墙 |
| | | | 6 | 其他 |
| | | 水平构件 | 7 | 钢梁 |
| | | | 8 | 压型钢板 |
| | | | 9 | 预制叠合板 |
| | | | 10 | 钢楼梯 |
| | | | 11 | 预制混凝土楼梯 |
| | | | 12 | 其他 |
| | 装配式木结构构件 | 竖向构件 | 1 | 木结构柱 |
| | | | 2 | 木支撑 |
| | | | 3 | 木质承重墙 |
| | | | 4 | 正交胶合木墙体 |
| | | | 5 | 其他 |
| | | 水平构件 | 6 | 木梁 |
| | | | 7 | 木楼面 |
| | | | 8 | 木屋面 |
| | | | 9 | 木楼梯 |
| | | | 10 | 其他 |
| 装配式外围护系统 | 装配式外墙围护构件 | | 1 | 预制混凝土外挂墙板 |
| | | | 2 | 预制夹心保温外墙板 |
| | | | 3 | 蒸压轻质加气混凝土墙板 |
| | | | 4 | 金属外墙板 |
| | | | 5 | GRC 外墙板 |
| | | | 6 | 木骨架组合外墙 |
| | | | 7 | 陶板幕墙 |
| | | | 8 | 金属幕墙 |
| | | | 9 | 石材幕墙 |
| | | | 10 | 玻璃幕墙 |
| | | | 11 | 现场组装骨架外墙 |
| | | | 12 | 屋面系统 |
| | | | 13 | 预制阳台栏板 |

续表

| 预制装配式构件、部品构件类型 | | 序号 | 构件、部品名称 |
|---|---|---|---|
| 装配式外围护系统 | 装配式外墙围护构件 | 14 | 预制阳台隔板 |
| | | 15 | 预制走廊栏板 |
| | | 16 | 装配式栏杆 |
| | | 17 | 预制花槽 |
| 装配式内分隔体构件 | | 1 | 轻钢龙骨石膏板隔墙 |
| | | 2 | 蒸压轻质加气混凝土墙板 |
| | | 3 | 钢筋陶粒混凝土轻质墙板 |
| | | 4 | 木隔断墙 |
| | | 5 | 玻璃隔断 |
| | | 6 | 其他 |
| 装配式成品房建筑部品 | | 1 | 集成式卫生间 |
| | | 2 | 集成式厨房 |
| | | 3 | 预制管道井 |
| | | 4 | 预制排烟道 |
| | | 5 | 装配式栏杆 |
| | | 6 | 其他 |
| 装配式模板 | | 1 | 装配式组合模板 |

# 附录 2

工业化建筑构件分类编号表

| 部品部件、构件名称 | | | 构件类别编号 |
| --- | --- | --- | --- |
| 结构系统 | 混凝土结构构件 | 混凝土剪力墙 | JG-HNT-JLQ |
| | | 混凝土柱 | JG-HNT-Z |
| | | 混凝土梁 | JG-HNT-L |
| | | 叠合板 | JG-HNT-DHB |
| | | 混凝土楼梯板 | JG-HNT-LTB |
| | | 密肋空腔楼板 | JG-HNT-KQLB |
| | | 预制双层叠合剪力墙板 | JG-HNT-DHJLQB |
| | | 预制混凝土飘窗墙板 | JG-HNT-PCQB |
| | | PCF 混凝土外墙模板 | JG-HNT-PCFWQMB |
| | | 蒸压轻质加气混凝土楼板 | JG-HNT-ZYJQLB |
| | 钢结构构件 | 型钢柱 | JG-G-Z |
| | | 钢管混凝土柱 | JG-G-HNTZ |
| | | 钢板剪力墙 | JG-G-JLQ |
| | | 钢支撑 | JG-G-ZC |
| | | 轻钢密柱板墙 | JG-G-MZQB |
| | | 钢梁 | JG-G-GL |
| | | 压型钢板 | JG-G-YXGB |
| | | 钢筋桁架叠合板 | JG-G-HJDHB |
| | | 钢楼梯 | JG-G-LT |
| | | 桁架钢筋楼承板 | JG-G-LCB |
| | 木结构构件 | 木结构柱 | JG-M-Z |
| | | 木支撑 | JG-M-ZC |
| | | 木质承重墙 | JG-M-CZQ |
| | | 正交胶合木墙体 | JG-M-QT |
| | | 木梁 | JG-M-L |
| | | 木楼面 | JG-M-LM |
| | | 木楼梯 | JG-M-LT |
| 外围护系统 | | 混凝土外挂墙板 | WWH-HNT-WGQB |
| | | 夹心保温外墙板 | WWH-BWWQB |
| | | 蒸压轻质加气混凝土外墙板 | WWH-JQHNTWQB |
| | | 金属外墙板 | WWH-JSWQB |
| | | GRC 外墙板 | WWH-GRCWQB |
| | | 木骨架组合外墙 | WWH-MGJZHWQ |
| | | 陶板幕墙 | WWH-TBMQ |
| | | 金属幕墙 | WWH-JSMQ |
| | | 玻璃幕墙 | WWH-BLMQ |
| | | 石材幕墙 | WWH-SCMQ |
| | | 现场组装骨架外墙 | WWH-ZZGJWQ |

续表

| 部品部件、构件名称 | | | 构件类别编号 |
|---|---|---|---|
| 外围护系统 | | 外门窗系统 | WWH-WMC |
| | | 屋面系统 | WWH-WM |
| | | 走廊栏板 | WWH-ZLLB |
| | | 装配式栏杆 | WWH-LG |
| | | 花槽 | WWH-HC |
| | | 空调板 | WWH-KTB |
| | | 阳台板 | WWH-YTB |
| | | 女儿墙 | WWH-NEQ |
| 设备管线系统 | | 给水与排水系统 | SBGX-GSPS |
| | | 供暖系统 | SBGX-GN |
| | | 通风系统 | SBGX-TF |
| | | 空调系统 | SBGX-KT |
| | | 燃气系统 | SBGX-RQ |
| | | 电气系统 | SBGX-DQ |
| | | 智能化系统 | SBGX-ZNH |
| | | 管道井 | SBGX-GDJ |
| | | 排烟道 | SBGX-PYD |
| 内装系统 | 装配式内分隔体构件 | 轻钢龙骨石膏板隔墙 | NZ-NFG-QGLGSGBGQ |
| | | 蒸压轻质加气混凝土内墙板 | NZ-NFG-HNTNQB |
| | | 钢筋陶粒混凝土轻质墙板 | NZ-NFG-HNTQZQB |
| | | 木隔断墙 | NZ-NFG-MGDQ |
| | | 玻璃隔断 | NZ-NFG-BLGD |
| | 装配式吊顶系统 | | NZ-ZPSDD |
| | 楼地面系统 | 楼地面干式铺装 | NZ-LDM-GSPZ |
| | | 架空地板 | NZ-LDM-JKDB |
| | 集成式卫生间 | | NZ-JCWSJ |